作 者 介 绍

赵永志，推广研究员，农业农村部耕地质量建设与管理专家指导组成员，海峡两岸科技合作创新联盟专家委员会委员，国家农业科技项目、科技成果、高级职称评审专家。长期从事土壤肥料与植物营养研究，研究开发出环境友好生态施肥技术体系与应用模式，达到国际先进水平，尤其兼顾产量和生态的施肥模型、根层土壤氮磷阈值控制成果处于国际领先水平。

在联合国粮农组织高级专家咨询会作主题报告

赵永志同志始终以"农业增效、农民增收和农业可持续发展"为己任，创新性地提出"耕地质量也要确定红线""生态文明建设农业是基础，土肥是关键""生态土肥""数字土肥""智慧土肥"等多项现代农业发展理念，并从技术、机制、政策、体系等多方面不断进行创新实践，形成生态、高效、安全、低碳等多种现代农业发展模式，研究开发和推广了大量高效、实用型土肥技术，每年为农户增收数亿元，为北京都市型现代农业健康可持续发展做出了重要贡献。2000年以来，赵永志同志主持国家、省（部）市级重点科技项目70余项，获国家、部市级科技成果奖33项（其中一等奖12项，二等奖13项），实用发明专利18项，标准制定12项，发表论文70多篇，出版技术专著16部。先后被授予北京市先进工作者、北京市有突出贡献的专家、全国产学研合作创新促进奖先进个人、中国"三农"新闻人物、中国土壤肥料60年具有影响人物、全国粮食生产有突出贡献的科技专家、国务院政府特殊津贴专家

在土壤健康与可持续发展国际研讨会上
宣读"一带一路"土壤战略宣言

和全国先进工作者等40多项荣誉称号。

赵永志同志突出的科技创新力与贡献不仅得到了同行的认可，而且多次应邀在国内外高级学术研讨会上作报告。他曾以专家学者身份先后访问欧美等30多个国家和地区，带领团队同中国农业大学、中国农业科学院、南京农业大学、北京师范大学等国内科研院所及联合国粮农组织、全球土壤伙伴关系、加拿大农业部、英国华威大学等国外机构组织建立了良好的合作关系，积极开展合作研究并取得了突破性的成果。特别是2015年作为专家学者应邀参加联合国粮农织召开的"国际土壤年"活动，并在高级专家咨询会上作了《中国耕地建设、利用与保护暨世界土壤

联合国粮农组织土水司司长Eduardo Mansur为赵永志
颁发"全球土壤保护宣传大使"荣誉证书

学展望》和《北京都市农业发展》的报告，受到高度赞赏与重视。2018年主持召开了联合国粮农组织、全球土壤伙伴关系、北京市农业及北京市土肥工作站共同主办的30多个国家与国际组织专家、领导共200余人参加的"土壤健康与可持续发展——'一带一路'土壤战略国际研讨会"。赵永志同志提出的"土壤保护无国界"的理念受到联合国粮农组织、全球土壤伙伴关系、亚洲土壤伙伴关系的高度赞扬。他多年的创新性工作与成就也得到了社会的广泛认可，人民日报、光明日报、农民日报等多家报社以及新华网、央视网、国务院新闻办等众多国家级媒体给予报道，他的创新故事还登上了国外媒体。

北京肥料

赵永志　主编

中国农业出版社
农村读物出版社
北　京

图书在版编目（CIP）数据

北京肥料 / 赵永志主编 . —北京：中国农业出版社，
2019.10
　　ISBN 978-7-109-24037-7

　　Ⅰ．①北…　Ⅱ．①赵…　Ⅲ．①肥料—研究
Ⅳ．①S14

　　中国版本图书馆 CIP 数据核字（2018）第 071234 号

中国农业出版社出版
地址：北京市朝阳区麦子店街 18 号楼
邮编：100125
责任编辑：周益平
版式设计：杨　婧　责任校对：刘丽香
印刷：北京科信印刷有限公司
版次：2019 年 10 月第 1 版
印次：2019 年 10 月北京第 1 次印刷
发行：新华书店北京发行所
开本：700mm×1000mm　1/16
印张：17.5　　插页：1
字数：337 千字
定价：68.00 元

《北京肥料》
编委会名单

序　言

随着人口、粮食与资源环境矛盾的日益加剧，农业可持续发展成为全球，特别是中国的必然选择。20世纪五六十年代，我国的农业生产仍停留在以有机肥（主要是农家肥和土杂肥）为主要生产资料的传统农业阶段，没有化肥等现代生产资料，人们依靠传统的精耕细作，粮食产量很低，解决不了吃饭问题。随着全球农业和化肥产业的迅猛发展，我国农业也进入了现代化学农业阶段。特别是改革开放以来，化肥技术和产品开始大量引进、消化、吸收，化肥产业不断发展壮大，极大地促进了我国现代农业的发展和粮食等农产品产量的迅速提高。化肥在我国作物增产、农业增效和农民增收中发挥了不可替代的重要作用，保障了全国粮食实现"十二连增"和"十五连丰"，有效地解决了13亿人吃饭的大难题。但自20世纪90年代以来，化肥越用越多，肥料效率却越来越低，土壤质量问题也随之加剧，对我国农业可持续发展造成严重威胁。因此，党的十八大以来提出了农业要走绿色、低碳、循环的发展道路，要按照"高产、优质、高效、生态、安全"十字方针，既不是全盘摒弃高产、高效的工业化施肥理念，也不同于靠天吃饭的传统农业，而是要以"与大自然和谐相处，协同生产、生活和生态"的思想为基础，以绿色、安全、高效与可持续发展为核心，对现有技术体系和生产要素重新优化、配套组装，在植物营养技术创新与应用上坚持经济、安全、生态、高效的科学施肥理念与路径，积极推进和实现农业生产与自然生态保护的协同共进。

北京作为首善之区，有着悠久的农业历史和雄厚的科技积累，也肩负着创新先进农业技术，构建研究、示范、推广一体化新模式的使命。新中国成立以来，北京农业经历从传统农业、城郊型农业到都市型现代农业的发展历程与重大转变。传统农业是以自给自足自然经济占主导地位的农业；城郊型农业是以市场为主导，农业发展和城市需求密切结合的一种农业模式；都市型现代农业则是以首都社会经济建设整体发展为蓝图，以首都功能定位为依托，以市场需求为导向，以现代发展理念为指导，以政策支持为引领，以科技服务为支撑的集生产、生活、生态、教育示范等功能为一体的多功能新型农业，在这个发展过程中，北京肥料技术、产品、产业不断创新、发展壮大，为北京农业的发展进步提供了强有力支撑与保障，不少技术创新与发展应用模式走在了全国前列。

实际上北京农业资源并不丰富，如何发展好都市型现代农业，提升京郊耕地质量，保障农产品质量和安全，减少化肥施用强度，提升化肥利用率，构建安全可靠的生态屏障，实现农业向绿色、安全、高效、生态方向发展，已成为北京植物营养与肥料技术、产业创新发展的重大课题。因此，北京众多部门与有志之士秉承团结协作、与时俱进、创新发展理念，坚持以市场为导向、融合发展为基础，积极构建产、学、研、政、企、推等多行业、多部门为一体的现代农业技术创新服务体系，北京地区肥料技术、产品与应用模式研发不断创新，北京肥料产业也不断发展壮大。形成了北京地区的肥料品种逐步从传统农业的农家肥到城郊型农业以单质化肥为主，再到现在都市型现代农业的复合肥、控释肥、生物肥、水溶肥、叶面肥等新型高效肥料占主流的品种丰富、用途多样的肥料产业格局的转变，特别近年来按照新时期北京现代农业"调、转、节"的要求，北京地区肥料产业正在不断向复合化、专业化、精细化转变。同时在肥料的施用技术研究与推广应用方面更是不断跟进并取得了巨大进步和显著成效，为北京都市型现代农业优质、安全、高效、生态、多元和融合化发展提供了坚实支撑与保证。特别值得回顾与总结的是，20 世纪 80—90 年代，北京率先在全国开展了平衡施肥、诊断施肥工作，2005 年在农业部的倡导下与中国农业大学等院校合作在全市实施了测土配方施肥工程，最大限度地发挥了肥料稳产、提质和生态环境保护的作用，对促进京郊农业可持续发展起到重要作用，也从根本上改变了农民的施肥观念和习惯。通过科学培肥、合理施肥、增加新型肥料应用等措施，提高了土壤中有机物质的归还量，培肥了地力，提升了京郊耕地质量，有效地减少了化肥投入，促进了农业废弃物的循环利用，对建设资源节约型和环境友好型社会发挥了重要作用。

　　《北京肥料》一书集成了北京市土肥工作站、中国农业大学等科研院所、肥料企业等部门多年的工作实践成果，从理论到应用，从土壤、作物、施肥配方建议到肥料生产、销售和施用，最后到农业应用，形成一套先进实用的体系。希望能得到广大农业科技人员和农民朋友的欢迎，也希望能够对推动新型肥料研发、肥料产业发展和科学施肥技术进步起到一定的指导作用。

中国工程院院士

2019 年 8 月 16 日

前　言

肥料的概念最早形成于 1840 年，其在农业中的应用则远远早于肥料概念的形成时间。肥料因其能供给土壤养分，满足作物高产需要，补偿因植物收获、淋失和气态挥发所造成的土壤养分损失，维持和改善土壤肥力状况而日益得到重视，特别是随着肥料理论的产生以及基于此类理论而诞生的化肥的广泛应用，使得肥料在农业发展中的地位越来越重要。

随着肥料的大规模使用，其在促进农业生产、提高农产品产量的同时，也带来了面源污染等一系列环境问题。据联合国粮食及农业组织（Food and Agriculture Organization of the United Nations，简称 FAO）研究统计，化肥对农作物的增产作用占 60%；如果不施用化肥，农作物产量会减产 40%～50%。国家土壤肥力监测结果表明，施用化肥对粮食产量的贡献率平均为 57.8%。这些结果表明，科学、合理的施肥技术，对农产品质量安全和环境产生积极影响。对农村发展、农业增产、农民增收起着十分重要的作用。

近年来，为推动北京市农业可持续发展，建设都市型现代农业，推进农业绿色发展、低碳发展、循环发展和信息化发展，北京市土肥工作站在肥料、施肥技术、肥料推广、肥料管理等方面进行了广泛研究与推广应用。一是加强测土配方施肥等低碳、循环、绿色技术研究，根据北京市土壤的特点和种植需求开展肥料配方个性化定制。二是探索推广模式，建立了测配一站式、站企合作式、连锁配送式、农资加盟式、科技入户式五种推广模式。三是创新长效机制，建立了管理、工作、政策、推广、评估五项长效机制。四是建立肥料质量监管制度，建立了招标制、承诺制、自检制、追溯制、服务制、淘汰制等多项管理制度。通过上述工作使得肥料在北京市农业生产中的应用取得了良好的经济效益。

本书从都市型现代农业建设大环境出发，在介绍肥料的基本知识以及科学施肥知识的基础上，重点分析了北京市土壤特点及农业发展状况，主要作物类型以及肥料生产、销售和使用状况。对北京市常用肥料的使用，总结了一些经验和做法，为农民科学、合理施肥和土肥工作者开展土肥工作提供参考。

全书共分为八章。

第一章：介绍了肥料的起源、发展历史和肥料的分类，解析了肥料和肥料技术的发展趋势。

第二章：从化肥、有机肥和新型肥料三方面介绍了当前常用的肥料。

第三章：介绍了科学施肥理论的发展历程。对测土配方施肥、水肥一体化施肥、精准施肥、信息化施肥和机械化施肥、新型施肥方法也作了详细叙述。

第四章：分析了北京自然地理与区域特征，北京市土壤特点及耕地质量情况，和北京市主要农作物生产形势。

第五章：总结了北京地区肥料的生产情况及北京市化肥、有机肥、新型肥料的使用情况。

第六章：根据北京市土壤供肥性能和肥料效应、作物需肥规律、测土配方施肥技术制定了不同的配肥原则。

第七章：分析了肥料推广的相关问题，包括施肥技术推广及其发展、现代农业对施肥推广体系建设的要求、当前施肥推广体系存在的问题以及北京市在施肥推广体系建设中的经验和做法。

第八章：分析了以北京市为例的都市型现代农业建设发展历程和肥料工作的特点和定位。

本书是在多年研究成果的基础上完成的，值此，在本书付梓之际，向所有关心和支持此书出版，以及引用参考文献和资料的作者表示衷心的感谢。

限于编者水平，书中错误在所难免，敬请读者批评指正。

编 者

2019 年 8 月

目　　录

序言

前言

第一章　肥料概述 ……………………………………………………… 1

　第一节　肥料的起源与发展历史 ……………………………………… 1

　第二节　肥料的分类 …………………………………………………… 3

　第三节　肥料在农业发展中的作用 …………………………………… 7

　第四节　肥料的发展趋势 …………………………………………… 11

第二章　常用肥料概述 ……………………………………………… 14

　第一节　化肥概述 …………………………………………………… 14

　第二节　有机肥料概述 ……………………………………………… 25

　第三节　新型肥料概述 ……………………………………………… 30

第三章　肥料使用的基本原理及方法 …………………………… 63

　第一节　科学施肥理论及其发展 …………………………………… 63

　第二节　科学施肥基本理论 ………………………………………… 65

　第三节　新型施肥方法 ……………………………………………… 86

第四章　北京土壤与农业发展概况 …………………………… 107

　第一节　北京自然地理与区域特征 ……………………………… 107

　第二节　北京农业发展特点与现状 ……………………………… 108

　第三节　北京土壤特点及耕地质量情况 ………………………… 114

　第四节　北京市主要作物类型 …………………………………… 137

第五章　北京地区肥料现状 …………………………………… 145

　第一节　北京地区肥料发展历程 ………………………………… 145

　第二节　当前北京肥料生产与销售情况 ………………………… 153

第三节　近年来北京地区肥料投入情况 …………………………………… 155

第四节　北京地区主要肥料质量监测情况 ………………………………… 171

第五节　北京地区肥料使用存在的主要问题 ……………………………… 173

第六节　肥料在北京农业生产中的作用 …………………………………… 176

第六章　北京地区常用肥料施用技术 ……………………………………… 181

第一节　北京地区总体施肥推荐 …………………………………………… 181

第二节　有机肥生产与施用技术 …………………………………………… 185

第三节　二氧化碳肥料生产与施用技术 …………………………………… 202

第四节　水溶肥生产与施用技术 …………………………………………… 204

第五节　微生物肥的施用技术 ……………………………………………… 209

第六节　绿肥的种植技术 …………………………………………………… 211

第七节　腐殖酸肥料的施用技术 …………………………………………… 213

第八节　缓控释肥的施用技术 ……………………………………………… 214

第九节　复合肥料的施用技术 ……………………………………………… 215

第十节　沼肥的施用技术 …………………………………………………… 218

第十一节　土壤调理剂的施用技术 ………………………………………… 227

第十二节　中微量元素的施用技术 ………………………………………… 228

第七章　肥料的推广与管理 ………………………………………………… 231

第一节　肥料推广 …………………………………………………………… 231

第二节　肥料使用管理 ……………………………………………………… 242

第八章　展望 ………………………………………………………………… 260

第一节　北京都市型现代农业的提出与发展 ……………………………… 260

第二节　肥料工作与北京都市型现代农业建设 …………………………… 262

第三节　北京都市型现代农业环境下的肥料管理体系建设 ……………… 263

主要参考文献 ……………………………………………………………… 266

第一章　肥料概述

肥料的概念最早形成于1840年德国化学家李比希（Justus von Liebig）提出的"植物矿质营养学说"和"养分归还学说"。根据李比希的农业化学思想，国际肥料工业协会（International Fertilizer Industry Association，简称 IFIA）将肥料定义为：第一，能供给土壤养分满足作物高产需要；第二，补偿因植物收获、淋失和气态挥发所造成的土壤养分损失；第三，能维持和改善土壤肥力状况的农用生产资料。这一定义从肥料的使用价值上说明了肥料应具备的功能属性。由此也可以看出，肥料是农业发展必不可少的基础生产资料。本章重点阐述肥料的起源和发展历史、肥料的主要类型、肥料在农业生产中的地位和作用，以及肥料的发展趋势等内容。

第一节　肥料的起源与发展历史

中国是世界上农耕发展最早的国家之一，在农业上使用肥料已有悠久的历史。早在商代殷墟甲骨文中，已有粪田字样，说明了商代已有在田里施用粪肥并储存畜粪及造厩肥的方法。从我国肥料的发展历程来看，主要经历了以下三个阶段。

一、以自然肥料为主的发展阶段

人类脱离了刀耕火种的原始农业后，在约四千年前进入传统农业体系。传统农业以人力、畜力和少量水力、机械力为动力，施以人粪尿、动物粪便、草木灰、绿肥等自然有机肥料，保持了土壤的有机元素和农产品的安全环保。宋元时期，通过广辟肥源，肥料的种类大为增加，有人粪尿、畜禽粪、饼肥、火粪、熏土肥、泥肥、沤肥、绿肥、石灰和杂肥等10大类。据不完全统计，人畜禽粪13种、饼肥2种、泥肥4种、土肥2种、灰肥3种、熏肥3种、绿肥4种、矿物质肥5种、秸藁3种、渣粪2种、杂肥21种，总计60多种。明、清时期，肥源进一步扩大。肥料种类由宋、元时代的60多种发展到100多种，《知本提纲》将它们归纳为：人粪、畜粪、草粪、火粪、泥粪、蛤灰粪、苗粪、油粕粪、黑豆粪、皮毛粪10类。传统农业体系缺乏农业基础设施的支撑，是标准的自给自足的小农经济，增产的因素基本上靠足够的自然肥料、人力的投入和风调雨顺的天气条件。农业社会不但保持了中华文明的永续传承和政权疆域的长久巩固，而且积累了丰富的农业耕作知识和经验。例如，自然肥料的制作和施用，使传统农业成为一种与自然契合、天地人循环的"永续农业"。1911 年，时任美国农业部土壤所所长、土壤专家富兰克林出版副标题为"中国、朝鲜和日本的永续农业"的《四千年农夫》一书，解开了中国几千年来在没有大量外部资源投放的情况下成功保持了土壤的肥沃和健康，进而养活了高密度人口的秘密。他认为，中国农民以自然肥料为主做到"用养结合、精耕细作和地力常新"，延续了原生态农耕方式。中华人民共和国成立前，我国农业发展主要靠有机肥料来支撑，化学肥料所提供的养分比例不足 10%。

二、以化肥为主的发展阶段

1840 年，德国化学家李比希在英国有机化学杂志举办的科学年会上，发表了《化学在植物生理与农业》的论文。文中论述了植物生长发育与矿物质营养的关系，确立了"植物营养的矿物质营养"经典理论，并为化肥工业提供了理论依据，促进了化肥工业的发展。中华人民共和国成立后，为解决我国粮食需求，国家在大力发展有机肥料的同时，逐渐形成了我国化学肥料产业体系。从"小氮肥"起步，发展成为肥料品种齐全、产量居世界首位的化学肥料工业体系。进入 21 世纪，我国肥料产能逐年增加，产能开始出现过剩，肥料行业竞争日趋加剧。就肥料行业来说，由于肥料使用季节性较强，使用时间相对集中，所以适度的产能过剩是必需的，一方面可满足农业生产季节性需求，另一方面也可减轻国家化肥淡储的压力，同时也有利于行业的升级改造和重组，建设现代化、大规模的肥料生产产业体系。具体的产能过剩率维持在 120% 左右，单个企业适度规模应当是年产 30 万吨以上、上下游结合的现代肥料企业。

三、多种肥料综合发展的阶段

近 60 年来，随着科学技术突飞猛进的发展，肥料科学领域的新知识、新理论、新技术不断涌现，肥料向复合高效、缓释控释（长效）和环境友好等多方向发展。因而，利用新方法、新工艺生产的具有上述特征的肥料被称为新型肥料，以区别于传统化肥工业生产的化学单质肥料和复合肥料以及未经深加工的有机肥料。它是针对传统肥料的利用率低、易污染环境、施用不便等缺点，对其进行的物理、化学或生物化学改性后生产出的一类新产品。为适应农业生产的新要求，新型肥料作为一种有助于改善环境质量和农产品质量、提高农作物产量的农用生产资料发展迅速。

第二节　肥料的分类

随着肥料技术的发展与进步，肥料的种类越来越多，因此，科学地划分肥料的种类就变得更具意义。目前，肥料的种类划分仍没有统一的标准，总体来看，依据不同的分类标准，可以将肥料划分成不同的类型。

一、按肥料的作用划分

按作用分，可以把肥料分为直接肥料和间接肥料。其中，直接肥料为直接营养作物的肥料，如氮、磷、钾化肥。间接肥料为通过改善土壤的水、肥、气、热状况达到营养作物目的的肥料，如石灰、石膏。有机肥为二者作用都有的肥料。

二、根据肥料中物质形态不同划分

根据肥料提供植物养分的特性和营养成分，可以将肥料分为无机肥料、有机肥料和生物肥料等类别。

1. 无机肥

采用提取、机械粉碎和化学合成等工艺加工制成的无机盐态肥料，又称矿物肥料、矿质肥料（mineral fertilizer）。由于绝大部分化学肥料是无机肥料，有时也将无机肥称为化学肥料，简称化肥。化肥中主要含有的氮、磷、钾等营养元素都以无机化合物的形式存在，大多数要经过化学工业生产。

2. 有机肥

能直接供给作物生长发育所必需的营养元素并富含有机物质的肥料。常用品种有绿肥、人粪尿、厩肥、堆肥、沤肥、沼气肥和废弃物肥料，此外还有泥肥、熏土、坑土、糟渣等。

有机肥料是天然有机质经微生物分解或发酵而成的一类肥料，农业部（现为中华人民共和国农业农村部）制定的行业标准 NY 525—2012 适用于这一类有机肥料。近年来，随着资源综合利用工作的推进，味精行业用富含氮元素的废水生产有机氮肥，造纸行业用富含钾元素的废渣生产有机钾肥，城市有机垃圾及城市污泥经微生物发酵、除臭和腐熟后制成肥料，其中不少以有机肥料命名。目前，工业化生产的有机肥料没有统一的国家标准，有的执行农业部制定的行业标准 NY 525—2012；有的制定了行业标准，如轻工行业标准 QB/T 2849—2007生物发酵肥；有的执行企业标准，养分含量指标高低不一。

3. 微生物肥料

狭义的微生物肥料，是通过微生物生命活动，使农作物得到特定的肥料效应的制品，也被称为接种剂或菌肥，如传统的固氮、解磷、解钾细菌。微生物肥料不能直接提供作物吸收的营养物质（包括氮、磷、钾和多种矿质元素），而是通过大量活的微生物在土壤中的积极活动来制造和协助作物吸收营养物质或产生生长激素来刺激作物的生长，由于本身不含营养元素，不能代替化肥。微生物肥料有农业部制定的行业标准 NY 227—1994 微生物肥料。

目前工业化生产的复合微生物肥料是微生物肥料、有机肥料、无机肥料的结合体，是既含有作物所需的营养元素，又含有微生物的制品，可以代替化肥，提供农作物生长发育所需的各类营养元素。这类肥料执行农业部标准 NY/T 798—2015 复合微生物肥料，也有部分产品执行企业标准。

4. 有机-无机复混肥料

有机-无机复混肥料指含有有机物质和无机营养的复混肥料。在有机-无机复混肥料中，有机物质采用加工过后的有机肥料（如畜禽粪便、城市有机垃圾、污泥、秸秆、木屑、食品加工废料等）以及含有机质的物质（草炭、风化煤、褐煤、腐殖酸等）。有的加入微生物菌剂和刺激生长的物质，自称为有机活性肥料或生物缓效肥。

三、按肥料生产来源划分

《绿色食品肥料使用准则》（NY/T 394—2013）将肥料分为农家肥料和商品肥料两类。

1. 农家肥料

农家肥料系指就地取材、就地使用的各种有机肥料。它由含有大量生物物质、动植物残体、排泄物、生物废物等积制而成的。包括堆肥、沤肥、厩肥、沼气肥、绿肥、作物秸秆肥、泥肥、饼肥等。

①堆肥。以各类秸秆、落叶、山青、湖草为主要原料，并与人畜粪便和少量泥土混合堆制，经好气微生物分解而成的一类有机肥料。

②沤肥。所用物料与堆肥基本相同，只是在淹水条件下，经微生物厌氧发酵而成的一类有机肥料。

③厩肥。以猪、牛、马、羊、鸡、鸭等畜禽的粪尿为主，与秸秆等垫料堆积并经微生物作用而成的一类有机肥料。

④沼气肥。在密封的沼气池中，有机物在厌氧条件下经微生物发酵制取沼气后的副产物。主要有沼气水肥和沼气渣肥两部分组成。

⑤绿肥。以新鲜植物体就地翻压、异地施用或经沤、堆后而成的肥料。主要分为豆科绿肥和非豆科绿肥两大类。

⑥作物秸秆肥。以麦秸、稻草、玉米秸、豆秸、油菜秸等直接还田的肥料。

⑦泥肥。以未经污染的河泥、塘泥、沟泥、港泥、湖泥等经厌氧微生物分解而成的肥料。

⑧饼肥。以各种含油分较多的种子经压榨去油后的残渣制成的肥料，如菜籽饼、棉籽饼、豆饼、芝麻饼、花生饼、蓖麻饼等。

2. 商品肥料

商品肥料是按国家法规规定，受国家肥料部门管理，以商品形式出售的肥料，包括商品有机肥、腐殖酸类肥、微生物肥、有机复合肥、无机（矿质）肥、叶面肥等。

（1）商品有机肥料

以大量动植物残体、排泄物及其他生物废物为原料加工制成的商品肥料。

（2）腐殖酸类肥料

以含有腐殖酸类物质的泥炭（草炭）、褐煤、风化煤等经过加工制成含有植物营养成分的肥料。

（3）微生物肥料

以特定微生物菌种培养生产的含活的微生物制剂。根据微生物肥料对改善植物营养元素的不同，可分成五类：根瘤菌肥料、固氮菌肥料、磷细菌肥料、硅酸盐细菌肥料和复合微生物肥料。

（4）有机复合肥

经无害化处理后的畜禽粪便及其他生物废物加入适量的微量营养元素制成的肥料。

（5）无机（矿质）肥料

矿物经物理或化学工业方式制成，养分是无机盐形式的肥料。包括矿物钾肥和硫酸钾、矿物磷肥磷矿粉、煅烧磷酸盐（钙镁磷肥、脱氟磷肥）、石灰、石膏、硫黄等。

（6）叶面肥料

喷施于植物叶片并能被其吸收利用的肥料，包括含微量元素的叶面肥和含植物生长辅助物质的叶面肥料等，叶面肥料中不得含有化学合成的生长调节剂。

（7）有机无机肥（半有机肥）

有机肥料与无机肥料通过机械混合或化学反应而成的肥料。

（8）掺合肥

在有机肥、微生物肥、无机（矿质）肥、腐殖酸肥中按一定比例混入化肥（硝态氮肥除外），并通过机械混合而成的肥料。

（9）其他肥料

指不含有毒物质的食品、纺织工业的有机副产品，以及骨粉、骨胶废渣、氨基酸残渣、家禽家畜加工废料、糖厂废料等有机物料制成的肥料。

四、按肥料营养成分比例划分

按肥料营养成分比例划分，可以将肥料分为单元肥料、复混肥料。复混肥料按生产方式一般可分为复合肥料和掺合肥料；按养分类型可分为二元复混肥料和三元复混肥料；按养分浓度高低可分为高浓度、中浓度和低浓度三种；按养分特性可分为无机、有机、有机-无机三种。

有机-无机复混肥料是含有一定有机质的复混肥料。复合肥料是指氮、磷、钾三种养分中，至少有两种养分标明量的由化学方法和制成的肥料。掺合肥料则是氮、磷、钾三种养分中，至少有两种养分标明量的干混方法制成的肥料。BB肥，全称散装掺混肥料，别名掺合肥，由几种颗粒状单一肥料或复合肥料按一定的比例掺混而成的一种复混肥料，其特点是：养分全面，浓度高；增产节本显著，针对性强；加工简便，生产成本低，无污染；配方灵活。

五、按肥料中养分供应速率划分

按肥料中养分供应速率划分，肥料可以分为速效肥、缓效肥料（长效肥料）和控释肥料。

1. 速效肥料

这种肥料施入土壤后，随即溶解于土壤溶液中而被作物吸收，见效很快。大部分的氮肥品种，磷肥中的普通过磷酸钙等，钾肥中的硫酸钾、氯化钾都是速效化肥。速效肥料一般用做追肥，也可用做基肥。

2. 缓效肥料

也称长效肥料、缓释肥料，这些肥料养分所呈的化合物或物理状态，能在一段时间内缓慢释放，供植物持续吸收和利用，即这些养分施入土壤后，难以立即为土壤溶液所溶解，要经过短时的转化，才能溶解，才能见到肥效，但肥效比较持久。肥料中养分的释放完全由自然因素决定，并未加以人为控制，如钙镁磷肥、钢渣磷肥、磷矿粉、磷酸二钙、脱氟磷肥、磷酸铵镁、偏磷酸钙等。一些有机化合物有脲醛、亚丁烯基二脲、亚异丁基二脲、草酰胺、三聚氰胺等，还有一些含添加剂（如硝化抑制剂、脲酶抑制等）或加包膜肥料，前者如长效尿素，后者如包硫尿素都是缓效肥料，其中长效碳酸氢铵是在碳酸氢铵生产系统内加入氨稳定剂，使肥效期由 $30\sim45d$ 延长到 $90\sim110d$，氮利用率由 25% 提高到 35%。缓效肥料常作为基肥使用。

3. 控释肥料

控释肥料属于缓效肥料，是指肥料的养分释放速率、数量和时间是由人为设计的，是一类专用型肥料，其养分释放动力得到控制，使其与作物生长期内养分需求相匹配。如蔬菜 50d、稻谷 100d、香蕉 300d 等，同时各生育段（苗期、发育期、成熟期）需配与的养分也是不相同的。控制养分释放的因素一般受土壤的湿度、温度、酸碱度等影响。控制释放的手段最易行的是包膜方法，可以选择不同的包膜材料，包膜厚度以及薄膜的开孔率来达到释放速率的控制。

第三节　肥料在农业发展中的作用

土壤肥力是衡量土壤资源质量的重要指标，肥沃的土壤能持续协调地提供农作物生长所需的各种土壤肥力因素，保持农产品产量与质量的稳定与提高，肥料则是土壤养分的主要物质来源。合理施肥能促进农业的发展，不合理施肥则会阻碍农业的发展。

一、合理施肥在农业发展中的促进作用

肥料资源是农业发展的重要物质基础之一，在农业发展中具有不可替代的作用，主要表现在：

1. 合理施肥能增加农作物产量

联合国粮农组织的统计表明，在提高单产方面，化肥对增产的贡献额为 40%～60%；施肥不仅能提高土壤肥力，而且也是提高作物单位面积产量的重要措施。化肥是农业生产最基础而且是最重要的物质投入。据联合国粮农组织（FAO）统计，化肥在对农作物增产的总份额中占 40%～60%。中国能以占世界 7% 的耕地养活了占世界 22% 的人口，可以说化肥起到举足轻重的作用。

肥料是作物的"粮食"，在作物生产中发挥着不可替代的支撑作用。在第一次"绿色革命"中做出卓越贡献并获得诺贝尔奖的诺曼·E. 勃劳格（Norman E. Borlaug）1994 年在全面分析了 20 世纪农业生产发展的各相关因素之后指出："20 世纪全世界所增加的作物产量中的一半是来自化肥的施用。"联合国粮农组织在 20 世纪 80 年代在亚太地区 31 个国家通过大量田间试验得出结论：施肥可以提高粮食单位面积产量 55%，总产增加 30%。我国全国化肥试验网在 20 世纪 80 年代进行的 5 000 多个肥效试验结果也证明，在水稻、小麦和玉米上合理施用化肥比对照不施肥处理平均增产 48%。近年来，随着化肥用量的增加和耕地肥力的逐渐提高，施肥的增产作用有所降低，但是，依然是作物增产增收最基本的物质保障。

2. 合理施肥能改善农产品品质

肥料的种类、结构和施肥技术对农产品的品质也有很大的影响。通过科学施肥，能够切切实实地改善农产品品质（包括名特优农产品的外在品质、内在

品质、特殊风味及名贵中草药的特殊药性等方面，达到相关的品质指标标准）；能够充分发挥植物营养元素所具备的作为食品和药品的双重功能，大幅度提高农产品的产量。如施人粪尿的白菜比单施化肥的白菜更适口和鲜甜；施饼肥的西瓜、草莓比单施化肥的西瓜、草莓红且甜；有机肥和化肥合理搭配施用的大桃、樱桃等水果比单施化肥的大桃、樱桃等水果香甜和耐贮运并且可提高蔬菜瓜果中维生素 C、可溶性糖及其他营养物质含量；有机肥还能提高棉花衣分、绒长等。

3. 合理施肥能提高土壤肥力和改良土壤

合理施肥能够使土壤养分含量持续增加，改善土壤物理、化学和生物学性状。施肥可以增加土壤营养，只有向土壤中补充植物带走的养分，才能够保证土壤的可持续利用。施肥可以改善土壤结构，促进土壤团粒结构的形成，增加土壤腐殖质含量，改善黏土的坚实板结以及沙土的跑水漏肥等不良性状，提高土壤肥力；改善土壤的水热状况，使土壤保水能力更强，有利于提高土温，利于作物根系的生长；增加生理活性物质，促进根系发育，刺激作物生长，增强其抗病能力；加强水土保持，减少了水土流失。另外，施用有机肥可以提高土壤对酸碱以及某些污染物的缓冲性能，有助于对污染土壤的植物修复。

4. 合理施肥能减轻农业灾害

通过科学施肥，可提前开启作物的次生代谢途径，充分调动并提高作物自身免疫能力，从而提高农作物的抗逆性；甚至实现有效防控作物土传病害的能力：杀虫治病、除草。同时，依据植物营养元素也具有药食同源的原理，应确保植物基本代谢和次生代谢的均衡运转，从而应用植物营养元素防控某些土传病害而不用任何农药，可明显减轻或彻底避免某些化学农药对土壤、部分农作物及其农产品污染与残毒等问题。如合理施肥使作物茎秆粗壮，抗倒伏、抗病害等抗逆能力大幅度提高。

5. 科学施肥优化了施肥比例提高了肥料利用率

在化肥施用趋于合理的同时，有机无机相结合的施肥理念被越来越多的农民所接受。秸秆粉碎翻压还田、秸秆覆盖还田、秸秆过腹还田等秸秆还田方式得到大面积应用，提高了土壤有机质含量，培肥了地力。同时，通过改进施肥方法深施化肥和有机肥得到了普遍应用，水肥一体化、种肥同播等技术的推广应用，追肥器、追肥机的大量使用，肥料施用与深耕、旋耕等农机措施相结合，使得化肥撒施等不合理施肥方法明显减少，有效提高了肥料资源利用率，减轻了农田生态环境污染压力。

二、不合理施肥在农业发展中的不良影响

近年来，随着环境压力越来越大，人们充分认识到不合理施肥给农业以及

生态环境带来了诸多负面影响和危害，有些危害是不可逆转的。

1. 对大气的污染

肥料，特别是化肥对大气的污染是因化肥本身易分解挥发及施用方法不合理造成的气态损失。常用的氮肥如尿素、硫酸铵、氯化铵和硫酸氢铵等铵态氮肥，在施用于农田的过程中，会发生氨的气态损失；施用后直接从土壤表面挥发成氨气、氮氧化物气体进入大气中；很大一部分有机、无机氮形态的硝酸盐进入土壤后，在土壤微生物反硝化细菌的作用下被还原为亚硝酸盐，同时转化成二氧化氮进入大气。氮肥施入土中后，有一部分可能经过反硝化作用，形成了氮气和氧化亚氮，从土壤中逸散出来，进入大气。氧化亚氮到达臭氧层后，与臭氧发生作用，生成一氧化氮，使臭氧减少。由于臭氧层遭受破坏而不能阻止紫外线透过大气层，强烈的紫外线照射对生物有极大的危害，如使人类皮肤癌患者增多等。此外，化肥在贮运过程中的分解和风蚀也会造成污染物进入大气。

2. 对土壤的污染

一是增加土壤重金属和有毒元素。重金属是化肥对土壤产生污染的主要污染物质，进入土壤后不仅不能被微生物降解，而且可以通过食物链不断在生物体内富集，甚至可以转化为毒性更大的甲基化合物，最终在人体内积累危害人体健康。土壤环境一旦遭受重金属污染就难以彻底消除。产生污染的重金属主要有锌、铜、钴、铬等。从化肥的原料开采到加工生产，总会给化肥带进一些重金属元素或有毒物质，其中以磷肥为主。我国目前施用的化肥中，磷肥约占20％，磷肥的生产原料为磷矿石，它含有大量有害元素，同时磷矿石加工过程还会带进其他重金属。另外，利用废酸生产的磷肥中还会带有三氯乙醛，对作物会造成毒害。我国主要的有机肥源为畜禽粪便。畜禽饲养大量使用抗生素、激素及饲料中各种添加剂，特别是随着集约化畜牧业的发展，兽药的应用范围也在扩大，有的药物如抗生素、磺胺药等已被广泛用于畜禽养殖上。有些养殖户为了牟取利润，滥用药物造成残留超标。上述有害物质在环境中不易分解，存留时间较长，可以通过大气、水的输送而影响到一定区域，并通过食物链富集，这些有害物质兼具环境持久性、生物累积性、长距离迁移能力和高毒性，能够对人类和野生动物产生大范围、长时间的危害，成为持久性有机污染物。另外，畜禽粪便也是金属、重金属的集聚源。

二是导致营养失调，造成土壤硝酸盐累积。目前我国施用的肥料以氮肥为主，而磷肥、钾肥和复合肥较少，长期这样施用会造成土壤营养失调，加剧土壤磷、钾的耗竭，导致硝态氮累积。硝酸根本身是无毒的，但若未被作物充分同化可使其含量迅速增加，摄入人体后被微生物还原为亚硝酸根，使血液的载氧能力下降，诱发高铁血红蛋白血症，严重时可使人窒息死亡。同时，硝酸根还可以在体内转变成强致癌物质亚硝胺，诱发各种消化系统癌变，危害人体健康。长期、大量使用无机肥，会使土壤中养分过高，土壤盐分向地表聚集，在温度和湿度达到一定条件下微生物也便随之向地表聚集，使得土壤全盐含量增加，长此以往会导致土壤板结而加剧土壤盐渍化。

三是加速土壤酸化。长期施用化肥会加速土壤酸化。这一方面与氮肥在土壤中的硝化作用产生硝酸盐过程相关，当氨态氮肥和许多有机氮肥转变成硝酸盐时，释放出氢离子，导致土壤酸化；另一方面，一些生理酸性肥料，比如磷酸钙、硫酸铵、氯化铵在植物吸收肥料中的养分离子后土壤中氢离子增多，许多耕地土壤的酸化与生理性肥料长期施用有关。同时，长期施用氯化钾因作物选择吸收所造成的生理酸性的影响，能使缓冲性小的中性土壤逐渐变酸。同样酸性土壤施用氯化钾后，钾离子会将土壤胶体上的氢离子、铝离子交换下来，致使土壤溶液中氢离子、铝离子浓度迅速升高。此外，氮肥在通气不良的条件下，可进行反硝化作用，以氨气、氮气的形式进入大气，大气中的氨气、氮气可经过氧化与水解作用转化成硝酸，降落到土壤中引起土壤酸化。化肥施用促进土壤酸化现象在酸性土壤中最为严重。土壤酸化后可加速钙、镁从耕作层淋溶，从而降低盐基饱和度和土壤肥力。

四是降低土壤微生物活性。土壤微生物是个体小而能量大的活体，它们既是土壤有机质转化的执行者，又是植物营养元素的活性库，具有转化有机质、分解矿物和降解有毒物质的作用。施用不同的肥料对微生物的活性有很大影响，我国施用的化肥中以氮肥为主，而磷肥、钾肥和有机肥的施用量低，往往会降低土壤微生物的数量和活性。

3. 对水体的污染

一是对地表水的污染。农业生产中使用的氮肥、磷肥会随农田排水进入河流湖泊，水田中施用化肥会随排水直接进入水体，而旱田施用过多的氮肥、磷肥会随人为灌溉和降雨形成的地表径流进入水体，使地表水中营养物质逐渐增多，造成水体富营养化；水生植物及藻类大量繁殖，消耗大量的氧致使水体中溶解氧下降，水质恶化生物生存受到影响，严重时可导致鱼类死亡；形成的厌氧性环境使好氧性生物逐渐减少甚至消失，厌氧性生物大量增加改变了水体生物种群，从而破坏了水环境影响到人类的生产生活。

二是对地下水的污染。主要是化肥施用于农田后，发生解离形成阳离子和阴离子，一般生成的阴离子为硝酸根、亚硝酸根、磷酸根等，这些阴离子因受带负电荷的土壤胶体和腐殖质的排斥作用而易向下淋失；随着灌溉和自然降雨，这些阴离子随淋失而进入地下水，导致地下水中硝酸盐、亚硝酸盐及磷酸盐含量增高。硝氮、亚硝氮的含量是反映地下水水质的一个重要指标，其含量过高则会对人畜直接造成危害，使人类发生病变，严重影响身体健康。

4. 对作物品质及食物链造成影响

过量施用肥料，不但造成肥料养分的浪费，而且对植物体内有机化合物的代谢产生不利影响。在这种情况下，植物体内可能积累过量的硝酸盐、亚硝酸盐。过量的硝酸盐和亚硝酸盐在植物体内的积累一般不会使植物受害。但是这两种化合物对动物和人的机体均有很大毒性，特别是亚硝酸盐，其毒性要比硝酸盐高 10 倍。植物性产品中高含量的硝酸盐会使其产品品质明显降低。硝酸盐有毒的形态和过多的数量被作物吸收，成为降低农产品品质的风险源。

第四节　肥料的发展趋势

党的十八大和十九大报告都对努力建设美丽中国，实现中华民族永续发展提出了具体要求。毫无疑问，肥料行业的发展和"美丽中国"的梦想密切相关。只有提高肥料利用率、研究环境友好型肥料并合理利用有机废弃物，才能营造出更宜人的环境。

一、肥料向高效化发展

高浓度不等于高效，提高肥料的利用率是高效的根本。减少因肥料的流失对生态环境造成不良影响，在提高农作物产量的同时提高农产品的质量是我国肥料发展的目标。

二、肥料向液体化发展

用氨水及其他含有多种营养元素的液体肥如沼液、工业有机废水等直接作为肥料，其显著优点是可随水灌溉，方便施用，降低成本。

三、肥料向缓效化发展

长期大量的科学研究表明，肥料利用率低下，特别是氮肥中氮素不能为作物充分利用的一个重要原因，是现有化学肥料溶解过快，由此加快了土壤微生物对肥料的分解，也加快了养分的转化、挥发、淋失及物理化学固定等。因此，减缓和控制肥料的溶解和释放速度，已成为提高作物对肥料利用效率的有效途径之一。未来缓释控释肥料的研究重点，主要将集中在以下几个方面：筛选新型高效抑制剂和促释剂；研究环境友好控释材料和缓释控释肥料的生产工艺；获悉控释材料的控释机理和肥料养分的释放动力学，特别是在"异粒控速"理论研究上要有所突破。同时，要了解不同土壤及不同作物的供肥及需肥规律，以确定控释肥料的释放速率和配方；开发稻田抑氨分子膜，重点开展抑氨分子膜的自然物质提取和生物化学合成技术研究，深入探讨成膜物质分子结构、分子去向以及分子排列与抑制氨挥发效果的关系。

四、肥料向复合化及复混化发展

复混肥料是逐步发展的。20 世纪初美国把普通过磷酸钙、智利硝石等混合起来施用，后来又把粉状的过磷酸钙、硫酸铵、氯化钾等混合起来施肥。近年来，国内外化肥生产的总趋势是发展高效复混肥料，减少副成分，以满足作物高产、高效、优质的需要，节约包装运输、贮存和施用的花费，提高肥效。因此，肥料产品将不仅仅停留在单一元素品种上，而是向复合化与复混化发展，在发展三元复合肥的同时，根据不同土壤和农作物在复混肥、BB 肥中加入中微量元素，发展多元素复混肥、BB 肥。为了保证作物高产、优质，不仅要施用足够数量的肥料，而且其所含养分要有一个适宜的比例，并且要通过商品化复合（混合）后提供给用户。

五、肥料向功能化发展

化肥产品除了提供植物必需的营养元素外，还具有其他的功能，如杀虫杀菌的功能、除草的功能、植物生长调节功能等。

六、肥料向物理化发展

近年来，科学家们试图研制一些能够通过物理作用产生具有肥料效应的新型肥料。研究表明，大自然中的声、光（激光）、电、磁、气、核、热、雷等物理现象能对农作物起到如同高效化肥一样的功效和作用，可作为提升农作物肥效的重要措施。这些措施不需要通过化学合成，而只通过物理方法加以利用即可，被称为"物理肥料"。它不是补充土壤中的物质，而是通过植物体内的生化反应，使农作物对营养物质的吸收利用更充分，更高效，促进植物生长发育。这些措施在同等条件下不仅能大幅度提高农作物产量，缩短农作物的成熟期，改善果实品质，提高作物的抗病能力，而且清洁、卫生，对土壤及环境无污染。

七、肥料向生态环保化发展

党的十八大报告明确提出"必须树立尊重自然、顺应自然、保护自然的生态文明理念，把生态文明建设放在突出地位，融入经济建设、政治建设、文化建设、社会建设各方面和全过程，努力建设美丽中国，实现中华民族永续发展"。生态文明理念具体运用到农业上，就是要按照生态学原理，运用现代科学技术成果和现代管理手段，以资源节约高效利用、产业持续发展和生态环境保护为核心，以资源综合高效利用为原则，建立适应生态文明时代需要的经济效益、生态效益和社会效益并重的农业生产体系，实现农业经济活动和生态保护良性循环，促进和实现农业的可持续发展。农业可持续发展的基础是农业资源与环境，农业资源的可持续利用和保持良好的农业生态环境是农业可持续发展的基本保证。

　　肥料是农业生产的基础资源，不仅会对农产品产量、质量产生影响，还会对生态环境，人民的生活环境、生活质量以及人类健康等诸多方面产生影响。在耕地资源有限并且日益减少的现实下发展生态农业，必须改变现有农业发展方式，通过持续的肥料科技创新，以生态农业建设为目标，实现肥料的生态化发展。

第二章　常用肥料概述

随着农业的发展，肥料的作用得到日益广泛的重视，一些肥料已经广泛应用于农业生产中，融入农民的日常劳作中。本章从化肥、有机肥和新型肥料三个方面介绍了当前常用的肥料。其中，化肥和有机肥介绍了其概念、类型以及基本作用，而新型肥料则重点介绍了复合肥、缓释控肥、水溶肥与叶面肥、微生物肥、绿肥、中微量元素肥、腐殖酸类肥料和其他新型肥料的基本特性和功用。

第一节　化肥概述

一、化肥的基本概念与特点

化肥，即化学肥料也称无机肥料，是指用化学方法制造或者开采矿石，经过加工制成的肥料，包括氮肥、磷肥、钾肥、微肥、复合肥料等。化肥具有明显的优点，同时也存在一些弱点，主要表现在：

1. 化学肥料的优点

从养分循环观点看，化学肥料最主要的优点是可以增加农业循环中养分的总量。

（1）养分含量高

尿素含氮为 46%，硝酸铵含氮 34%，普通过磷酸钙含磷为 14%～18%。而纯马粪含氮只有 0.4%～0.5%，含磷为 0.2%～0.35%。1kg 硫酸铵相当于人粪尿 30～40kg，1kg 普通过磷酸钙相当于厩肥 60～80kg，1kg 硫酸钾相当于草木灰 10kg 左右。所以化肥的单位面积使用量少，便于运输、节约劳动力。

（2）肥效快

化肥都是水溶性或弱酸溶性，施入土壤后能迅速被作物吸收利用，肥效快而且显著。

（3）原料丰富

生产化肥都是用天然的矿物资源为原料，如：石油、天然气、煤炭、磷矿石等，这些原料丰富，可以大量开采。

（4）采用工业化生产

由于生产化肥的原料丰富，可大规模工业化生产，不受季节限制，产量大、成本低。

（5）节省运输和劳动力

化肥养分高，用量少，因而运输和施用所支出的费用和劳动力都比较节省。

（6）保存容易并可久存

化肥较农家肥体积小，养分稳定，它们容易保存，保存期长，不易变质。

（7）多种效能

有些化肥不仅提供作物养分，而且还有提高抗逆作用和防病杀虫作用。如，石灰氮可作为棉花的脱叶剂，防治血吸虫病害；液氨和氨水可以杀除大田的蝼蛄等虫害。

2. 化学肥料的弱点

（1）养分不齐全

化肥的养分不如农家肥齐全。一般化肥不含有机质，成分比较单一，只含一种或两三种养分。即使复混肥料可以增加多种养分，也很难达到农家肥的水平。

（2）有局限性

化肥对土壤、作物存在局限性，即适用性问题。使用化肥要选择，才能获得满意的效果，不然会事与愿违。如，氯化铵不能用于烟草、甜菜、甘蔗等忌氯作物，石灰氮不宜用于碱性土壤等。

（3）施用化肥要讲究方法

化肥浓度高溶解度大，使用方法如果不当，容易造成危害。倘若直接接触种子或根系，则易烧籽烧苗。如若使用时间不当，也会造成贪青倒伏。

二、化肥的种类与分类

化肥的划分方法也很多，主要依据化肥中所含养分种类多少，化肥的养分种类、化学性质、形态，主要作用、需要量和使用量以施肥时间等进行分类。

1. 按照化肥中所含养分种类多少分类

按照化肥中所含养分种类多少，可以将化肥分为单元化学肥料、多元化学肥料和完全化学肥料。

（1）单元化学肥料

单元化学肥料指只含氮、磷、钾三种主要养分之一者，也称单质化肥。如，硫酸铵只含氮素，普通过磷酸钙只含磷素，硫酸钾只含钾素。

（2）多元化学肥料

多元化学肥料指化肥中含有三种主要养分的两种或两种以上的，如磷酸铵含有氮和磷。

（3）完全化学肥料

完全化学肥料指化肥中含有作物生长发育所需的多种养分。

2. 按化肥的养分种类分类

按化肥的养分种类，可将化肥分为以下几类：

（1）氮肥

只含氮养分，常用的有尿素（含氮 46%）、硫酸铵（又称硫铵、肥田粉，含氮 20.5%～21%）、氯化铵（含氮 25%）、碳酸氢铵（碳铵，含氮 17%）、硝酸铵（硝铵，含氮 34%）等。

（2）磷肥

只含磷养分，常用的有过磷酸钙（普钙，含五氧化二磷 16%～18%）、重过磷酸钙（重钙，含五氧化二磷 40%～50%）、钙镁磷肥（含五氧化二磷 16%～20%）、钢渣磷肥（含五氧化二磷 15%）、磷矿粉（含五氧化二磷 10%～35%）等。

（3）钾肥

只含钾养分，常用品种有氯化钾（含氧化钾 50%～56%）、硫酸钾（含氧化钾 48%～52%）等。

（4）复合肥料

经化学合成而得，含有两种以上的常量养分，常用品种有磷酸二铵（含氮 18%，含五氧化二磷 46%）、磷酸二氢钾（含五氧化二磷 52%，含氧化钾 34%）等。

（5）复混肥料

由两种以上化肥或化肥与有机肥经粉碎造料等物理过程混合而成，含有两种以上常量养分，品种繁多。氮、磷、钾三元复混肥按总养分含量分为高浓度（总养分含量≥40.0%）、中浓度（总养分含量≥30.0%）、低浓度（总养分含量≥25.0%）三档。

（6）掺混肥料

又称 BB 肥，由两种以上化肥不经任何粉碎造料等加工过程直接干混而成，含有两种以上常量养分，氮、磷、钾三元复混肥有总养分含量不低于 35.0%。

（7）微量元素肥

含有植物营养必需的微量元素如锌、硼、铜、锰、钼、铁等，可以是只含有一种微量元素的单纯化合物，也可以是含有多种微量和大量营养元素的复混肥料或掺混肥料。

3. 根据化学性质分类

按化学性质，可以将化肥分为生理酸性肥料、生理碱性肥料和生理中性肥料：

（1）生理酸性肥料

在化学肥料的水溶液中作物吸收肥料的阳离子过多，剩余的阴离子生成相应的酸类，使溶液变酸，大多数的铵盐和钾盐都属于这类肥料。

（2）生理碱性肥料

如果作物吸收利用的阴离子比吸收利用的阳离子快时，土壤溶液中阳离子过剩，生成相应的碱性化合物，使溶液变成碱性，如硝酸钙、硝酸镁等都属于碱性肥料。

（3）生理中性肥料

作物吸收阴离子与吸收阳离子的速度大致相等土壤溶液呈中性反应，如硝酸钾、硝酸铵、尿素等。

4. 按形态分类

按形态可将化肥分为固体化肥、液体化肥和气体化肥。

（1）固体化肥

在工厂中制成结晶状、颗粒状或粉末状的固体形态的化肥，这在包装、运输和施用方面很适合我国的农业技术水平。

（2）液体化肥

在工厂中制成液体形态的化肥，如液氨、氨水、溶液肥料以及胶体肥料等，既可根际土施，也可叶面施肥。它的生产成本较低，但需要相应的贮存和施用机具，适用于机械化的农田。特别是可持续农业发展，适合我国节水农业的要求。

（3）气体肥料

作物在生育盛期和成熟期，特别是设施农业（如日光温室、塑料大棚等），由于室棚内空间密闭，二氧化碳得不到补充，阻碍作物光合作用，因而除设有温度、湿度的自控调节设施外，还有二氧化碳自动发生器，以及时补充二氧化碳。如每茬平均补充 5 次，可使作物普遍增产 50%，高者可达 200%。我国塑料大棚喜用碳酸氢铵，除供氮肥外，还可补充二氧化碳。

5. 按主要作用分类

按主要作用，可以将化肥分为直接化学肥料、间接化学肥料和激素化学肥料。

（1）直接化学肥料

指直接作为作物养分来源的化肥，如：氮肥、磷肥、钾肥及微肥等。

（2）间接化学肥料

指首先以改善土壤物理、化学和生理性质为主要目的的肥料，如：石膏、石灰、细菌肥料等。

（3）激素化学肥料

指那些对作物生长有刺激作用的化肥，如：腐殖酸类肥料。

6. 按需要量和使用量分类

按需要量和使用量，可以将化肥分为主要养分化肥、次要养分化肥、微量养分化肥和超微量肥料。

（1）主要养分化肥

如：氮肥、磷肥、钾肥。

（2）次要养分化肥

如：含钙、镁、硫元素的肥料。

（3）微量养分化肥

如：硼肥、锌肥、铜肥、铁肥、钼肥等。

（4）超微量肥料

如：稀土肥料。

7. 按施肥时间分类

按施肥时间，可以将化肥分为基肥、追肥和种肥。

（1）基肥

指为满足农作物整个生育时期对养分的要求，在播种前或定植前施入的肥料，也称底肥。

（2）追肥

指为满足作物不同生育时期对养分的特殊要求，以补充基肥不足而施用的肥料。

（3）种肥

指为满足作物苗期对养分的要求，在播种时与种子同时混播或撒入的肥料。在定植时采取沾秧根的方式，所用的肥料也为种肥。

8. 其他

还有按作物生育期分类，如苗肥、返青肥、拔节肥、穗肥等；按施肥部位分类，如根部肥、叶部肥等。按肥料中养分供应速率划分，可以分为速效肥、缓效肥料（长效肥料）、控释肥料。

三、常见化肥

1. 氮肥

（1）尿素

碳酰二胺，分子式为 $CO(NH_2)_2$，因为在人尿中含有这种物质，所以取名尿素。尿素含氮（N）46%，是固体氮肥中含氮量最高的。

生产方法：工业上用液氨和二氧化碳为原料，在高温高压条件下直接合成尿素。

特点：尿素是生理中性肥料，在土壤中不残留任何有害物质，长期施用没有不良影响。但在造粒中温度过高会产生少量缩二脲，又称双缩脲，对作物有抑制作用。尿素是有机态氮肥，经过土壤中的脲酶作用，水解成碳酸铵或碳酸氢铵后，才能被作物吸收利用。因此，尿素要在作物的需肥期前4～8d施用。

吸湿性：当空气中相对湿度大于尿素吸湿点时，尿素吸收空气中的水分潮解。

混配性：与硫铵、磷铵、氯化钾、硫酸钾混配良好，不能与过磷酸钙混配，与硝铵混配易产生水分，但液体肥料可以。

施用：适合各种作物与土壤；作种肥用量小于$75kg/hm^2$（种肥隔离）；适合根外追肥（液体）。

（2）碳酸氢铵

碳酸氢铵是一种碳酸盐，化学式为NH_4HCO_3，含氮17％左右。为碱性肥料，生产碳铵的原料是氨、二氧化碳和水。

特点：碳铵的优点主要表现在农化性质上。碳铵是无（硫）酸根氮肥，其三个组分都是作物的养分，不含有害的中间产物和最终分解产物，长期施用不影响土质，是最安全的氮肥品种之一。碳铵的另一个特点是其铵离子更易被土粒吸持，故当其施入土后不易随水下渗流失，淋失量仅及其他氮肥的$1/10～1/3$。因此，只要碳铵能较完全地接触土壤，被土粒充分吸持，施用后的挥发并不比其他氮肥高。有些条件下，如在石灰性土壤上，深施后还可比其他氮肥减少挥发损失。缺点是不稳定，易分解，不易混配。

施用：深施覆土；可做基肥、追肥，但不宜做种肥；不能与碱性物质混施；水田深施；砂性土壤少量多次施用。

（3）硝酸铵

分子式：NH_4NO_3，含氮量20％～21％。

特点：易溶、速效，生理中性肥料。含氮高，吸湿性很强，易结块，但颗粒状硝铵表面包有一层疏水物质，吸湿性小，不结块，施用方便。但对运输保存要求太严格。

施用：一般做追肥，且用于旱田；烟草优先使用；结块不能猛砸。

（4）硫酸铵

分子式：$(NH_4)_2SO_4$，含氮20％～21％。

特点：无色结晶，易溶、速效，生理酸性，物理性状好，不吸湿，不结块。但湿度大时也能吸水潮解，适用性好。

施用：可做基肥、追肥、种肥；一般不用于水田；石灰性土壤深施；喜硫

作物优先选用

（5）氯化铵

分子式：NH_4Cl，含氮量为 $24\%\sim25\%$。

特点：是一种速效氮素化学肥料，属生理酸性肥料。它适用于小麦、水稻、玉米、油菜等作物，尤其对棉麻类作物有增强纤维韧性和拉力并提高品质之功效。但是，由于氯化铵的性质所限，如果施用不对路，往往会给土壤和农作物带来一些不良影响。

施用：可用做基肥、追肥；水田施用效果优于硫铵；忌氯作物不施；对土壤酸化程度强于硫铵，注意配施石灰；盐碱地一般不用。

2. 磷肥

（1）普通过磷酸钙

主要成分为磷酸二氢钙 $Ca(H_2PO_4)_2$ 和石膏 $CaSO_4 \cdot 2H_2O$，又称过磷酸石灰。用硫酸分解磷灰石制得的称为普通过磷酸钙，简称普钙，主要成分为 $Ca(H_2PO_4)_2 \cdot H_2O$、无水硫酸钙和少量磷酸，其中 $80\%\sim95\%$ 溶于水，属水溶性速效磷肥，可直接做磷肥，也可用于制复合肥料。

由于普通过磷酸钙的品位比较低，单位有效成分的销售价格偏高，磷肥工业又出现一些高浓度磷肥。用磷酸和磷灰石反应，所得产物中不含硫酸钙，而是磷酸二氢钙，这种产品被称为重过磷酸钙，为灰白色粉末，含有效 P_2O_5 高达 $30\%\sim45\%$，为普通过磷酸钙的两倍以上。重过磷酸钙主要用做酸性磷肥。与尿素混配易生水，所以不常用。

施用：可做基肥、追肥、种肥；基肥深施，分层施用；可与有机肥混施。

（2）磷酸一铵

分子式：$NH_4H_2PO_4$，简称：MAP，磷酸一铵又称磷酸二氢铵。熔点 190℃，易溶于水。水溶液呈酸性。

特点：二元复合肥料，热稳定性好，吸湿性小，混配性好。

施用：可做基肥或种肥，不宜做追肥；采用深施、侧深施方法；最好与有机肥配合集中施用。

（3）磷酸二铵

分子式：$(NH_4)_2HPO_4$，简称：DAP。磷酸二铵又称磷酸氢二铵，是含氮磷两种营养成分的复合肥。呈灰白色或深灰色颗粒，比重 1.619，易溶于水，不溶于乙醇。有一定吸湿性，在潮湿空气中易分解，挥发出氨变成磷酸二氢铵。水溶液呈弱碱性，pH8.0。磷酸二铵是一种高浓度的速效肥料，适用于各种作物和土壤，特别适用于喜铵需磷的作物。

施用：可做基肥或种肥，不宜做追肥；采用深施、侧深施方法；最好与有机肥配合施用。

3. 钾肥

（1）氯化钾

分子式：KCl。

特点：白色或红色粉末或颗粒。农业上用做钾肥（以氧化钾计含量为 50%～60%），化学中性，生理酸性，肥效快，可用做基肥和追肥。但在盐碱地或对马铃薯、番薯、甜菜、烟草等忌氯农作物不宜施用。

施用：可做基肥、追肥；盐碱地尽量不用；忌氯作物不用；酸性土壤应配合石灰。

（2）硫酸钾

分子式：K_2SO_4，理论含钾（K_2O）54%，一般为 50%，还含有硫约18%，硫也是作物必需的营养元素。硫酸钾的制取可用钾盐矿石、氯化钾的转化，或由盐湖卤水等资源。常用的明矾石还原是热解法。

特点：硫酸钾是无色结晶体，吸湿性小，不易结块，物理性状良好，施用方便，是很好的水溶性钾肥。硫酸钾也是化学中性、生理酸性肥料。

在不同土壤中的反应和应注意的事项：第一，在酸性土壤中，多余的硫酸根会使土壤酸性加重，甚至加剧土壤中活性铝、铁对作物的毒害。在淹水条件下，过多的硫酸根会被还原生成硫化氢，使根受害变黑。所以，长期施用硫酸钾要与农家肥、碱性磷肥和石灰配合，降低酸性，在实践中还应结合排水晒田措施，改善通气。第二，在石灰性土壤中，硫酸根与土壤中钙离子生成不易溶解的硫酸钙（石膏）。硫酸钙过多会造成土壤板结，此时应重视增施农家肥。第三，在忌氯作物上重点使用，如烟草、茶树、葡萄、甘蔗、甜菜、西瓜、薯类等增施硫酸钾不但产量提高，还能改善品质。硫酸钾价格比氯化钾贵，货源少，应重点用在对氯敏感及喜硫喜钾的经济作物上，效益会更好。

施用：可做基肥、追肥、种肥；适合各种作物和土壤；喜硫作物优先施用。

四、化肥的科学使用

1. 化肥的科学合理使用

虽然化肥、农药带来了一系列诸如环境污染、农产品品质下降等问题，但只要合理使用，既能保护土壤和环境，又能使农作物高产优产。

（1）避免盲目、过量、单用、连用化肥

土壤是化肥的第一载体，用工业化代替生物化，用化学过程削弱生物过程，会使土壤板结、结构破坏，降低生物活性，降低肥力，化肥中常混有重金属和有毒元素（如砷），多用、连用则产生累积致害。过量使用化肥会使氧气减少，并使海洋沿岸水域一氧化氮增多，导致全球变暖。另一方面，化肥多是无机盐，过量、连施会产生盐类累积，在降水少的地区或干旱年份，特别是温室、大棚在无自然降水和无排水的条件下，会产生土壤次生盐渍化，从而被迫进行大水洗盐或换土。过量或连用化肥还会降低作物的品质，造成人们常说的："菜无味、瓜不甜、果不香"现象。因此，应在农业专家的指导下有目的、适量地使用化肥，且各种肥料搭配合理，才能收到良好的效果。

（2）因地制宜、合理施肥

所谓合理施肥是指建立在植物营养学基础上，根据作物、土壤、肥料性状确定肥料的使用量及合理使用方式，针对植物营养特性、土壤特性、作物生育期需要选择肥料。

（3）针对土壤特性选择肥料

全国各地区的土壤类型差异很大，南方地区的红壤、黄壤、黄棕壤、棕壤呈酸性或微酸性，施用磷肥宜用偏碱性的钙镁磷肥；北方土壤黑钙土、栗钙土、灰钙土、褐土等多呈碱性，施用磷肥宜用偏酸性的过磷酸钙；连续施肥多年的大棚、老菜田一般呈逐步酸化趋势，且钙镁元素缺乏，磷肥宜选用偏碱性的钙镁磷肥、磷矿粉等，既可调节土壤酸度，又可供应钙镁元素。

（4）针对植物营养特性选择肥料

植物种类、品种不同对养分需求不同，同一植物品种不同生育期、不同产量水平对养分需求数量和比例不同；不同植物对养分种类有特殊反应；不同植物对养分吸收利用能力也有差异，选择化肥品种应根据作物营养特点来科学选择。据研究，铵态氮肥与硝态氮肥对蔬菜硝酸盐含量的影响没有显著差异，一般蔬菜是喜硝态氮的作物，氮肥宜选用硝酸铵、硝酸钙等；鳞茎类蔬菜喜硫肥，可以选用含硫较多的肥料，如过磷酸钙、硫酸镁、硫酸钾等；十字花科的蔬菜对硼肥比较敏感，宜选用含硼较多的硼酸、硼砂等；鲜食性的瓜菜如西瓜、甜瓜以及茶叶等对氯毒害敏感，一般不宜选用氯化铵、氯化钾等含氯化肥；大白菜、番茄等易出现缺钙症状（干烧心、蒂腐病等），宜选用含有效钙较多的过磷酸钙和硝酸钙；水果、茶叶则需要大量的有机肥。

（5）针对作物生育期选择肥料

作物生长的不同时期对肥料的吸收不同，因此，需要针对不同的生长时期选择不同的肥。种肥选用中性高浓度的复合肥料，拌种肥一般选择专用性强的肥料；基肥可选用低浓度肥料，也可选用高浓度复合肥料；追肥多选用高浓度速效化肥；灌溉施肥及叶面喷肥时，要选用高浓度、易溶解、残渣少的肥料。

2. 化肥使用的误区

在现实农业生产中，农民施肥普遍存在施肥种类不科学、施肥方式不当等问题。施肥水平差异较大的通病，导致肥料利用率低、生产成本增加、地力下降、环境污染等问题，常起不到增产、增收的效果。

（1）尿素、碳铵等氮素化肥浅施，撒施或施用浓度过高

尿素是酰胺态氮肥，含氮量较高。施入土壤后除少量被植物直接吸收利用外，大部分必须经土壤微生物分泌的脲酶作用，转化为铵态氮后才能被植物吸收利用。碳铵的性质很不稳定，最容易分解为氨气而挥发。若将这些氮肥浅施、撒施，会大大降低氮素利用率。同时氮肥浅施追肥量大。浓度过高，挥发出的氨气会熏伤作物茎叶，造成肥害。因此，氮肥做追肥应开沟条施或穴施，深度5～10cm，施后覆土。

（2）施尿素后立即浇水

尿素施入土壤后，很快转为酰胺，极易随水流失，因而施后不宜马上浇水，也不要在大雨前施用。一般追施尿素后夏季2～3d，春秋季6～8d后再灌水为宜。

（3）过磷酸钙直接拌种

过磷酸钙中含有3.5%的游离酸，腐蚀性很强，如用过磷酸钙直接拌种，尤其是拌后长时间存放，很容易对种子产生腐蚀作用，降低种子的发芽率和出苗率。因此，用过磷酸钙做种肥，最好条施在播种沟内，并用土壤肥料与种子隔开。

（4）撒施或面施磷肥

磷素在土壤中移动性很小，若将磷肥或面肥撒施或面施，就使磷素停留在表面，不能到达土壤深层，作物根系无法吸收，从而大大减低磷肥的肥效。因而磷肥一般做基肥施用，并较集中地施于播种沟或窝内，一般要求施肥沟深10cm左右。最好与有渣肥混合堆沤一段时间后再施用。

（5）钙镁磷肥做追肥

钙镁磷肥在水中不易溶解，肥效缓慢，做追肥特别是在农作物生长中后期追肥，其利用率很低，效果也差。故钙镁磷肥只能做基肥与有机肥混施，也可用于拌种。

（6）凉水溶解硼砂喷施

由于硼砂溶解在凉水中后很快出现"再结晶"，致使硼砂溶液析出，失去肥效。正确的施用方法是：先将硼砂放入水瓶中，加开水溶解，盖紧瓶盖带到田间，再兑凉水至所需的浓度。

（7）含氯化肥施于盐碱地和忌氯作物上

氯化铵、氯化钾等含氯化肥施入土壤中分解后日积月累会导致土壤酸化，在盐碱地上使用，会加重盐害。对忌氯作物如薯类、西瓜、葡萄、甜菜、甘蔗、烟草、柑橘等施用含氯化肥，可使其产品淀粉和糖分下降，影响产品的产量和质量。

（8）钾肥在作物生长后期追肥

由于农作物下部茎叶中的钾元素，能转移到顶部幼嫩部分再利用，故钾肥应提前在作物苗期或进入生殖生长初期追肥，也可作为基肥一次性施用。

（9）在豆类作物上过量施用氮肥或氮素复合肥

豆类作物根部都有固氮根瘤菌，过多施用氮素化肥，不仅会造成贪青晚熟，而且影响根瘤菌生长，降低固氮能力。若种植豆科作物的土壤里缺氮肥，可与磷肥配合施用少量氮素化肥。

（10）浅施和长期施用硫酸铵

硫酸铵不宜浅施，深度应大于 6mm，事后立即覆土。硫酸铵属生理性酸性化肥，若在地里长期施用，会增加土壤酸性，破坏土壤团粒结构，使土壤板结而降低生理化性能，不利于培地地力。

（11）在稻田和菜地施用硝态氮肥

硫酸铵、硝酸钠等硝态氮肥施入稻田后易产生反硝化作用而损失氮素。铵态氮肥施入菜地后，会使蔬菜硝酸盐含量成分增加，并能在人体内还原成亚硝酸盐，对人体健康危害极大。

（12）钾肥与磷肥混合施用

由于锌、磷之间存在严重的"拮抗作用（antagonism）"，如将硫酸锌与过磷酸钙混合使用，会大大减低锌肥的肥效。因此，锌肥与磷肥应分开施用。

（13）钾肥单一施用

硫酸钾、氯化钾都是水溶性速效钾肥，有弱生理酸性反应，施入土壤后，钾离子被土壤胶体的阳离子置换吸收后被固定下来，作物难以利用。因此，钾肥只有与氮、磷肥配合施用才有效果，最好做基肥施用。

（14）单施一种化肥

单施一种化肥会导致土壤团粒结构被破坏，质地变硬，引起土壤变酸或变碱，严重破坏其理化性质，并影响土壤有益微生物的繁衍活动，减低土壤活性。所以要合理配方施肥，做到无机和有机混合施用。

（15）铁肥施入土壤

铁肥极易被土壤固定而转化成难溶性化合物，失去肥效。应采用叶面喷肥。如用硫酸亚铁以 0.2%～0.5% 的浓度，对果树缺铁症进行喷雾等。

（16）硫酸铵（二胺）施于蔬菜

蔬菜需要大量的氮素和钾肥，需磷素较少。如茄子需要氮、磷、钾的比例为 3：1：4，芹菜为 2：1：5，甘蓝为 8：1：7，而二胺含氮 18%，含磷多达46%。氮磷比例为 1：3，无钾素，不能满足蔬菜的需要。

（17）复合肥单独使用

复合肥养分比较固定，应根据不同土壤、不同作物、不同时期植物对各种养分的需求，并根据作物当时的生长情况，与其他化肥配合施用。如磷酸二铵含氮18％、含磷46％，用于需氮较多的作物时，按磷素计算用量，不足的氮素用碳铵、尿素和硫铵来补充。

第二节　有机肥料概述

一、有机肥料概念及特点

有机肥料是天然有机质经微生物分解或发酵而成的一类肥料。中国又称农家肥。其特点是原料来源广、数量大、养分全、肥效迟而长，需经微生物分解转化后才能为植物所吸收，改土培肥效果好。常用的自然肥料品种有绿肥、人粪尿、厩肥、堆肥、沤肥、沼气肥和废弃物肥料等。施用有机肥料最重要的作用是增加了土壤的有机物质。有机质的含量虽然只占耕层土壤总量的百分之零点几至百分之几，但它是土壤的核心成分，是土壤肥力的主要物质基础。有机肥料对土壤的结构，土壤中的养分、能量、酶、水分、通气和微生物活性等有十分重要的影响。

1. 有机肥料的优点

有机肥料具有以下优点：

（1）为植物提供营养

有机肥料含有植物需要的大量营养成分，对植物的养分供给比较平缓持久，有很长的后效。有机肥料还含有多种微量元素，营养元素比较完全，而且这些物质完全是无毒、无害、无污染的自然物质，这就为生产高产、优质、无污染的绿色食品提供了必需条件。有机肥料含有多种糖类，施用有机肥增加了土壤中各种糖类。有了糖类，有了有机物在降解中释放的大量能量，土壤微生物的生长、发育、繁殖活动就有了能源。

（2）提高土壤酶活性

畜禽粪便中带有动物消化道分泌的各种活性酶以及微生物产生的各种酶。施用有机肥大大提高了土壤的酶活性，有利于提高土壤的吸收性能、缓冲性能和抗逆性能。施用有机肥料增加了土壤中的有机胶体，把土壤颗粒胶结起来，变成稳定的团粒结构，改善了土壤的物理、化学和生物特性，提高了土壤保水、保肥和透气性能。为植物生长创造良好的土壤环境。

（3）促进植物体内的酶活性、物质的合成、运输和积累

有机肥在土壤中分解，转化形成各种腐殖酸物质。腐殖酸是一种高分子物质，阳离子代换量高，具有很好的络合吸附性能，对重金属离子有很好的络合吸附作用，能有效地减轻重金属离子对作物的毒害，并阻止其进入植株中。这对生产无污染的、安全卫生的绿色食品十分有利。

但是使用有机肥料也有存在养分含量低，不易分解，不能及时满足作物高

北 京 肥 料

产的要求等问题。传统的有机肥的积制和使用也很不方便。人畜粪便、垃圾等有机废物又是一类脏、烂、臭物质，其中含有许多病原微生物，或混入某些毒物，是重要的污染源。尤其值得注意的是，随着现代畜牧业的发展，饲料添加剂应用越来越广泛，饲料添加剂往往含有一定量的重金属，这些重金属随畜禽粪便排出，会严重污染环境，影响人的身体健康。

2. 商品有机肥

商品有机肥，即将有机废弃物（畜禽粪便、作物秸秆、城市垃圾和污泥等）集中进行工厂化高温发酵处理，规模化生产的有机肥，满足市场需求的高速增长，是有机肥发展的新领域。商品有机肥是以好氧固态发酵为主要核心工艺的集约化产品，具有普通有机肥料和农家肥不可比拟的优点。商品有机肥产业发展尚有诸多产业化技术亟待研发，尤其在快速发酵、制作工艺、养分保全、污染物去除、除臭、外观质量控制等方面还存在不少技术难题。商品有机肥具有如下特点：

（1）菌种的多样化

有机肥的生产必须经过发酵过程，需要加入或保留适量的有益微生物，加速有机肥的腐熟。由于有机肥原料的复杂性和广泛性，需要微生物菌种能够降解城市生活垃圾、农作物秸秆等有机物。

（2）原料的复合化

有机肥需要含有植物所必需的氮、磷、钾等营养物质和营养元素、微量元素，才可全面持久地供给作物营养。含丰富有机质的褐煤、泥炭、风化煤、畜禽粪便、城市生活垃圾、农作物秸秆、农副产品和食品工业产生的有机废弃物、沼气发酵残留物等，有机废物不同，其所含养分含量和有效性亦不同。根据我国农业生产的地区特殊性，科学的配方有机肥的原料，不断完善处理工艺、生产工艺及施用技术，才能提高有机肥的利用率。

（3）工艺的现代化

我国商品有机肥利用中存在着有机肥有效养分低、体积大，劳动效益低、强度大，无害化程度低、污染大的"三低三大"的问题。加速研究、引进和开发快速、简捷、高效的有机肥处理技术是提高有机肥资源利用率的关键。商品有机肥料生产中快速发酵技术、发酵工艺和设备的研发等关键技术落后，是有机肥产业化发展亟待解决的关键问题。只有以上技术取得突破才能搭建我国商品有机肥的产业化技术平台，推动我国传统有机肥产品升级换代，促进可持续农业的大力发展。

二、有机肥料的种类

有机肥料的种类很多，按照不同的分类方法，可以分为不同的类型。

1. 按照来源分类

按照来源分，有机肥料可分为 7 类，分别是粪尿肥类、堆沤肥类、饼肥类、泥炭（又称草炭）类、泥土类、城镇废弃物类和杂肥类。

2. 根据有机肥的来源特性和积制方法分类

有机肥料可以分为四类：第一类是粪尿肥，包括家畜粪尿、禽类、厩肥以及人粪尿。第二类是绿肥，分别是栽培绿肥和野生绿肥。第三类是堆沤肥，包括沤肥、堆肥、秸秆直接还田利用以及沼气池肥等。第四类是杂肥，分别有泥土类肥料、泥炭及腐殖酸类肥料以及油粕类肥料。

3. 市面上的有机肥

市面上的有机肥大致有以下几种：

（1）传统的农家肥

如人畜粪便等，这类有机肥料，由于成本低，价格也低，多在 300～500 元/t，再加上商品性能不好，主要是限于在当地半径 50km 范围内销售，这种有机肥料目前无法进行大范围销售。

（2）发酵企业的工业化副产品

如味精发酵残渣，葡萄糖发酵残渣残液等制成的有机肥料，这类有机肥料的特点是含量稳定，商品性能好，价格也不高，通常在 700～900 元/t，适合大面积推广销售。目前这种有机肥的销量最大。

（3）特种蛋白质类有机肥料

如动物骨粉、动物毛发、动物血粉、动物蹄角等制成的有机肥料，这类肥料的品质非常高，但价格也高，通常在 4 000 元/t 左右，主要是用于特种行业，如高档有机蔬菜、高档花卉、高尔夫球场草场专用有机肥料，这类肥料的市场需求量虽然不大，但利润较高。

（4）生物有机肥料

如固氮、解磷、解钾生物有机肥料等，这类产品由于科技含量较高，价格也较高，附加值比传统的有机肥料要高。随着科学技术的不断发展，通过有益菌群的人工纯培养技术，采用科学的提炼，生物有机肥将是未来农业生产用肥的主要发展趋势。

三、有机肥料的基本作用

有机肥料是农业生产中的重要肥源，其养分全面，肥效均衡持久，既能改善土壤结构、培肥改土，促进土壤养分的释放，又能供应、改善作物营养，具有化学肥料不可替代的优越性，对发展有机农业、绿色农业和无公害农业有重要意义。

1. 有机肥料的优越性

有机肥料的优越性主要有以下几个方面：

（1）提供成分完全、比较协调的养分

有机肥料是一种完全肥料，作物生长所必需的营养元素和有益元素，在有机肥料中几乎都能找到，而且它们主要元素量的比例均匀，有利于作物吸收利用。因此，不会因多施有机肥造成某种营养元素大量增加，使得作物营养比例失调、破坏土壤营养平衡而产生降低肥力等方面的负效应。相反，有机肥料施得越多，土壤营养元素越向平衡方向发展，越有利于作物对养分的吸收和利用。

（2）促进土壤微生物繁殖，促进作物吸收利用

有机肥料腐解后，可为土壤微生物的生命活动提供能量和养料，进而促进土壤微生物的繁殖。微生物又通过其活动加速有机质的分解，丰富土壤中的养分。有机肥料的有机物在腐熟过程中还能产生各种酚、维生素、酶、生长素以及类激素等物质，促进作物根系生长和对养分的吸收。

（3）增加土壤代换量，提高作物保肥能力

所有的有机肥料都具有较强的阳离子代换能力，可以吸收更多的钾、铵、镁、锌等营养元素，防止其淋失，提高土壤保肥能力，尤其是一些腐殖质酸类有机肥效果更明显。此外，有机肥料还具有很强的缓冲能力，可防止因长期施用化肥而引起酸度变化，影响作物生长，提高土壤自身的抗逆性，保证作物有良好的土壤生态环境。

（4）减少养分固定，提高养分的有效性

有机肥料含有许多有机酸、腐殖质酸和其他羟基类物质，具有很强的螯合能力，能与许多金属元素螯合形成螯合物，可防止土壤对这些营养元素的固定而失效。如有机肥与磷肥掺和施用，有机肥中的有机酸等螯合物能将土壤中活性很强的铝离子螯合，防止铝与磷结合形成作物难以吸收的闭蓄态磷，大大提高土壤有效态磷含量。

（5）加速土壤团聚体的形成，改善土壤物理性质

土壤施用有机肥料后，在其分解过程中的有机胶体物质能与土壤无机胶体结合形成不同粒径的有机-无机团聚体。有机-无机团聚体是土壤肥料的重要指标，含量越多，土壤物理性质越好，保土、保水、保肥能力越强，通气性能越好，作物根系也就越发达。

（6）降低化肥用量

有机肥中的有机质分解时产生的有机酸，能促进土壤和化肥中的矿物质养分溶解，从而有利于农作物的吸收和利用，相应地降低了化肥的用量，从而降低施肥成本。

（7）增加作物产量，改善农产品质量

在同等营养元素的条件下有机肥与化肥相比较，在做基肥施用时，一般有机肥比化肥效果要好；在做追肥施用时，经过充分腐解的有机肥效果常常也比化肥好；尤其在提高农产品品质方面，有机肥比化肥更为有利。

2. 有机肥对土壤和作物的影响

有机肥对土壤和作物的影响主要表现在以下几个方面：

（1）对土壤氮含量的影响

施入有机肥料是保持和提高土壤有机氮和氮贮量的有效措施。周建斌等指出长期施用有机肥使土壤耕层全氮含量提高了92.1%，下层土壤全氮含量增加更为明显。黄东迈等研究表明，有机肥（柽麻）的氮残留量比硫酸铵高。在稻麦轮作中，第一季化肥区的氮残留量为19%～26%，而有机肥区的氮残留量为47%～62%，有机肥与无机肥配合区氮残留量为40%～44%，而且有效持续时间长，肥效可延续到3～4季作物。

（2）对土壤磷含量的影响

大量研究证实，畜牧业发达地区和大量施用有机肥的地区土壤磷含量已大大超过了作物达到经济产量所需的磷量。研究指出，动物排泄物中的磷，有55%～80%呈无机态，其有效性与化学磷肥基本相当。目前饲料中磷素的用量普遍超过动物的消化量，约有50%的磷未经动物体内消化而随粪便排出体外，由此可提高土壤磷素含量。

（3）对土壤有机质含量的影响

有机质是土壤的重要组成部分，是土壤肥力的基础，而施用有机肥会直接影响土壤有机质的变化。刘玉涛对旱地玉米施用有机肥的定位研究表明，秸秆直接还田可以提高土壤有机质含量，改善土壤理化性状。紫色水稻土有机-无机复合性状的定位试验证明，化肥和有机肥配合施用使土壤有机质含量比单施化肥提高11.8%～16.5%，前者的松结态腐殖质含量、松结态与紧密态腐殖质比值均高于后者；有机肥的作用是通过改善<0.002mm复合体的腐殖质品质来改善、更新整个土壤腐殖质的活性。

（4）对土壤微生物的影响

施用有机肥能活化土壤养分，促进植物对养分的吸收。它除了直接增加土壤有效养分含量和改善土壤理化性质外，还对土壤的生物学特性有明显的影响。研究表明有机肥能提高土壤微生物的数量，特别是与土壤养分转化有关的微生物数量，有机肥是土壤微生物取得能量和养分的主要来源。当土壤中施入有机肥料后，微生物通过分解有机物来满足自己生命活动所需的物质和能量，同时微生物也在不断地释放有效养分供作物吸收利用。

（5）对作物产量的影响

施用有机肥可以活化微生物，提高土壤有效性肥力，从而提高作物产量。孔祥波等人研究表明，有机肥可以显著促进生姜植株的生长，使茎秆变粗，分枝数增多，茎叶生长量提高，产量增加。吴姗眉等人研究表明，施用沼肥有利于氮、磷养分向稻谷中转移，提高了氮素的利用率，从而增加了稻谷的结实率和千粒重，促进了产量的提高。叶北朝等试验表明，施用沼肥可以改善水稻经济性状，增加产量。虽然有机肥的积极作用很多，但不合理施用也会引起负面的影响。有机肥碳氮含量比较大，有机质矿化过程需要一定量氮素，若一次施用过量的有机肥，会造成与作物争抢有限氮源的局面，引起作物氮素供应不足。同时，有机肥养分含量低且释放速度慢，单施有机肥往往会导致作物减产。

第三节　新型肥料概述

新型肥料是相对于传统肥料而言的，其是随着肥料技术的不断进步而出现并发展的，随着人们对施肥知识认识的逐渐深入，其应用范围日益广泛，作用日益凸显。

一、新型肥料特点及分类

1. 新型肥料的概念与范畴

新型肥料是指在物理、化学或生物作用下其营养功能得到增强的肥料。当前新型肥料的发展主要包括两个方面：一是对传统（常规）肥料再加工，使其具有新的特性和功能；二是通过开发新资源，利用新理论、新方法和新技术等，开发肥料新类型、新产品。

2. 新型肥料的特点

总结起来，新型肥料有以下特点：

（1）功能拓展或功效提高

新型肥料除了提供养分作用以外还具有保水、抗寒、抗旱、杀虫、防病等其他功能，还可以采用包衣技术、添加抑制剂等方式，使其养分利用率明显提高。

（2）形态变化与更新

形态变化与更新是指肥料通过形态的变化与更新，改善肥料的使用效能。

（3）新型材料的应用

包括肥料原料、添加剂、助剂等使肥料品种呈现多样化、效能稳定化、易用化和高效化。

（4）运用方式转变或更新

针对不同作物、不同栽培方式等特殊条件下的施肥特点而专门研制的肥料，侧重于解决某些生产中亟须克服的问题。

（5）间接供给植物养分

有些新型肥料中的某些物质本身并非植物必需的营养元素，但可以通过代谢或其他途径间接提供植物养分，如某些微生物接种剂、VA 菌根、真菌等。

3. 新型肥料的分类

新型肥料作为新开发的产品，发展速度快，前景广泛。目前，市场上新型肥料种类很多，按其本身性质和功能，大致可以分为以下几类。

（1）专用复混肥料

即配方肥料，氮磷钾 3 种养分的配比根据某种作物的需肥特性或某种土壤的缺素症状而特殊制定的专用肥料。针对性比较强，肥料效应和经济效益都比较高，如：小麦、玉米、蔬菜和果树等作物专用肥。

（2）有机类水溶肥料

含有有机态水溶物质的肥料产品，可提供有利于作物生长或影响农田生态环境的小分子的有机物质，对改善作物生长状况和土壤微生态环境具有一定的作用。包括含氨基酸水溶肥料、含腐殖酸水溶肥料、含海藻酸水溶肥料、含寡聚糖/几丁质水溶肥料。

（3）中微量元素肥料

具有一种或几种中微量元素标明量的肥料，含有一种或数种对作物生长发育所必需的，但需要量甚微的营养元素，包括钙、镁、硫、锰、硼、锌、钼、铁和铜等。市场上主要有农用硝酸钙、硫酸锰、硼砂、硫酸锌、钼酸铵、硫酸亚铁、硫酸铜及多元中微量元素肥料等。

（4）生物肥料

指含有活微生物的特定制品应用于农业生产，能够获得特定的肥料效应，在这种效应的产生中，制品中活微生物起关键作用。按登记类别可分 3 类，即农用微生物菌剂、复合微生物肥料和生物有机肥。根据功能可分为根瘤菌剂、固氮菌剂、解磷、解钾菌剂、生物修复菌剂、畜禽粪便、秸秆腐熟剂和内生菌根菌剂等。

（5）缓控释肥料

是指通过化学复合或物理作用使其养分最初缓慢释放，延长作物对其有效养分吸收利用的有效期，使其养分按照作物生长规律而设定的释放率和释放期缓慢或控制释放的肥料，从而提高肥料养分利用效率。

（6）土壤调理剂

用于改善土壤的物理、化学和生物学性状的物质，统称为调理剂。主要类型有土壤酸碱调节剂、土壤结构改良剂等。

（7）绿肥

绿肥是用作肥料的绿色植物体。绿肥是一种养分完全的生物肥源。种绿肥不仅是增辟肥源的有效方法，对改良土壤也有很大作用。但要充分发挥绿肥的增产作用，必须做到合理施用。

（8）其他

包括气肥、功能性肥料、矿物质肥料、营养土等。

二、复合（复混）肥料

近年来，国内外化肥生产的总趋势是发展高效复混肥料，减少副成分，以满足作物高产、高效、优质的需要，节约包装运输、贮存和施用的花费，提高肥效。

1. 复混肥料的发展

复混肥料是逐步发展的，20 世纪初，美国把普通过磷酸钙、智利硝石等混合起来施用，后来又把粉状的过磷酸钙、硫酸铵、氯化钾等混合起来施肥。随着基础化肥工业的发展，20 世纪五六十年代，磷铵、重过磷酸钙、尿素等高浓度化肥的大量生产，和被用于肥料的二次加工，使复混肥的浓度由 20％提高至 40％。随着技术的进步，出现了一批成熟的加工工艺，装备也趋向于大型化。20 世纪六七十年代，复混肥料的发展速度极快。目前，美国、西欧、北欧各国和日本等国家的化肥消费结构中有 35％～45％的氮、80％～85％的磷和 85％～90％的钾由复混肥提供。换言之，大部分氮磷钾是加工成复混肥料后进入市场的。美国和英国 79％的化肥以复混肥料销售；日本、法国、德国和其他西欧诸国为 60％～80％。发展中国家如拉美的委内瑞拉、哥伦比亚等国，亚洲的韩国和泰国，非洲的尼日利亚、喀麦隆等国家，其复混肥料的使用也分别达到化肥消耗总量的 70％～75％。美国有中小型复混肥料工厂近万个，其中有 6 000 多个生产散装混配肥料（BB 肥）。近年来，有些国家还生产出养分含量更高的复合肥，如美国生产的聚磷酸铵（16-62-0）、聚磷酸钾（0-57-37）、偏磷酸钾，德国研制的三磷化氮、磷氧酰铵和磷氮酰铵，都是超高浓度的复合肥。不仅生产包括大量元素的混合肥料，还生产含有钙、镁、硫等中量元素的多元复合肥料，并正在研制含有有机物质、生长激素、除草剂、农药及微量元素的多功能复合肥料。复混肥料的发展程度，已成为衡量一个国家化肥工业发展程度的标准之一。

我国复合肥生产和应用起步较晚。在 20 世纪 50 年代，上海化工研究院开始试制含有氮磷或磷钾的二元复合肥料。20 世纪 60 年代，生产了磷酸铵复合肥，并在某些经济作物区推广施用。截至 2010 年，我国持有生产许可证的复混肥料生产企业达 4 000 多家，总生产能力达 1.08 亿 t。

2. 复合复混肥料

土壤中的常量营养元素氮、磷、钾通常不能满足作物生长的需求，需要施用含氮、磷、钾的化肥来补足。而微量营养元素中除氯在土壤中不缺外，另外几种营养元素则需施用微量元素肥料。化肥一般多是无机化合物，仅尿素〔$CO(NH_2)_2$〕是有机化合物。凡只含一种可标明含量的营养元素的化肥称为单元肥料，如氮肥、磷肥、钾肥等。凡含有氮、磷、钾三种营养元素中的两种或两种以上且可标明其含量的化肥称为复合肥料或混合肥料。品位是化肥质量的主要指标。它是指化肥产品中有效营养元素或其氧化物的含量百分率。

3. 复合肥的优点

复合肥料是指成分中含有氮、磷、钾三要素或只含其中任何两者的化学肥料，复合肥的优点归纳起来有以下几个方面。

（1）养分全面、含量高

每粒复合肥中养分分布均匀，不但为作物提供最好的养分，充分发挥营养元素之间的相互促进作用，而且养分释放均衡，肥效平稳，供肥时间较长，故通常具有良好的肥效。

（2）使用方便

复合肥颗粒比较坚实、无尘、大小均匀、吸湿度小，便于储存和使用，适于机械化施肥，也便于人工撒施。

（3）副成分少，对土壤无不良反应

单质肥料一般都含大量副成分，如硫酸铵只含 20% 的氮素，而大量的硫酸根除土壤中缺硫外，施入土壤中是浪费。复合肥料养分几乎全部或大部分为植物所需，免除资源浪费，又避免副成分的不良影响。大多数的复合肥中都含有钙，比单质肥料酸化土壤的影响小。

（4）复合肥配比多样，可以有针对性地选择和施用

复合肥是根据土壤养分状况和作物需肥特性，按农户的要求进行二次加工制成的。因此，复合肥产品的养分比例多样化，在施肥实践中就可节约多项开支，减少劳动量。

4. 复合复混肥料的缺点

复合复混肥料所含的成分，大都能为植物所利用，副成分很少，但也有一定的缺点。如各地土壤肥力不同，养分含量有高有低，各种作物所需营养也不一致。复合复混肥料的养分比例固定，不能完全适合各种土壤或各种作物的需要，必须用单质肥料来调剂。如磷酸铵肥料中磷多氮少，为了满足作物的营养需要，在整个生长期间，要注意追施氮肥。氮素化肥多数是水溶性的，效能迅

速，通常在施肥后几天内就能发挥肥效。人们把它作为追肥施用，这样就可以克服因为过早施用作物还来不及吸收就流失的缺陷。

5. 复混肥料的生产方法

复混肥料的生产方法按照采用的生产工艺类型可以分为四种，即团料法、料浆法、掺合法和流体法。团料法是目前我国复混肥料加工的主要方法，粉状基础肥料在水蒸气和肥料溶液的作用下黏聚成团，或者借助外力挤压成粒状；掺合法是将颗粒粒度大小一致的基础物料机械掺拌混合；料浆法是料浆混合形态（像硫酸、硝酸、磷酸与氨、硫矿粉或其中两种进行化学反应）经过冷却成型；流体法主要用于生产液体肥料和悬浮流体肥料。

6. 复混肥料发展趋势

复合肥向高中低浓度配套化、专用化、有机-无机化、区域化和长效化方向发展。

（1）向高中低浓度合理配套方向发展

高浓度复合肥可以节省储存运输费用，减轻农民的劳动负担，适合农机具的需要。

（2）向专用型复合肥方向发展

我国目前的复合肥以通用型为主，随着复合肥的发展，逐渐过渡到以专用型为主。专用肥针对不同作物对养分的吸收规律配比而成，适合特定地区特定作物，是专用型复合肥，它的施用更具有针对性和合理性。

（3）向元素多元化方向发展

专用型复合肥生产不仅考虑作物对大量元素的需求规律，也要考虑中微量元素的需求规律，增加多种微量元素。

（4）向区域化方向发展

复合肥的发展将打破一个配方覆盖所有区域、所有作物及其整个生育期的生产模式，逐步过渡到区域化施肥模式。每个复合肥厂负责附近地区的肥料供应，密切结合当地的土壤养分背景值、灌溉水质特性和作物养分需求规律，采取测土配方施肥，根据不同区域不同作物不同生育期发展专用肥。基肥型专用肥和追肥型专用肥要区别对待，与单质肥施用相互结合，体现复合肥的特性。这样既有利于肥料厂和农民之间实现真正意义上的产销一体化模式，又可有效降低运输成本和肥料价格。

（5）向有机-无机复合肥方向发展

复合肥将向有机肥料靠近，发展有机-无机复合肥。有机肥可以发挥其改良土壤、培肥地力和增加作物品质的目的，为作物提供稳定而持续有效的缓效性养分，无机部分可以在作物生长初期供给作物生长前期养分的需求；有机-无机复合肥与菌肥、菌剂结合起来发展微生物形式的有机-无机复合肥，是未来农业发展的方向。复合肥料的发展应该与时俱进，密切结合生产实际的，借鉴和吸取国外先进的生产技术和工艺，完善复混肥料管理模式，实现真正意义上的节本、高效、环境生态友好型肥料生产。

三、缓控释肥

我国缓控释肥研发比国外起步晚，但具有后发优势。目前，国内缓控释肥的试验室研发技术多，但缺乏中试研究，产业化水平较低，许多成果和技术难以应用于生产实践，产业化进程缓慢。随着国家缓控释肥工程技术研究中心的组建，将加快提升我国缓控释肥技术和产品的总体水平，缩小与国外的差距，提与国外的同类研究的竞争力。

1. 缓控释肥的发展

我国从 20 世纪 70 年代开始研究缓控释肥料，发展过程可分为三个阶段。

第一阶段从 20 世纪 70 年代初到 80 年代初，是缓控释肥料探索起步阶段，主要开展的工作是探索研究和开发长效碳铵等缓施肥料产品。1974 年，中科院南京土壤研究所以钙镁磷肥为包膜材料制出长效包膜碳铵，农田试验效果增产显著，但未形成规模生产。20 世纪 80 年代，缓控释肥料研究发展较快，国内开始尝试开展有机高分子聚合物包膜肥料的研制工作，国内已有多家研究单位具备试制包膜肥料的实验设备。

第二阶段从 20 世纪 80 年代到 2000 年，是缓控释肥料探索发展阶段，缓控释肥开始出现小规模产业化，主要产品包括郑州大学研制的包裹型缓控释肥料和北京农林科学院研制的热塑性树脂包衣缓控释肥料等。1993 年，山东农业大学经多年的研究和开发，已完成了热塑性树脂、热固性树脂、硫包膜、硫加树脂包膜等包膜缓控释肥的小试和中试，在养分释放控制、肥效等方面与日本相当，并优于美国的公司。随着缓控释肥技术研究的深入，其产业化进程也得到了快速发展，涌现出了一批缓控释肥制造企业，这些缓控释肥企业和科研机构的协作及和谐共进使我国缓控释肥的研发、推广取得了较大的进展。

第三阶段为 2000 年以后，是缓控释肥料快速发展阶段。"十五"期间科技部将环境友好型缓控释肥料研究列入"863"计划，《国家中长期科学和技术发展规划纲要（2006—2020 年)》与中央"一号文件"分别将缓控释肥料作为我国农业发展的重要方向。全国农业技术推广服务中心也将缓控释肥推广作为科学施肥技术的重要工作，并于 2008 年 2 月向各省、市、自治区发出了《关于做好缓控释肥料示范推广工作的通知》，督促各地要结合当地实际，制定有效、可行的缓控释肥释范推广方案，扎实推进此项工作的全面开展。肥料企业积极性提高，树脂包衣缓释肥料、包裹型缓释肥料、硫包衣缓释肥料、脲醛类缓释肥料以及添加生化抑制剂的稳定性肥料等大宗缓释肥料产品陆续开展研究，并初步实现了一定规模的产业化。其他如具有中国特色的非树脂包衣缓控释肥料等也在研究和发展。到 2009 年，全国缓控释肥料产能已经接近 250 万 t，产量 70 万 t，其中肥料包裹肥料 5 万 t，树脂包衣 5 万 t，硫包衣 30 万 t，生化抑制剂 20 万 t，脲醛类肥料 10 万 t。中国目前缓控释肥料消费量已经占到世界的 1/3，逐渐成为世界上缓控释肥料生产和使用的重要国家之一。全国农业技术推广服务中心在 2008—2009 开展了缓控释肥试验，试验示范结果显示，缓控释肥在节肥、增产、增效等方面效果十分显著。与农民习惯施肥相比，缓控释肥在所有作物上全部增产，平均增幅达 10%，最高达到 40% 以上，经济效益也得到显著提高，平均每亩* 增收达 120 元左右；在测土配方施肥技术原理下，合理施用缓控释肥的增产效果和经济效益比一般的测土配方施肥有进一步的提高，这说明推广缓控释肥是测土配方施肥工作发展的一个重要方向。全国农业技术推广服务中心决定从 2010 年起加大缓控肥推广力度，在全国 20 个省推广缓控释肥。2010 年，缓控释肥示范推广主要以小麦、玉米、水稻等粮食作物为主，还在包括棉花、花生等多种作物上示范推广。

缓控释肥是一种通过各种调控机制使肥料养分最初释放延缓。延长植物对其有效养分吸收利用的有效期，使养分按照设定的释放率和释放期缓慢或控制释放的肥料，具有提高化肥利用率、减少使用量与施肥次数、降低生产成本、减少环境污染、提高农作物产品品质等优点。试验表明，缓控释肥料一般可使肥料养分有效利用率提高 20% 以上。

2. 缓控释肥的概念及用途

控释肥料（controlled release fertilizers，简称 CRFs）是以颗粒肥料（单质或复合肥）为核心，表面涂覆一层低水溶性的无机物质或有机聚合物，或者应用化学方法将肥料均匀地融入分解在聚合物中，形成多孔网络体系，并根据聚合物的降解情况而促进或延缓养分的释放，使养分的供应能力与作物生长发育的需肥要求相一致协调的一种新型肥料，其中包膜控释肥料是最大的一类。国际肥料发展中心（IFDC）编写的"肥料手册"中对缓释肥料的定义是肥料中的一种或多种养分在土壤溶液中具有微溶性，以使它们在作物整个生长期均有效，理想的这种肥料应当是肥料的养分释放速率与作物对养分的需求一致。

缓释肥料（slow release fertilizers，简称 SRFs）是指肥料施入土壤后转变为植物有效态养分的释放速率远远小于速溶肥料，在土壤中能缓慢放出其养分，它对作物具有缓效性或长效性，它只能延缓肥料的释放速度，达不到完全

---

* 亩为非法定计量单位，1 亩≈666.7m²

控释的目的。缓释肥料的高级形式为控释肥料，它使肥料释放养分的速度与作物需要养分的量一致，使肥料利用率达到最高，广义上来说控释肥料包括了缓释肥料。作为真正意义上的控释肥料是指能依据作物营养阶段性、连续性等营养特性，利用物理、化学、生物等手段调节和控释氮、磷、钾及必要的微量元素等养分供应强度与容量，能达到供肥缓急相济效果的长效、高效的植物营养复合体。因此，控释肥料是一类具有养分利用率高、省工省肥、环境友好等突出特征的新型肥料。控释肥料施入土壤后，不仅能更好地满足作物的需要，同时还要具有价格低廉，利于大规模的推广应用，使用过程中及使用之后不污染环境，确保农产品的安全等特点。国际肥料发展中心编写的"肥料手册"中对缓释肥料的定义是一种肥料所含的养分是以化合的或以某种物理的状态存在，以使肥料养分对作物的有效性延长。

目前，缓释肥料以包裹型为主，此外还有胶结型有机-无机缓释肥料和有机合成微溶型缓释氮肥等。

美国植物养分管理署（AAPFCO）和国际肥料工业协会（IFA）将尿素与醛类化合物的缩合产物生产的肥料（UF、IBDU、CDU 等）称为缓释肥料，包膜（coating）和包裹肥料称为控释肥料，添加硝化抑制剂和脲酶抑制剂等肥料称为稳态肥料。

3. 缓控释肥的种类

缓释肥料种类很多，由于氮肥最易损失，缓控释肥料价格又较高，所以多数是以氮素为对象研制缓控释肥料。目前，国际上出现的缓控释肥料主要有以下三种类型：含转化抑制剂类稳态肥料、化学合成有机氮类缓释肥料、包膜（裹）型控释肥料。

（1）稳态肥料

①脲酶抑制剂。此种肥料应用脲酶抑制剂和硝化抑制剂，减缓尿素的水解和对铵态氮的硝化-反硝化作用，从而减少肥料氮素的损失。

脲酶是在土壤中催化尿素分解成二氧化碳和氨的酶，对尿素在土壤中的转化具有重要所用。20 世纪 60 年代人们开始重视筛选土壤脲酶抑制剂的工作，脲酶抑制剂是对土壤脲酶活性有抑制作用的化合物或元素。重金属例子和醌类物质的脲酶抑制作用机制相同，均能作用于脲酶蛋白中对酶促有重要作用的巯基（-SH）。磷胺类化合物的作用机制，是该类化合物与尿素分子有相似的结构，可与尿素竞争与脲酶的结合位点，而且其与脲酶的亲和力极高，这种结合使得脲酶减少了作用尿素的机会，达到抑制尿素水解的目的。脲酶抑制剂的品种有氢醌、N-丁基硫代磷酰胺铵、邻苯基磷酰二胺、硫代磷酰三胺等。

②硝化抑制剂。硝化抑制剂与氮肥混合施用，阻止铵的硝化和反硝化作

用，减少氮素以硝态和气态氮形态损失，提高氮肥利用率。硝化抑制剂的作用机制主要是抑制硝化作用的第一阶段，NH_4^+ 氧化为 NO_2^- 的亚硝化细菌的活性，从而减少 NO_2^- 的累积，进而控制 NO_2^- 的形成，减少氮的损失。

国外 20 世纪 50 年代开始研制硝化抑制剂，硝化抑制剂主要分为有机和无机化合物两大类，主要产品有吡啶、嘧啶、硫啶、噻唑等的衍生物，以及六氯乙烷、双氰胺（DCD）等。

由于铵态氮肥本身也可以快速被植物吸收利用，它本身不能延缓肥料的养分释放更不能控制肥料的养分释放，因此也有人认为这类肥料不能称为缓控释肥料，常称之为稳定态氮肥或者长效肥料。

（2）化学合成类肥料

①脲醛类肥料。含氮、磷、钾合成微溶性化合物种类很多，含磷化合物有磷酸氢钙、脱氟磷钙、磷酸铵镁、偏磷酸钙等；含钾化合物有偏磷酸钾、聚磷酸钾、焦磷酸钙钾等。氮的缓释放农化意义最大。作为氮肥，含氮微溶性化合物如下。

脲甲醛（UF）。尿素与甲醛的缩合物，含氮 35%～40%。

异亚丁基二脲（IBDU）。尿素与异丁醛的缩合物，含氮 31%～32%。

亚丁烯基二脲（CDU）。尿素与乙醛的环状缩合物，含氮 30%～32%。

草酰胺（OA）。亦称乙二酸二酰胺，可由草酰胺加热脱水生成，含氮 31%。

脒基脲。由氰氨化钙（石灰氮）制得双氰胺，在与硫酸或磷酸加热分解可分别制得：脒基硫脲（GUS），含氮 33%，硫 9.5%；脒基磷脲（GUP），含氮 28%，P_2O_5 35.5%。

UF、IBDU、CDU 已大量用做缓释肥料，磷酸铵镁作为缓释肥料在美国、英国均有销售。

脲甲醛。脲甲醛缓释肥料在国际上是最早被研制的缓释肥料，是由尿素和甲醛在一定条件下化合而成的聚合物。

脲甲醛施入土壤后，主要在微生物作用下水解为甲醛和尿素，后者进一步分解为氨、二氧化碳等供作物吸收利用，而甲醛则留在土壤中，在它未挥发或分解之前，对作物和微生物生长均有副作用。脲甲醛施入土壤后的矿化速率主要与 U/F（尿素和甲醛的摩尔比）、氮素活度指数、土壤温度及土壤 pH 等因数有关。当 U/F 为 1.2～1.5、土壤温度 ≥15℃、土壤呈酸性反应，氮素活度指数增加，则分解加快。

脲甲醛常做基肥一次性施用，可以单独使用，也可以与其他肥料混合使用。以等氮量比较，对棉花、小麦、谷子、玉米等作物，脲甲醛的当季肥效低于尿素、硫铵和硝铵。因此，将脲甲醛直接施用生长期较短的作物是，必须配合速效氮肥施用。

异亚丁基二脲。异亚丁基二脲又称脲异丁醛、异丁基二脲，代号 IBDU。分子式为 $(CH_3)_2CHCH(CHCONH_2)_2$，相对分子质量为 174.20。

早在 20 世纪 50 年代，国外学者就发现异亚丁基二脲具有缓慢释放氮素的性能，已被广泛用于园艺、草坪、稻田等；异亚丁基二脲的化学水解作用对水分较为敏感，因此可以通过控制水分含量的高低来控制氮的释放速度；温度对异亚丁基二脲的水解作用影响很小。因此，异亚丁基二脲与其他肥料的掺合肥或与其他原料生产的复合肥，可以用于赛场草坪和冬季作物的肥料；在低温下的性能和既往水分控制的性能是异亚丁基二脲突出的特点。

亚丁烯基二脲。亚丁烯基二脲又称脲乙醛，代号 CDU。

亚丁烯基二脲在土壤中的溶解度与土壤温度和 pH 有关，随着温度升高和酸度的增大，其溶解度增大。亚丁烯基二脲适用于酸性土壤，施入土壤后，分解为尿素和 β-羟基丁醛，后者进一步分解为二氧化碳和水，无毒素残留。

亚丁烯基二脲可做基肥一次施用。当土壤温度为 20℃ 左右时，亚丁烯基二脲施入土壤 70d 后有比较稳定的有效氮释放率。因此，施于牧草或观赏草坪比较好。如果用于速生型作物，则应配合速效氮肥施用。

②其他化学合成类肥料。草酰胺。又称草酸二酰胺、乙二酰胺。

草酰胺分子式为 $CO(NH_2)_2$，相对分子质量为 88.07。草酰胺含氮为 31.8%，在水解或生物分解过程中释放氮的形态可供作物吸收。土壤中的微生物影响水解速度，草酰胺的粒度对水解速度有明显影响，粒度越小，溶解越快，研成粉末状的草酰胺就如同速效肥料。

草酰胺肥料施入土壤后可直接水解为草胺酸和草酸，并释放出氢氧化胺。草酰胺对玉米的肥效与硝酸铵相似，呈粒状时则释放缓慢，但由于脲醛肥料。

（3）包膜包衣型缓控释肥料

①高分子聚合物包膜的控释肥料。1964 年美国 ADM 公司率先研制出高分子聚合物包膜肥料。属于热固性树脂包膜肥料，在制备过程中使聚合物包被在肥料颗粒上，由树脂交联形成疏水聚合物膜，所生产的控释肥料耐磨损，养分的释放主要依赖于温度变化，而土壤水分含量、土壤 pH、干湿交替以及突然生物活性对养分释放影响不大。1967 年美国 Sierra Chemical Co. 公司继续研制该产品，并进行包膜材料的改进，成功生产出产品，该产品命名"Osmocate"，这是美国在海外销售的唯一树脂包膜控释肥料，直到今天 Osmocate 仍为美国乃至于国际上第一大缓控释肥料品牌。

另一类树脂包膜缓控释肥料是热塑性包膜肥料。最常用的制造技术是热塑性包膜材料溶解在有机溶剂中形成包膜液，将包膜液包涂在肥料颗粒表面，有机溶剂挥发后形成控释肥料，主要通过包膜材料的配方来调节养分释放速率。

高分子聚合物包膜材料的膜耐磨损，控释性能好，所研制的肥料的养分释放主要受温度的影响，其他因素影响较小，能够实现作物生育期内一次施肥、接触施肥，减少劳动。该类肥料是国际上发展最快的控释肥料品种之一。

世界缓控释肥料总的发展趋势：一是高分子聚合物包膜类控释肥料。将由现在单一的氮肥包膜向氮、磷、钾甚至包括中微量元素和有机-无机肥料包膜方向发展；二是掺混性缓控释肥料，通过物理或化学手段，按照作物生长期，通过"异粒变速"技术，形成数个养分释放高峰。

②硫包衣缓释肥料。1961 年由美国 TVA 公司开发的硫包衣肥料进入规模化研究，1971 年每小时 1t 的试验装置开始建设投产，至 1976 年，已经生产1 000t的硫包衣肥料。

自 1961 年美国 TVA 公司开始规模化研制硫包衣控释肥料，直到今天，硫包衣是包衣控释肥料类里销售和生产量最大的品种，由于硫价格比树脂等材料便宜很多，使得硫包衣肥料一直是最受用户青睐的产品之一。硫包衣设备可以用转鼓，也可以使用喷动床包衣。

一般硫包衣肥料硫黄用量 15％～25％，封闭剂 2％～4％，调理剂 2％～4％，含氮量 34％～38％。封闭剂可以是微晶蜡、树脂、沥青和重油等，调理剂可以是滑石粉、硅藻土等。使用转鼓包衣优点是产量高，能耗低，工艺相对简单，缺点是包衣均匀性较差，包衣材料消耗较高。使用流化床包衣优点是包衣均匀，节省包衣材料，缺点是能耗较高，包衣时粒子互相碰撞，易产生裂痕。

③其他包膜包衣型缓控释肥料。郑州大学磷钾肥料研究所在借鉴国外包膜肥料基础上克服硫包衣和高聚物包膜肥料的缺点，自主研发肥料包肥料工艺。

第一类包裹型复合肥是以粒状尿素为核心，以钙镁磷肥和钾肥为包裹层，采用磷钾泥浆和稀硫酸、稀磷酸为黏合剂，在回转圆盘中进行包裹反应，制得氮磷钾复合肥料。

第二类包裹型复合肥是以粒状尿素为核心，以磷矿粉、微肥和钾肥为包裹层，采用磷酸、硫酸为黏合剂，在回转圆盘中进行包裹反应，制得氮磷钾复合肥料。

第三类包裹型复合肥以粒状水溶性肥料为核心，以微溶性二价金属磷酸铵钾盐为包裹层，磷钾泥浆和稀硫酸为黏合剂，在回转圆盘中进行包裹反应，进行多层包膜，制得控释肥料。

第一类、第二类肥料价格低廉，但溶解时间较短，适用于一般大田作物。第三类价格较高，缓释时间较长，适用于花卉草坪等有特殊要求的植物与作物。三类肥料的理化性质对比见表 2-1。

表 2-1　三类肥料的理化性质对比

缓效型肥料种类	无机化过程	持续时间	土壤环境影响
天然有机质肥料	微生物分解	数周	受环境水分、pH、微生物等影响
合成有机缓释肥料	溶解，微生物加水分解	数日—数月	受环境水分、pH、微生物等影响
高分子聚合物包膜肥料	释放	数日—数年	出温度外，环境影响小

4. 缓控释肥的研制及应用推广的意义

我国化肥，特别是氮肥利用率低，与肥料形态密切相关，目前的氮肥易溶于水，在土壤中存留时间短，大部分不能被作物吸收利用，损失严重。这样，不仅影响产量、增加成本、浪费资源，而且污染环境，成为农村面源污染的主要源头之一。而且，一次施用大量的易溶性矿质养分肥料，作物不能及时吸收，会造成养分的损失，降低肥料的利用率。因此，近些年来研发缓控释新型肥料，使肥料养分释放由快释变缓释或控释，实现养分释放与作物需求同步，提高化肥利用率，成为行业共识，这也成为了如何阻止或减少养分淋失问题中的核心。

目前，在提高肥料利用率的技术手段上国内外多采用以下三种方式：一是利用分子生物学技术，选育具有营养高效性的作物品种。这一方法投入应用阶段仍需进行大量的工作和较长的时间。二是通过合理的肥料分配和改进施肥技术，调节施肥与其他农业措施的关系以提高肥料的利用率。但由于缺少必要的服务体系，是这些技术很难推广应用。三是对肥料本身进行改性，开发更有利于作物生长的新型肥料。长期的科学研究表明，肥料利用率低下，特别是氮肥中氮素不能为植物充分利用时不能稳定高产的一个重要原因。因此，研究减缓、控制肥料的溶解和释放速度已成为提高肥料利用率的有效途径之一。

所以开发和研究可调换控释肥料，做到在作物的生育期间能缓慢的释放养分，使其养分释放时间和释放量与作物的需肥规律相合，最大限度地减少肥料损失，提高肥料利用率，是当前肥料的发展方向之一，也是世界上肥料的生产技术与实用技术紧密结合的前沿技术。

综上所述，缓控释肥料具有如下优点：

①合理使用可大大提高肥料利用率，节省肥料，降低成本。

②可以进行一次施肥，节省劳力，由于可进行同穴施肥，肥料粒型和强度也较好，有利于机械作业。

③由于肥料利用率提高，肥料在土壤中的损失减少，也就减少肥料的挥发和流失对大气和水源的污染，对环境保护起到一定作用。

④对复混肥本身的保存也有很大的好处。氮肥在保存过程中的吸湿一直是复混肥制造中一个难于解决的问题，塑料包膜后，保存中的吸湿也就不存在了。使得缓控释肥料成为一种利国利民的新型肥料，在中国有广阔的市场前

景，当前的主要问题是价格高。为了降低成本、利于推广，专家们通过开发连续化包膜设备，筛选高效廉价包膜、控释材料；采用控释肥与普通肥按比例配伍、一次性底肥（不追肥）等措施，降低了肥料的生产和使用成本，使其应用范围由非农业市场走向水稻、玉米等大田作物，也将缓控释肥料成功用于蔬菜、果树的基质栽培，提高了育苗和栽培质量，为加速推广蔬菜、果树工厂化育苗开辟了新途径，为农民带来了显著的经济效益，也为控释肥在农业生产和环境保护中发挥作用开拓了更大的发展空间。

5. 农业生产中缓控释肥的应用

缓控释肥料的养分释放具有如下特点：第一，控释肥的养分释放是缓慢进行、匀速释放的，并可人为调整养分的释放时间；第二，控释肥在土壤中的释放速度在作物能正常生长的条件下，基本不受土壤其他环境因素的影响，只受土壤温度的控制；第三，土壤温度变化时控释肥的释放量可人为调整，可以在实际应用中根据这些特性，调整其使用方法，达到提高肥料利用率的目的。具体实践中主要通过以下两条途径提高肥料利用率。

（1）调整控释肥的释放曲线，做到肥料养分的释放与作物需要结合

作物对养分的需要曲线，一般是中间高两头低，苗期由于作物个体较小，对养分需求较少。随着作物生长加快，个体增大，对养分的需求迅速增加。生长后期由于生长变慢和某些养分在作物体内转移，对某些养分的需求减少。在北方地区，特别是春季播种的作物，在播种初期气温较低，控释肥料养分释放较慢，而后气温升高，养分释放加快，后期肥料膜内养分浓度变为不饱和溶液，释放速度减慢。根据作物需肥时期的长短，选择合适的释放时间的控释肥料，就可达到满足作物生育期的养分需求。这样，在作物需肥高峰时肥料养分释放多，作物需肥较少是肥料释放少，避免养分的损失，达到提高肥料利用率的目的。

（2）控释肥可与作物进行接触施肥

一般速效性肥料由于溶解较快，一次大量施入会在局部地区造成高浓度的盐分，如与作物种子或根系接触，会产生烧苗现象。控释肥料由于溶解是缓慢进行的，所以不会在土壤中造成高浓度盐分，作物种子或根系可与大量的控释肥料进行接触性施肥而不会烧苗（同穴施肥）。使得肥料直接使用在作物的根系之上，肥料溶出后作物可立刻吸收，以此来提高肥料肥利用率。据日本的报道，此种施肥方法，氮肥的肥料当季利用率可提高至 80% 左右。

四、水溶肥与叶面肥

1. 水溶肥

水溶肥料最早出现在美国，早在 1965 年美国就出现水溶性肥料专利产品。

在美国灌溉农业中，25％的玉米、60％的马铃薯、32.8％的果树均采用水肥一体化技术。加拿大、以色列等国的水溶肥料产品应用市场也非常广阔，尤其是在以色列等缺水国家的水肥一体化应用比例达 90％以上。中国应用水溶性肥料起步较晚，是由喷施叶面肥和保护地冲施肥慢慢演变而来。

水溶性肥料（water soluble fertilizer，WSF）是一种可以完全溶于水的多元素复合肥料，能迅速地溶解于水中，易被作物吸收，养分吸收利用率相对较高，尤其是它可以应用于喷灌、滴灌等设施农业，实现水肥一体化，达到节水、省肥、省工和增产的效能。水溶性肥料水溶性好，杂质少，电导率低，使用浓度可方便调节，具有肥效快、作物吸收率高、施肥简单、不易烧苗和适用性强等优点，是未来肥料发展的重要方向之一。

（1）国家允许生产的水溶性肥料产品

目前国家允许生产的水溶性肥料产品一共有 6 种：大量元素水溶肥料、中量元素水溶肥料、含氨基酸水溶肥料、微量元素水溶肥料、含腐殖酸水溶肥料、有机水溶肥料。其中大量元素水溶肥料、微量元素水溶肥料和含腐殖酸水溶肥料技术相对成熟，相应产品及其应用较为常见。

①大量元素水溶肥料。以氮、磷、钾大量元素为主，按照适合植物生长所需比例，添加以铜、铁、锰、锌、硼、钼微量元素或钙、镁中量元素制成的液体或固体水溶肥料。

②中量元素水溶肥料。由钙、镁中量元素按照适合植物生长所需比例，或添加以适量铜、铁、锰、锌、硼、钼微量元素制成的液体或固体水溶肥料。

③微量元素水溶肥料。由铜、铁、锰、锌、硼、钼微量元素按照适合植物生长所需比例制成的液体或固体水溶肥料。

④含氨基酸水溶肥料。以游离氨基酸为主体按植物生长所需比例，添加以铜、铁、锰、锌、硼、钼微量元素或钙、镁中量元素制成的液体或固体水溶肥料产品分微量元素型和钙元素型两种类型。

⑤含腐殖酸水溶肥料。含腐殖酸水溶肥料是一种含腐殖酸类物质的水溶肥料。以适合植物生长所需比例腐殖酸，添加以适量氮、磷、钾大量元素或铜、铁、锰、锌、硼、钼微量元素制成的液体或固体水溶肥料。

⑥其他水溶肥料。不在以上种水溶肥料范围之内、执行企业标准的其他具有肥料功效的水溶肥料。

（2）水溶肥料的分类

水溶性肥可按剂型、肥料组分、肥料作用功能进行分类。

①按照剂型分类。可分为水剂型（清液型、悬浮型）和固体型（粉状、颗粒状）。水剂型水溶性好，施用方便，与农药等混配性好，但养分含量受限，运输、储存不便，对包装要求也较高；常见的生产工艺方法为溶解、混合，主

要生产设备包括粉碎机、反应釜、储存罐和包装设备。固体型养分含量比较高，储存、运输方便，对包装要求不严，但有效成分低，杂质高，溶解性能不良；生产工艺方法为溶解后再干燥，或粉碎后混合加工，主要生产设备包括粉碎机和搅拌机。

②按照肥料组分分类。可分为养分类、植物生长调节剂类、天然物质类和混合类。养分类是由一种或多种养分组成，有效养分含量较高，吸收效果好，杂质含量低，与其他喷施物混配性好等。植物生长调节剂类是以赤霉素、DA-6、萘乙酸等植物生长调节剂为主要成分，调节、刺激作物生长，喷施效果明显，见效快，成本低等，但过度应用损害作物。天然物质类是添加一些动植物提取物质，如腐殖酸、海藻素、氨基酸等，对作物生长具有良好的调节作用，促进养分吸收，增强作物抗逆能力，提高作物品质等，且具有混配性好，效果明显，安全可靠。混合类是养分与多种功能类物质（植物调节剂、天然活性物质，甚至杀菌、杀虫制剂等）配合使用，强调营养与调节发育进程相结合，具有多种功能，综合效果比较理想，成为众多叶面肥料生产者的选择类型。

③按照肥料作用功能分类。可分为营养型和功能型。营养型含大量、中量和微量营养元素中的一种或一种以上，有针对性地提供和补充作物生长所需要的营养。功能型是无机营养元素（一种或一种以上）和植物生长调节剂、氨基酸、腐殖酸、海藻酸、糖醇等生物活性物质或农药、杀菌剂及其他一些有益物质（包括稀土元素和植物生长有益元素）等混配而成，对植物生长发育具有刺激、改良作用，具有防治病虫害，满足某些作物生长的特需性。

（3）水溶肥料的优越性

水溶肥料的作用主要表现在以下几个方面：

①水溶肥料营养全，利用率高。它含有作物生长需要的全部营养，如氮、磷、钾、钙、镁、硫以及微量元素等。人们可以根据作物生长所需要的营养需求特点来设计配方，科学的配方不仅不会造成肥料的浪费，而且其利用率是常规复合肥的2~3倍。

②水溶性肥料是一种速效肥料，施肥量易控制。不仅可以让使用者较快地看到肥料的效果和表现，而且可以根据作物的不同长势对肥料配方做出调整。

③水溶肥料施用均匀。由于水溶性肥料的施用方法是随水灌溉，所以施肥极为均匀，这也为增加产量和提高品质奠定了坚实的基础。

④水溶性肥料杂质极少，电导率低，使用浓度调节十分方便。它对幼果安全，不污染果面，对幼苗安全不用担心引起烧苗等不良后果。

⑤水溶肥料无拮抗作用，施用放心。水溶性肥料多含有微量元素，微量元素一般又是以螯合态居多数，由于螯合态微量元素吸收利用率是无机态微量元

素 40 倍左右，且又十分安全，即使添加量很低，也不用担心作物出现缺素症，当然更不会出现微量元素中毒现象，而且更不用担心不同元素混在一起引起的拮抗作用。

⑥水溶肥料较易控制植株生长。要植株生长快速时，多施肥，要生长缓慢，则减少施肥。也可以换用不同氮肥来控制生长。用硝态氮可使植株茎矮壮，节间短、叶色淡绿、枝条粗短，叶片厚，促进生殖生长。使用铵态氮，植株快速生长但较柔软，节间长，不利于根系的生长，还会延迟生殖生长。控制植物生长用水溶性肥料与开车时用加油和刹车来控制车速的原理相似。

（4）我国水溶性肥料未来发展的趋势

我国水溶性肥料未来发展的趋势主要包括：

①发展单质型叶面肥料，以单质型中微量元素叶面肥料为主，缺啥补啥，不宜像复混肥那样发展十全大补丸型的肥料，避免浪费和技术上的复杂性。

②提高养分浓度，减少运输成本。

③提高肥料的水溶性，防止沉淀发生。

④提高肥料的混配性，增强与农药、杀虫剂、杀菌剂的混配性，提高效率。

⑤提高吸收性能，促进养分吸收，提高效率。实现上述目标，需要加强研究螯合技术，促进养分吸收、增加稳定性；开发新型助剂，促进养分吸收、运输；研发新化合物，应用新化工原料，提高有效养分含量，改善产品性能；开发应用活性物质，发挥施肥的综合效果。

2. 叶面肥

叶面肥是主要的水溶性肥料之一。叶面肥是指供叶面喷施的肥料。作物的养分大部分通过根部吸收，还可以通过叶部吸收养分，称为叶部营养或根外营养。如果叶面肥的成分合理，施用科学，对农业生产有促进作用。叶面施肥是提高农作物产量和质量的有效途径，是平衡施肥法的重要手段。

（1）叶面肥的种类

目前，叶面肥的种类繁多，根据其作用和功能等，可把叶面肥概括为以下4 类。

①营养型叶面肥。此类叶面肥中氮、磷、钾及微量元素等养分含量较高，主要功能是为作物提供各种营养元素，改善作物的营养状况，尤其是适宜于作物生长后期各种营养的补充。

②调节型叶面肥。此类叶面肥中含有调节植物生长的物质，如生长素、激素类等成分，主要功能是调控作物的生长发育等。适于作物生长前、中期使用。

③生物型叶面肥。此类肥料中含微生物体及代谢物，如氨基酸、核苷酸、

核酸类物质。主要功能是刺激作物生长，促进作物代谢，减轻和预防病虫害的发生等。

④复合型叶面肥。此类叶面肥种类繁多，复合混合形式多样。其功能有多种，既可提供营养，又可刺激生长调控发育。

（2）叶面施肥的优点

①吸收快。土壤施肥后，各种营养元素首先被土壤吸附，有的肥料还必须在土壤中经过一个转化过程，然后通过离子交换或扩散作用被作物根系吸收，通过根、茎的维管束，再到达叶片。养分输送距离远，速度慢。采用叶面施肥，各种养分能够很快地被作物叶片吸收，直接从叶片进入植物体，参与作物的新陈代谢。因此，其速度和效果都比土壤施肥作用发生快。据研究，叶片吸肥的速度要比根部吸肥的速度快 1 倍左右。

②作用强。叶面施肥由于养分直接由叶片进入作物体，吸收速度快，可在短时间内使作物体内的营养元素大大增加，迅速缓解作物的缺肥状况，发挥肥料最大的效益。通过叶面施肥，能够有力地促进作物体内各种生理过程的进行，显著提高光合作用强度和酶的活性，促进有机物的合成、转化和运输，有利于干物质的积累，可提高产量，改善品质。

③用量省。叶面施肥一般用量较少，特别是对硼、锰、钼、铁等微量元素肥料。一般采用根部施肥通常需要较大的用量，才能满足作物的需要。而叶面施肥集中喷施在作物叶片上，通常用土壤施肥的几分之一或十几分之一的用量，就可以达到效果。

④效率高。施用叶面肥，可提高肥料利用率，是经济用肥的最有效的手段之一。采用土壤施肥，因挥发、流失、渗漏等，肥料损失严重；由于土壤的固定作用，一部分养分被土壤固定，成为无效养分；同时，还有部分养分被田间杂草吸收。叶面施肥则减少了肥料的吸收和运输过程，降低了肥料的损失量，肥料利用率高。

⑤污染少。对土壤大量施用氮肥，容易造成地下水和蔬菜中硝酸盐的积累，对人体健康造成危害。人类吸收的硝酸盐约有 75％来自蔬菜，如果采取叶面施肥的方法，适当地减少土壤施肥量，能减少植物体内硝酸盐含量和土壤中残余矿质氮素。在盐渍化土壤中，土壤施肥可能使土壤溶液浓度增加，加重土壤的盐渍化。采取叶面施肥方法，既节省施肥量，又减轻对土壤和水源的污染，是一举两得的有效施肥技术。

五、微生物肥

微生物肥料是将某些有益微生物经大量人工培养制成的生物肥料，又称菌肥、菌剂、接种剂。其原理是利用微生物的生命活动来增加土壤中的氮素或有效磷、钾的含量，或将土壤中一些作物不能直接利用的物质，转换成可被吸收利用的营养物质，或提高作物的生产刺激物质，或抑制植物病原菌的活动，从而提高土壤肥力，改善作物的营养条件，提高作物产量。

1. 微生物肥料的种类

（1）根据其作用不同，微生物肥料可分为 5 类

①固氮作用的微生物肥料。包括根瘤微生物肥料、固氮微生物肥料以及固氮蓝藻等。

②分解土壤有机物的微生物肥料。包括有机磷细菌微生物肥料和复合细菌微生物肥料。

③分解土壤中难溶性矿物的微生物肥料。包括硅酸盐细菌微生物肥料、无机磷细菌微生物肥料等。

④促进作物对土壤养分利用的微生物肥料。包括菌根微生物肥料等。

⑤抗病及刺激作物生长的微生物肥料。包括抗生微生物肥料、增产微生物肥料等。

（2）根据组成微生物种类不同，微生物肥料又可分为 5 类

①根瘤菌肥料。能在豆科植物上形成根瘤（或茎瘤），同化空气中的氮气，供应豆科植物的氮素营养。

②固氮菌肥料。在土壤和很多作物根际中同化空气中的氮气，供应作物氮素营养；又能分泌激素刺激作物生长。

③磷细菌肥料。能把土壤中难溶性磷，转化为作物可以利用的有效磷，改善作物磷素营养。

④硅酸盐细菌肥料。能对土壤中云母、长石等含钾的铝硅酸盐及磷灰石进行分解，释放出钾、磷与其他灰分元素，改善作物的营养条件。

⑤复合微生物肥料。含有上述（解磷、解钾、固氮微生物）或其他经过鉴定的两种以上互不拮抗微生物，通过其生命活动，能增加作物营养供应量。

（3）**按登记类别可分 3 类**

即农用微生物菌剂、复合微生物肥料和生物有机肥。按特定的微生物种类，可分为细菌肥料（根瘤菌肥、固氮、解磷、解钾肥）、放线菌肥（抗生菌类肥料、5406 菌）、真菌类肥料（菌根真菌、霉菌肥料、酵母肥料）、光合细菌肥料。按作用机理，可分为根瘤菌肥料、固氮菌肥料（自生或联合共生类）、解磷肥料、硅酸盐类肥料、芽孢杆菌制剂、分解作物秸秆制剂、微生物植物生长调节剂类。按微生物肥料所含有益微生物的种类、数量及养分含量可分为，单纯微生物肥料和复合微生物肥料。复合微生物肥料是指两种或两种以上微生物或一种微生物与其他一定量营养物质复合配制而成。

2. 微生物肥料的主要特点

微生物肥料主要提供有益的微生物群落，而非提供矿质营养养分；人们无法用肉眼观察微生物，所以微生物肥料的质量人眼不能判定，只能通过分析测定；合格的微生物肥料对环境污染少；微生物肥料用量少，每亩通常使用500～1 000g 微生物菌剂；微生物肥料作用的大小，容易受到微生物生存环境的影响，例如：光照、温度、水分、酸碱度、有机质等；微生物肥料有它的有效期限，通常为半年至一年。

3. 微生物肥料的特殊作用

现在社会上对微生物肥料的看法有一些误解和偏见，一种看法认为它肥效很高，把它视作万能肥料，甚至认为它完全可以代替化肥，这一说法其实言过其实；另一种看法则认为它根本不算肥料。其实这两种看法都存在片面性。首先，微生物肥料与富含氮、磷、钾的化学肥料不同，微生物肥料是通过微生物的生命活动直接或间接地促进作物生长，抗病虫害，改善作物品质，而不仅仅以增加作物的产量作为唯一衡量标准；其次，从目前的研究和试验结果来看，微生物肥料不能完全取代化肥。

（1）微生物肥料具有改良土壤的作用

固氮微生物能进行共生固氮或联合固氮，此类微生物肥料能增加土壤中氮元素的含量。还有一些能溶磷解钾的微生物，可以将土壤中大量难溶的有机或无机磷、钾物质转化成植物可利用的含磷、钾的物质。微生物肥料中有益微生物能产生糖类特质，占土壤有机质的 0.1％，与植物黏液，矿物胚体和有机胶体结合在一起，可以改善土壤团粒结构，增强土壤的物理性能和减少土壤颗粒的损失。所以施用微生物肥料能改善土壤物理性状，有利于提高土壤肥力。

（2）增强植物抗病虫害和抗旱能力

作物施用生物肥料后，有益微生物在根际大量繁殖，在数量上压倒了根际病原菌，成为作物根际的优势菌，限制了其他病原微生物的繁殖机会，从而减轻了农作物病虫害。同时有的微生物对病原微生物还具有拮抗作用，起到了减轻作物病害的功效。

（3）有助于农作物吸收营养

如根瘤菌类肥料，其菌体可以将空气中的氮素转化为氨，进而转化为谷氨酸和谷氨酰胺等植物能吸收利用的优质氮素。而化学氮肥在施入土壤后，很大一部分以氮气形态从土壤中挥发，以一氧化氮的形式脱氮及以硝态氮的形式从土壤中流失，从而降低植物对氮素的吸收。

（4）有助于减少化肥的使用量，提高作物品质

根据我国作物种类和土壤条件，采用微生物肥料和化肥配合施用，既能保

证增产，又减少了化肥使用量，降低成本，同时还能改善土壤及作物品质，减少污染。近年来，我国已用具有特殊功能的菌种制成多种微生物肥料，不但能缓和或减少农产品污染，而且能够改善农产品的品质。

（5）有助于生态保护

利用微生物的特定功能分解发酵城市生活垃圾及农牧业废弃物而制成微生物肥料是一条经济可行的有效途径。目前已广泛应用的主要有两种方法，一是将大量的城市生活垃圾作为原料，经处理由工厂直接加工成微生物有机复合肥料；二是工厂生产特制微生物肥料（菌种剂）供应于堆肥厂（场），再对各种农牧业物料进行堆制，以加快其发酵过程，缩短堆肥的周期，同时还可以提高堆肥质量及成熟度。另外还有将微生物肥料作为土壤净化剂使用。

六、绿肥

1. 绿肥的作用

发展绿肥能够促进农业全面发展，绿肥的作用很多，主要包括以下几方面：

（1）绿肥作物有机质丰富

绿肥作物含有氮、磷、钾和多种微量元素等养分，它分解快，肥效迅速，为农作物提供养分，其养分含量，以占干物重的百分率计，氮为 2%～4%，磷为 0.2%～0.6%，钾为 1%～4%，豆科绿肥作物还能把不能直接利用的氮气固定转化为可被作物吸收利用的氮素养分；一般含 1kg 氮素的绿肥，可增产稻谷、小麦 9～10kg。

（2）有机碳比重高

有机碳占干物重的 40% 左右，施入土壤后可以增加土壤有机质，改善土壤的物理性状，提高土壤保水、保肥和供肥能力；由于绿肥种类多，适应性强，易栽培，农田荒地均可种植；鲜草产量高，一般亩产可达 1 000～2 000kg，此外，还有大量的野生绿肥可供采集利用。绿肥可以减少养分损失，保护生态环境，绿肥有茂盛的茎叶覆盖地面，能防止或减少水、土、肥的流失。

（3）投资少，成本低

绿肥只需少量种子和肥料，就地种植，就地施用，节省人工和运输力，比化肥成本低；绿肥可改善农作物茬口，减少病虫害。

（4）综合利用，效益大

绿肥可作饲料喂牲畜，发展畜牧业，而畜粪可肥田，互相促进；绿肥还可做沼气原料，解决部分能源，沼气池肥也是很好的有机肥和液体肥；一些绿肥如紫云英等是很好的蜜源，可以发展养蜂。一些绿肥还是工业、医药和食品的重要原料。

2. 绿肥的分类

绿肥的种类很多，根据分类原则不同，有下列各种类型的绿肥。

（1）按绿肥来源划分

可分为：栽培绿肥，指人工栽培的绿作物；野生绿肥，指非人工栽培的野生植物，如：杂草、树叶、鲜嫩灌木等。

（2）按植物学科划分

可分为：豆科绿肥，其根部有根瘤，根瘤菌有固定空气中氮素的作用，如：紫云英、苕子、豌豆、豇豆等；非豆科绿肥，指一切没有根瘤的，本身不能固定空气中氮素的植物，如：油菜、茹菜、金光菊等。

（3）按生长季节划分

可分为：冬季绿肥，指秋冬播种，第二年春夏收割的绿肥，如紫云英、苕子、茹菜、蚕豆等；夏季绿肥，指春夏播种，夏秋收割的绿肥，如田菁、柽麻、竹豆、猪屎豆等。

（4）按生长期长短划分

一年生或越年生绿肥，如柽麻、竹豆、豇豆、苕子等；多年生绿肥，如山毛豆、木豆、银合欢等；短期绿肥，指生长期很短的绿肥，如绿豆、黄豆等。

（5）按生态环境划分

可分为：水生绿肥，如水花生、水葫芦、水浮莲和绿萍；旱生绿肥，指一切旱地栽培的绿肥；稻底绿肥，指在水稻未收前种下的绿肥，如稻底紫云英、苕子等。

3. 绿肥的种植方式

绿肥种植方式多种，一般有以下几种：

（1）单作绿肥

即在同一耕地上仅种植一种绿肥作物，而不同时种植其他作物。如在开荒地上先种一季或一年绿肥作物，以便增加肥料增加土壤有机质，以利于后作。

（2）间种绿肥

在同一块地上，同一季节内将绿肥作物与其他作物相间种植。如在玉米行间种黄豆，小麦行间种紫云英等。间种绿肥可以充分利用地力，做到用地养地，如果是间种豆科绿肥，可以增加主作物的氮素营养，减少杂草和病害。

（3）套种绿肥

在主作物播种前或在收获前在其行间播种绿肥。如在晚稻乳熟期播种紫云英或蚕豆，麦田套种草木樨等。套种除有间种的作用外，能使绿肥充分利用生长季节，延长生长时间，提高绿肥产量。

（4）混种绿肥

在同一块地里，同时混合播种两种以上的绿肥作物，例如紫云英与肥田萝卜混播，豆科绿肥与非豆科绿肥，蔓生与直立绿肥混种，使互相间能调节养分，蔓生茎可攀缘直立绿肥，使田间通风透光。所以混种产量较高，改良土壤效果较好。

（5）播种或复种绿肥

在作物收获后，利用短暂的空余生长季节种植一次短期绿肥作物，以供下季作物做基肥。一般是选用生长期短、生长迅速的绿肥品种，如绿豆、乌豇豆、柽麻、绿萍等。这种方式的好处在于能充分利用土地及生长季节，方便管理，多收一季绿肥，解决下季作物的肥料来源。

七、中微量元素肥

1. 微肥及其发展

微量元素是一个针对常量元素与中量元素而言的相对概念。所谓微量元素，顾名思义，微者少也。少具有双重意思，一是指含量很少，二是指动植物对它们的需要量很少。从广义来说，微量元素泛指自然界或自然界的各种物体中含量很低的或者说很分散而不富集的化学元素。

土壤学中所指的微量元素，既可以泛指土壤中所有的含量很低的化学元素，也可以指其中具有生物学意义的化学元素。土壤中微量元素的研究除了具有生物学意义以外，常有一定的特殊意义，如可以阐明某种土壤的成土过程、环境质量评价等。具有生物学意义的微量元素常是酶或辅酶的组成成分，它们在生物体中的特殊机制有很强的专一性，为生物体正常的生长发育所不可缺少的。我们把地壳中含量范围为百万分之几到十万分之几，一般不超过千分之几的元素，称为微量元素或痕量元素。铁元素在地壳中含量虽然较多，但植物体中含量甚少，并且具有特殊功能，故也列为微量元素来论述。

微量营养元素的研究是 20 世纪 20 年代初开始的。微量营养元素研究是植物营养研究的一部分。微量元素的研究，现在已超出了土壤学家、农业化学家、生理学家的研究范畴，而且生态学家及环境科学方面的专家也给予了极大的关注。微肥的产生与发展和氮、磷、钾肥料一样，只不过是随着微量营养元素的证实而诞生。微肥的应用，成了植物矿质领域内的巨大进展之一，促进了农作物产量的大幅度提高。

微量元素肥料，通常简称为微肥，是指含有微量营养元素的肥料，庄稼吸收消耗量少（相对于常量元素肥料而言）。作物对微量元素需要量虽然很少，但是，它们同常量元素一样，对作物是同等重要的，不可互相代替。微肥的施用，要在氮、磷、钾肥的基础上才能发挥其肥效。同时，在不同的氮、磷、钾水平下，作物对微量元素的反应也不相同。一般说来，低产土壤容易出现缺乏微量元素的情况；高产土壤，随着产量水平的不断提高，作物对微量元素的需要也会相应增高。因此，必须补施微肥，但若企图减少常量元素肥料的施用量，而只靠增施微肥来获得高产，也是错误的。

微肥是经过大量的科学试验与研究，已经证实具有一定生物学意义的，植物正常生长发育不可缺少的那些微量营养元素，在农业上作为肥料施用的化工产品，诸如：硼肥、锌肥、锰肥、钼肥、铜肥、铁肥、钴肥都属于微肥。这些微量元素占作物体干重的百分数大致是：锰 0.05%、铁 0.02%、锌 0.01%、硼 0.005%、铜 0.001%、钼 0.0001%。土壤中任何一种速效态微量元素供应不足，作物就会出现特殊的症状，产量减少，品质下降，甚至收成无望。

我国推广或将要应用的微肥有：硼肥、钼肥、锌肥、铜肥、锰肥、铁肥。它们在农作物、林木、牧草、果树、蔬菜上施用，均有相互不能代替的作用。针对缺素土壤和敏感植物施用微肥，增产效果十分显著。

2. 微肥分类

微肥分类多种多样。归纳起来有按所含营养元素划分的，也有按养分组成划分的，还有按化合物类型划分的。

（1）按所含营养元素划分

推广应用较多的硼肥、钼肥、锌肥等就是按所含营养元素划分的，这是大家极其熟悉的一种分类。就这些元素的离子状态来说，硼和钼常为阴离子，而锌、锰、铜、铁、钴等元素则为阳离子。

（2）按养分组成划分

①单质微肥。这类肥料一般只含一种为作物所需要的微量元素，如硫酸锌、硫酸亚铁即属此类。这类肥料多数易溶于水。故施用方便，可做基肥、种肥、追肥。

②复合微肥。这一类肥料多在制造肥料时加入一种或多种微量元素而制成，它包括常量元素与微量元素以及微量元素与微量元素之间的复合。例如，磷酸铵锌、磷酸铵锰等。这类肥料，一次施用同时补给几种养分，比较省工，但难以做到因地制宜。

③混合微肥。这类肥料是在制造或施用时，将各种单质肥料按其需要混合而成。其优点是组成灵活。一般多在配肥站按用户的需求进行混合。河南省科学院研制的小麦、水稻、玉米、花生等混合微肥就属此类肥料，根据各地土壤化验资料，作物需肥规律，经过田间试验而成，因此肥料使用后经济效益明显。

（3）按微肥化合物类型划分

①易溶性无机盐。这类肥多数为硫酸盐。

②难溶性无机盐。多数为磷酸盐、碳酸盐类，也有部分为氧化物和硫化物。例如，磷酸铵锌、氯化锌等。适于做基肥。

③玻璃肥料。多数为含有微量元素的硅酸盐粉末，经高温烧结或熔融为玻璃状的物质，如冶炼厂的炉渣等，一般只能做底肥。

④螯合物肥料。它是天然或人工合成的具有螯合作用的化合物，与微量元素螯合而成的螯合物，如螯合锌等。

⑤含微量元素的工业废渣。

3. 微肥的特点

①生理功能有很强的专一性。缺乏任何一种都会出现特殊的缺乏症状，降低产量和品质，严重时甚至颗粒无收。又不能用其他元素代替。

②从缺乏到过量之间的浓度范围很窄。施用过多，作物又会发生中毒，所造成的危害比大量元素要严重得多。所以其用量要特别慎重，应掌握缺什么，补什么，缺多少，补多少的原则。

③在作物体内一般不能转移和再利用。其缺乏症状常首先表现在新生组织上。

4. 微肥的作用

①微量元素不仅是植物体内辅酶的主要成分，也是促使植物产生各种保卫素的诱发剂。

②进入植物体内的微量元素，可以有效修复被伤害部位的细胞组织，促使其尽快恢复生理机能，使之健康生长。

③微量元素能提高植物体内酶（氧化酶）的活性，强化自身的自卫能力，如铜、锰本身就是杀菌驱虫的有效因子，作物喷施锰磷合剂，可以有效预病虫害的发生。

④微量元素可抑制多种病原菌（含土传病菌）发育因子的传播，保护作物免遭这些病菌的伤害。

⑤微量元素还能激发植物体内多种酶的活性，大幅度提高氮代谢水平，在叶部聚集单宁的含量，可全面提升作物的抗病性和抗衰老能力。

⑥有几种微量元素还是光合作用的载体，太阳的光能、热能通过微量元素的传递，才能转化为电能、化学能，最后转化为我们所需要的果实。

八、腐殖酸类肥料

腐殖酸是植物残体在空气和水并存的条件下，经微生物分解利用和转化后，再经过地球化学的一系列过程积累起来的一类有机物质。它广泛存在于土壤、泥炭和风化煤中，对作物的生长以及营养物质的吸收具有重要作用。

1. 腐殖酸肥料的类型

（1）按形态划分

腐殖酸肥料分为固体和液体两类，固体肥料主要有腐殖酸尿素、腐殖酸缓释磷肥、腐殖酸复混肥，液体肥料主要有腐殖酸钠、腐殖酸钾，这些肥料在多种作物上都取得了很好的应用效果。

（2）按腐殖酸原料来源及种类划分

腐殖酸的原料来源可以分成两大类：煤类物质和非煤类物质。前者主要包括泥炭、褐煤和风化煤；后者包括土壤、水体、菌类和其他非煤物质，如含酚、醌、糖类等物质，它们经过生物发酵、氧化或合成可以生成腐殖酸类物质。煤类物质和土壤、水体、菌类等物质制得的腐殖酸是天然腐殖酸，其中煤类物质是天然腐殖酸的主要原料。

（3）按腐殖酸加工工艺划分

腐殖酸类肥料分为全溶性腐殖酸肥料、活性腐殖酸肥料、活化腐殖酸肥料以及生物腐殖酸肥料和生化腐殖酸肥料、复合型腐殖酸肥料；按黄腐酸加工工艺分为矿物源黄腐酸肥料、生物黄腐酸肥料、生化黄腐酸肥料和复合型黄腐酸肥料；

（4）按肥料用途划分

为基肥型腐殖酸肥料，追肥型腐殖酸和黄腐酸肥料，腐殖酸膏体肥料，以及腐殖酸和黄腐酸育苗肥。

（5）按肥料含养分类型及数量划分

分为腐殖酸和黄腐酸单质肥料、复合肥料、复混肥料及特种肥料。

（6）按腐殖酸肥料的产品类型划分

以制备工艺的不同，腐殖酸肥料一般可分为以下类型：生化腐殖酸肥料、腐殖酸衍生物（硝基腐殖酸、硝基腐殖酸盐、腐殖酸脲络合物等）、黄腐酸类肥料（黄腐酸营养液肥、黄腐酸颗粒复合肥）、长效腐殖酸单质肥（长效腐殖酸尿素、长效腐殖酸磷肥、腐殖酸盐）、腐殖酸有机-无机复合肥（各种专用肥）和腐殖酸生物肥。

（7）以施用方式的不同划分

腐殖酸肥料又可以分为浸种、蘸根肥（腐殖酸钠、腐殖酸钾），叶面喷施或冲施肥（腐殖酸钠、腐殖酸，钾、黄腐酸营养液肥），大田用基肥或追肥（腐殖酸盐、腐殖酸衍生物、长效腐殖酸单质肥、腐殖酸有机无机复合肥、腐殖酸生物肥）。

2. 腐殖酸的功能

将腐殖酸与氮、磷、钾等元素共同制成腐殖酸类肥料，其功能具体表现在以下方面：

（1）刺激作物生理代谢

腐殖酸能促进种子发芽，提高出苗率和成苗率；能促进幼苗发根快，根量增加，根系伸长；腐殖酸中的功能活性基团能使作物的过氧化氢酶和多酚氧化酶活性增强，促进作物生长发育。

（2）改良土壤结构

腐殖酸有机胶体能在土壤中形成胶状物质，使土壤水稳性团粒含量增加，对改良过砂、过黏的土壤的效果很好。还可以调节土壤 pH，达到酸碱平衡，促进土壤微生物数量增多及活性增强。

（3）提高养分利用率

研究发现，腐殖酸肥料与相同用量的肥料相比，能减少氮素挥发损失，使尿素的肥效延长，对土壤中有机氮转化速率加快，氮的土壤自然还原能力增加 30%～40%；起解磷的作用，并使土壤中的难溶磷转化成有效磷，磷的固定减少 45%；促进难溶性钾的释放，并缓解钾肥对作物的不良影响，使钾的流失率降低 30%。另外，腐殖酸对微量元素也有明显的增效作用。腐殖酸与氮、磷、钾等离子络合后，肥料利用率提高十分明显。与普通化肥相比，氮挥发损失减少 15%～25%，淋洗损失减少 30%～40%，磷、钾固定损失减少 45%左右，对微量元素也有增效作用。腐殖酸与难溶性微量元素可以发生螯合反应，生成溶解性好、可被作物吸收的腐殖酸微量元素螯合物，从而有利于根系和叶面吸收微量元素。腐殖酸可减小叶片气孔开度，减弱蒸腾，使植物和土壤保持较多水分，可提高植物抗旱、抗寒、抗病的能力。腐殖酸可改良土壤团粒结构，使土壤通透性更好，有利于农作物吸收养分和正常生长，其吸附络合能力能减少重金属和农药的毒害，提高土壤自然净化能力和保水保肥能力。腐殖酸还能促进土壤中有益微生物的生长繁殖，从而间接促进植物生长。

（4）增强植物的抗逆性

腐殖酸被植物吸收后，可以缩小叶面气孔的张开程度，因此减少水分的蒸腾作用，从而降低植物耗水量，保证植物在干旱情况下正常发育。腐殖酸还可以抑制土壤中的真菌，增强作物抗病性，减轻病虫害。另外，腐殖酸与某些农药联用可以提高药效、抑制残毒。

九、其他新型肥料

1. 气肥与二氧化碳肥料

能对植物生长产生促进作用的气体统称为气肥，如二氧化碳、甲烷等。二氧化碳是植物光合作用必不可少的原料，可增加作物碳素营养，在缺乏二氧化碳的情况下，作物补充二氧化碳可显著增加产量；天然气中的甲烷能加快土壤中微生物繁殖，微生物可改善土壤结构，促进植物吸收营养物质。气肥是一种发展前途很大的诱人肥料，随着人们对农产品产量和品质要求的提高，气肥的施用将越来越受到重视，研发清洁廉价气肥将是未来气肥发展的趋势。

目前开发的气体肥料主要是二氧化碳，二氧化碳是空气的组成成分，是光合作用的原料。在一定范围内，二氧化碳的浓度越高，植物的光合作用也越强，因此二氧化碳是最好的气肥。美国科学家在新泽西州的一家农场里，利用二氧化碳对不同作物的不同生长期进行了大量的试验研究，他们发现二氧化碳在农作物的生长旺盛期和成熟期使用，效果最显著。

大棚蔬菜二氧化碳的适宜浓度一般不少于 800～1 000mg/L，但在光照充足，作物旺长的封闭温室里二氧化碳常常缺乏；当浓度低于 80～10mg/L 时，将严重制约蔬菜的正常生长。在这种情况下，除了适当通风换气、合理密植、增施有机肥和科学施用氮肥外，往往需要将二氧化碳作为肥料施用。

在大棚或温室中，可采用化学方法、生物方法（如秸秆生物反应堆技术）生成二氧化碳或施用二氧化碳肥料来矫正碳素缺乏。

2. 功能性肥料与生物炭

（1）功能性肥料的定义与发展现状

功能性肥料是指具有特定功能的新型肥料，一般而言，功能性肥料包括提高水肥利用率的肥料，改善土壤肥力特征的肥料，提高作物品质的肥料，提高作物抗逆性的肥料等。新型功能肥料的研究在我国刚刚起步，结合国情，重点研究领域包括：

①促进根系纵深发展，提高水分利用率和植物水分利用能力的功能性肥料开发。

②调节作物生物量分配，增强作物抗倒伏及抗病虫害能力的多功能性肥料开发。

③替代现有杀虫剂，既能提供营养元素又能起到杀虫作用的功能性肥料开发。

④提高作物产品品质，发展优质农业的肥料开发。

（2）生物炭的定义与作用

生物炭是一种典型的功能性肥料。生物炭是在限氧条件下以及在低温下热解炭化得到的一种碳含量非常丰富、性质也非常稳定的物质，如以作物秸秆、木屑、动物粪便等为原材料生产的生物炭。生物炭根据不同原生质来源分为木制炭、稻壳类炭、秸秆类炭和竹类来源的炭等。由于研究年代不同，所使用炭的名称也不尽相同。生物炭是由生物组织在高温缺氧的条件下生成，是一种能够永久固碳，减缓温室气体二氧化碳、氧化亚氮排放的理想产品。同时，生物炭能够有效改善土壤结构，提高肥料利用率，是当今新型功能性肥料研究必不可少的组成部分。国际生物炭发起组织公布的数据表明,生物炭能够将碳素固定在土壤中长达 5 000 年。另外,生物炭通过改善土壤结构,提高水分、营养可利用性,减少作物对肥料的依赖性,有效提高作物产量和生产力。

生物炭的作用主要表现如下:

①生物炭对土壤改良的作用。

A. 生物炭对土壤有机质的作用。土壤是否肥沃最重要的一个评判标准是土壤有机质含量。土壤中含土壤有机质越高,说明该地区土壤越肥沃。该评判标准是生态系统最显眼的碳汇。土壤有机质的一个突出功能便是改善土壤酸碱度、固定土壤团聚体、保持水分入渗、协助进行水分交换等。虽然生物炭自身的性质不同于土壤腐殖质,但是废物堆积成肥同样可以提高土壤肥沃度。从研究结果中得知:生物炭在进行土壤改良时,可以增进土壤水机成分含量,生物炭温稳性直接决定这一用途。

B. 生物炭对土壤化学性质的作用。肥料在农作物成长中起到促进农作物成长的作用,而土壤酸碱度对农作物的生长有阻碍作用。生物炭可以缓解土壤酸碱度,这是因为它本身物理结构和化学性质决定。在生物炭投入土壤中时,pH 要保持在一定范围内。生物炭中有无数的盐基离子,这些离子能够帮助催化土壤,降低交换性铝离子水平。从以往的经验上看,氮、磷、钾化肥和生物炭一同使用,可以将土壤中的盐碱性中和。现在工业发展脚步不断推进,很多土地被污染。例如,造纸污泥生物炭,它富含大量的钙离子,这将直接提升土壤 pH。需要在高温作用下,进行石灰盐化来中和土壤盐碱度。这方法很少被推行使用,因为它存在无数的不确定因素,在没有完整的土壤资料下,不能盲目地使用该方法,因此,局限性限制了它的推广。众所周知,土壤养分在生物炭中的应用将起到重要作用,它可以在土壤中产生负电荷,合适环境下也可以产生正电荷。从中可以看出,生物炭它不仅可以吸收有机养分,保持土壤松弛度,还可以对土壤中的磷素养分进行调整,让土壤养分处在一个平衡值上。

C. 生物炭对土壤物理性质的作用。生物炭对壤土、黏质土持水量的影响通常不明显,这取决于生物炭与土壤的比表面积相对大小及生物炭的亲水性。显然,比黏质土比表面积大、亲水性强的生物炭可能提高黏土持水量,而生物炭的比表面积取决于生物炭孔隙度及颗粒大小,其亲水性决定于生物炭亲水基团和表面积。生物炭用量对土壤土持水量影响不显著,其原因在于新鲜生物炭的疏水性。新鲜生物炭一般表现较强的疏水性,新鲜生物炭施入土壤后,土壤水入渗及初始导水率降低,水分饱和后则土壤饱和水导水率则有所改善。随着生物炭颗粒表面在土壤中的氧化及羧基基团增多,生物炭的亲水性会逐渐增强,其吸水能力和土壤持水量逐渐提高。生物炭增深土壤颜色,增加土壤吸热能力,从而提高土壤温度。物炭容重低、黏性差,因此,生物炭可以降低黏质土壤容重、硬度，从而改善土壤质地及耕作性能。

D. 生物炭对土壤微生物的作用。生物炭的孔隙具有很大变异性，小到小于 1nm，大到几十纳米，甚至数十微米。生物炭孔隙中能够储存水分和养分，因而生物炭的孔隙和表面成为微生物可栖息生活的微环境，进而增加微生物数量及活性，特别是丛枝状菌根真菌（AMF）或泡囊丛枝状菌根真菌（VAM），但生物炭施用量过高反而降低固氮量。因此，生物炭对土壤微生物的影响是复杂的、多方面的，作用机制尚不完全清楚。

②生物炭对许多作物生长和产量的促进作用。生物炭对作物生长或产量的影响因生物炭类型而异。含高挥发物质的生物炭抑制作物生长，因为高的挥发物质增加土壤碳氮比（C/N）而导致土壤有效氮降低，从而降低植物氮素吸收，甚至施肥也会如此。生物炭对作物生长及产量的效应也受生物炭用量的影响，在一些土壤上低量生物炭促进作物生长和增产，而在高用量下作物生物量及产量降低，这与生物炭矿质养分含量低及土壤高的 C/N 易降低土壤有效性养分有关，这种减产效应易出现在有效养分低或低氮土壤上。

3. 矿物质肥料

天然矿物质肥料，一般是指除传统的氮、磷、钾等肥料以外的，无需加工，即可直接供农业所利用的各种矿物或岩石资源。

世界各国对天然矿物肥料的开发应用十分重视。如美国、日本早在 20 世纪 70 年代初期就对新型家用矿肥做了大量的开发研究工作，随后又有捷克、古巴、南非、巴西等国家，自 80 年代后相继开展了新型天然农肥矿产的勘察，开发与应用研究工作。世界其他一些国家，在开发天然农肥矿产方面，均有不同程度的进展。目前，可作为农肥的新型天然农肥矿产资源达 40 多种，主要有海泡石、沸石、蛭石、海绿石、膨润土、泥炭、硅藻土等。

天然矿物质肥料，可提供植物生长发育所需要的各种营养元素，其所具有的特殊物理性能还可起到改良土壤，保水保肥及提高植物的抗病菌能力。此外，在传统的肥料中添加一定量的天然矿物质肥料，能使传统肥料不结块，增加肥料利用率。

4. 氨基酸肥料

氨基酸（amino acid）是含有氨基和羧基的一类有机化合物的通称。生物功能大分子蛋白质的基本组成单位，是构成动物营养所需蛋白质的基本物质。氨基酸肥料，顾名思义，即含有氨基酸类物质的肥料。氨基酸肥料目前尚无国家标准。氨基酸作为构成蛋白质的最小分子存在于肥料中，有易于被作物吸收的特点；亦有提高施肥对象抗病性，改善施肥作物品质的功能。补充植物必需的氨基酸，刺激和调节植物快速生长，促使植物生长健壮，促进对营养物质的吸收。增强植物的代谢功能，提高光合作用，促进植物根系发达，加快植物生长繁殖。

目前主要是利用动物毛皮和下脚料经水解后加工而成，也有利用微生物转化生产氨基酸肥料。市场上氨基酸肥料多为氨基酸和微量元素等复合（络合）而成的复合氨基酸肥料。

（1）含量高、营养全、肥效长、肥效快、吸收利用率高

氨基酸肥料不仅含有丰富的速效氮，而且还含有丰富的长效有机生态氮，能被作物直接吸收的氨基酸、有机质，高活性、螯合态有机生物钾、中微量稀土元素、活菌剂、促长抗病剂、肥料控释增效剂、土壤调理剂、抗重茬剂，植物细胞赋活剂等，可控制土壤尿酶活性，加速养分快速循环分解和释放，固氮解磷、解钾，活化土壤，提高土壤通透性，促进光合作用，大幅度提高吸收利用率和肥效期。氨基酸肥料肥效期长，吸收利用率高，又具有生态尿素、有机肥料的长效性和微生物、微肥等的特效性，有机无机、速效、长效、特效相结合三效合一。

（2）改善作物生态环境、抑制病虫害、抗重茬

氨基酸肥料在促进农作物生长的同时，对土壤的理化性改良有很大的帮助，并且提高土壤的透气性，对土壤有很好的保护作用，实现土壤长久耕种的效果。氨基酸肥料在单纯提高植物质量和产量的同时，对土壤的保护及对环境的友好是它较其他肥料最大的优点。

（3）消除板结免深耕再生化肥

氨基酸肥料具有较好的离子交换和调节 pH 的作用，改善土壤团粒结构、达到透气、保肥、保水、保温、抗旱、抗寒、抗涝、抗干热风、抗倒伏等抗逆作用。可使根部大量扩繁复合菌群、从空气中合成氮肥、从土壤中螯合已被土壤固定的多种无机元素，供作物吸收、从而达到再生化肥的作用。

（4）增产效果明显

氨基酸肥料在生产过程中产生的纯天然促生长抗病因子、酶制剂、调控因子等，能彻底改善作物的品质，增产效果明显，使作物苗齐苗壮根系发达，病虫害少，茎叶壮，控旺长、千粒重、产量高，能恢复自然风味，口感好，含糖量高、氨基酸含量高，彻底解决了作物苗期旺长，中期无力，后期脱肥不结实的根本问题。

5. 土壤调理剂

土壤改良剂的研究始于 19 世纪末，距今已有百余年历史。早在 20 世纪初期，西方国家就利用天然有机物质如多糖、淀粉共聚物等进行土壤结构的改良研究。这些物质分子量相对较小，活化单体比例高，施用后易被土壤微生物分解且用量较大，因此未能得到广泛应用。20 世纪 50 年代以来，人工合成土壤调理剂逐渐成为研究热点。

（1）土壤调理剂的概念

土壤调理剂也称土壤改良剂。关于土壤调理剂的定义存在不同的说法，典型的有：我国农业部发布的《中华人民共和国农业部关于肥料、土壤调理剂及植物生长调节剂检验标准》（1998 年 1 月 1 日起实施）把土壤调理剂定义为：加入土壤中用于改善土壤的物理和（或）化学性质，及（或）其生物活性的物料。农业部肥料登记评审委员会通过的土壤调理剂效果试验和评价技术要求将土壤调理剂定义为指加入土壤中用于改善土壤的物理、化学和/或生物性状的物料，用于改良土壤结构、降低土壤盐碱危害、调节土壤酸碱度、改善土壤水分状况或修复污染土壤等。基于上述定义，对土壤性状具有改良和调节作用的物质都可以称为土壤调理剂。

（2）土壤调理剂的分类

土壤调理剂种类繁多，没有统一的分类标准，目前主要存在两种分类依据和方法。

①按照起作用的主体成分来源可分为：人工合成土壤调理剂（如，高分子聚合物聚丙烯酰胺、生物制剂等）；天然土壤调理剂（如，膨润土、天然石膏、蒙脱石粉等）；在工、农业生产过程中产生的副产物、废弃物（如，磷石膏、碱渣、菇渣等）。

②按照土壤调理剂的主要功能作为分类依据可分为土壤结构改良剂、土壤保水剂、土壤酸碱度调节剂、盐碱土改良剂、污染土壤修复剂等。

（3）土壤调理剂的主要功能

综合近年来国内外研究结果表明，土壤调理剂对土壤的改良作用包括：调节土壤砂黏度，改善土壤结构，促进团粒结构形成；提高土壤保水持水能力，增加有效水供应；调节土壤 pH，降低或减少铝毒危害；改良盐碱土，调节土壤盐基饱和度和阳离子交换量；调理失衡的土壤养分体系，促进有效养分供应；修复污染土壤，重金属离子钝化作用；调节土壤微生物区系，保持土壤微生物环境良好。

①改良土壤质地与结构。土壤质地是土壤与土壤肥力密切相关的基本属性，反映母质来源及成土过程的某些特征。土壤结构是土壤肥力的重要基础，良好的土壤结构能保水保肥，及时通气排水，调节水气矛盾，协调水肥供应，并利于植物根系在土体中穿插生长。土壤质地不良和结构问题往往伴生存在，而某些天然矿石、固体废弃物、高分子聚合材料和天然活性物质等原料制造的土壤调理剂都已证明对土壤质地和结构具有较好改良效果。相对来讲，目前商品化的土壤调理剂多是侧重土壤结构改良，同时兼具一定的土壤质地改良效果。

②提高土壤保水供水能力。农林保水剂又称土壤保墒剂、抗蒸腾剂、贮肥蓄药剂或微型水库，是一种具有三维网状结构的有机高分子聚合物。在土壤中

能将雨水或灌溉水迅速吸收并保持，变为固态水而不流动、不渗失，长久保持局部恒湿、天旱时缓慢释放供植物利用。农林保水剂特有的吸水、贮水、保水性能，在改善生态环境、防风固沙工程中起到决定性的作用，在土地荒漠化治理、农林作物种植、园林绿化等领域广泛应用。

③调节土壤酸碱度。对于土壤酸化问题的解决，酸性土施用石灰进行调节是过去常见的改良手段，而近来以碱渣、粉煤灰和脱硫废弃物等为主要原料的土壤调理剂也取得了较好的应用和推广效果。而近些年来，许多研究表明一些复合制剂型的土壤调理剂对于治理土壤盐碱的效果突出，推广较多的当属人工合成高分子聚合物或天然高分子类土壤调理剂，如聚丙烯酰胺等。一些人工合成高聚物含有代换能力强的高价离子，施用后与碱土吸附的交换性钠进行离子交换，交换下来的钠离子溶于水中被排洗掉，从而达到降低盐碱的目的。人工合成高聚物对于土壤结构的改良也可促进排盐效果，达到减轻土壤盐渍化程度的目的。

④改善土壤的养分供应状况。土壤调理剂通常使用多种基础原料制造而成，本身可能就含有一定量的氮磷钾养分，但是相对于肥料而言其数量有限。某些土壤调理剂具有调节土壤保水保肥的能力，因此可改善土壤营养元素的供应状况。

⑤修复重金属污染土壤。随着工业的发展，重金属污染土壤事件时有发生。目前修复重金属污染土壤的方法有微生物修复、植物修复、物理化学修复等，而物理化学修复包括化学固化、土壤淋洗和电动修复等。其中的化学固化就包括加入土壤调理剂如石灰、磷灰石、沸石等，通过对重金属离子的吸附或（共）沉淀作用改变其在土壤中的存在形态，从而降低其生物有效性和迁移性。

除上述 5 个方面的主要功能外，某些土壤调理剂施用后还对土壤的微生态环境起到了改善作用，促进了有益微生物的繁殖，抑制了病原菌和有害生物的数量，对一些传统的土传病害也有一定效果。

6. 营养土

营养土是为了满足幼苗生长发育而专门配制的含有多种矿质营养，疏松通气，保水保肥能力强，无病虫害的床土。营养土一般由肥沃的大田土与腐熟厩肥混合配制而成。

按照营养土的主要成分，可以将营养土分为以下几种类型：

（1）腐叶土

又称腐殖质土，是利用各种植物的叶子、杂草等掺入园土，加水和人粪尿，经过堆积、发酵腐熟而成的培养土。pH 呈酸性。需经暴晒过筛后使用。

（2）山泥

这是一种天然的含腐殖质土，土质疏松，酸性。黄山泥和黑山泥相比，前者质地较黏重，含腐殖质也少。山泥常用作山茶、兰花、杜鹃等喜酸性花卉的主要培养土原料。

（3）河沙

河沙排水透气好，掺入黏重土中，可改善土壤物理结构，增加土壤排水通气性。缺点是毫无肥力。可作为配制培养土的材料，也可单独用作扦插或播种基质。海沙用做培养土时，必须用淡水冲洗，否则含盐量过高，影响花卉生长。

（4）砻糠灰和草木灰

砻糠灰是稻壳烧成后的灰，草木灰是稻草或其他杂草烧成后的灰。二者都含丰富的钾肥。加入培养土中，使之排水良好，土壤疏松，并增加了钾肥含量，pH 偏碱性。

（5）骨粉

骨粉是把动物杂骨磨碎，发酵制成的肥粉，含有大量的磷肥。每次加入量不得超过总量的 1%。

（6）木屑

这是近年来新发展起来的一种培养材料，疏松而通气，保水、透水性能好，保温性强，重量轻又干净卫生。pH 呈中性和微酸性。可单独用作培养土，但木屑来源不广，单独使用时不能固定植株。因此，多和其他材料混合使用，增加培养土的排水透气性。

（7）松叶

在落叶松树下，每年秋冬都会积有一层落叶，落叶松的叶细小、质轻、柔软、易粉碎，这种落叶堆积一段时间后，可做配制培养土的材料，用其栽培杜鹃尤为理想。落叶松还可作为配制酸性、微酸性，及提高疏松、通透性的培养土材料。

第三章 肥料使用的基本原理及方法

肥料的使用经历了从自发、盲目到科学的发展过程，这一过程的发生与发展，是人类适应自然、战胜自然的过程。肥料理论的形成始于 1840 年，其后在肥料理论的指导下，人们不断创新施肥方法，测土配方施肥、水肥一体化施肥、精准施肥、信息化施肥以及机械化施肥等方法的出现，是人们科学使用肥料的结果，也是人们建设生态农业的必然发展。本章首先讨论了科学施肥理论的发展历程，然后介绍了科学施肥的基本理论，最后对新的施肥方法进行了总结。

第一节 科学施肥理论及其发展

一、科学施肥理论的形成与发展

1840 年，德国化学家李比希在英国有机化学杂志举办的科学年会上，发表了《化学在植物生理与农业》的论文，文中论述了植物生长发育与矿物质营养的关系，确立了"植物营养的矿物质营养"经典理论。结合他后来的研究成果，人们提出了"同等重要、不可替代和最小养分率"理论，建立了植物营养理论体系，被称为植物营养"三大定律"。上述观点不仅为化肥工业的发展奠定了理论基础，促进了化肥工业发展，而且为植物营养研究提供理论依据，植物营养研究和施肥技术的产生都是以"植物矿物质营养"理论和植物营养"三大定律"为依据。

二、我国科学施肥的发展

1. 我国古代科学施肥的基本理论

在对作物施肥方面，宋朝首倡对农田作物多次施追肥方法，并对不同的作物要用不同的肥料，即因物施肥。明清时期的施肥技术更加精细化。特别是在水稻生产上充分强调"垫底"的重要性，即要求施足基肥；同时也注意追肥。明末《沈氏农书》指出，单季晚稻的追肥时期要看苗色的青黄变化，必须在"苗做胎时，在苗色正黄之时"追肥，如果苗色不黄，断追肥。

宋元时期，十分重视积肥，据秦观《淮海集笺注》记载："今天下之田称沃衍者，莫如吴、越、闽、蜀，地狭人众。培粪灌溉之功至也。"可见，在人多地少的地方，土壤肥沃而产量高的原因就是靠积肥、施肥和灌溉。明清时期，对于肥料的作用有了更加深刻的认识，在肥料的加工方面，出现了料粪和粪丹，料粪是将粪在锅里煮熟，粪丹则是配制混合肥料。对于今天研制浓缩肥料具有一定的参考意义。清代还提出了"施肥三宜"，即根据时宜、土宜和物宜来施用不同的肥料的理论。施肥的"三宜"原则，对于今天现代农业生产仍具有借鉴作用。

2. 中华人民共和国成立后科学施肥的发展

中华人民共和国成立后，我国科学施肥的技术、方法不断完善与发展，对农业发展起到重要的推进作用。

20 世纪 50 年代，主要研究氮肥的施肥方法与技术。提出了不同氮肥品种的适宜土壤条件，主要作物的需氮规律、适宜的施肥时期和施肥量，此后又进一步提出尿素深施技术等提高肥效的措施，并在实践中迅速得到推广和应用。

20 世纪 60 年代，主要研究磷肥的有效施用方法和技术。明确了磷肥有效施用条件及土壤缺磷的诊断方法与指标。同时还针对各种磷肥的不同特点和土壤类型，提出了一套合理施用磷肥的技术措施。

20 世纪 70 年代，主要研究了钾肥的有效施肥方法与技术。开始了钾肥肥效试验，提出了钾肥有效的施用条件，此外，有关微量元素肥料的肥效与有效施用条件等方面的研究也都先后得到可靠的试验数据。

20 世纪 80 年代，主要研究与推广配方施肥。针对 20 世纪 70 年代末期施肥中出现的重化肥、轻有机肥，重氮肥，轻磷、钾、微肥，重追肥、轻基肥等现象，结合国内情况，提出了"测报施肥""诊断施肥""氮、磷、钾合理配比"等技术，为我国复混肥的生产与推广提供了科学依据。

21 世纪初，主要研究与推广测土配方施肥。农业部、财政部于 2005 年做出了在全国范围内开展测土配方施肥技术推广工作的重大决策，目前，项目县（场、单位）达到 2 498 个，基本覆盖所有农业县（场），实现了从无到有，由小到大、由试点到全覆盖，测土配方施肥技术推广面积达到了 12 亿亩以上，惠及了全国 2/3 的农户。多年的实践证明，测土配方施肥作为中央强农惠农政策的一个组成部分，作为农业部门近年来着力推进的一项重点工作，为促进粮食稳定增产，农业节本增效和农民持续增收做出了贡献。

农业部在试点示范的基础上，决定采取整建制推进的方式，深入开展测土配方施肥。通过强化行政推动，统筹各方力量，突出关键环节，因地制宜把成熟的技术服务模式、工作机制和组织方式，由点到面扩展，实现整村、整乡、整县等整建制推进，将测土配方施肥技术落实到作物、落实到地块、落实到乡村农户。

从 2010 年开始，农业部在全国组织开展测土配方施肥普及行动，并在

100 个示范县探索整建制推进的有效模式和工作机制。各地在整建制推进测土配方施肥试点中，吸引了一批大中型化肥企业生产供应配方肥，为技术熟化、物化提供了载体，逐步实现了企业和农民均受益的良性循环，测土配方施肥技术覆盖率、入户率和到位率明显提高，整建制推进的模式和机制初步确立。北京市也非常重视测土配方施肥工作，并深入田间指导农民科学施肥。

第二节　科学施肥基本理论

一、作物对养分的需求

1. 植物体内的元素

植物体的组成十分复杂。到目前为止，在不同植物体内发现的化学元素大约有 70 多种。植物体是由水分、有机物、无机盐三种状态的物质组成。要了解这些物质的含量，可把一定重量的新鲜的植物材料放在 105℃ 的烘箱内烘干至恒重，所减少的重量就是它的含水量，余下的物质叫干物质。干物质包括有机物和无机物。有机物占干物质重量（简称干重）的 90％～95％，它主要含有碳、氢、氧、氮 4 种元素，其中碳占 45％、氧占 42％、氢占 1.5％。将干物质燃烧，有机物便以二氧化碳、水蒸气、游离氮和氧化氮的形式逸散空气中。干物质经过充分燃烧后留下的残渣，便是灰分（无机物）。灰分占干重的 5％～10％，它所含元素称为灰分元素。由于这些元素是植物吸收土壤中的矿物盐（无机盐）得来的，所以也叫矿质元素。试验证明，植物所必需的矿质元素有氮、磷、钾、钙、镁、硫、铁、铜、硼、锌、锰、钼及氯等 13 种。其中铁、铜、硼、锌、氯等元素，植物所需的量极微，一般各占植物体干重的 0.000 01％～0.001％，所以叫微量元素；而氮、磷、钾、钙、镁、硫需要量较大，各占植物体干重的 0.01％～10％，因此叫常量元素。碳及氧主要是从空气中的二氧化碳取得，氢是从水中取得。此外，个别植物还需要其他一些元素，如水稻需要硅，当硅缺乏时，生长不正常，并出现一定的症状。

2. 主要营养元素的一般生理作用

（1）氮

氮在植物体内的含量虽然只占干重的 1.5％ 左右，但它对植物的生命活动却有重大作用。首先，氮是蛋白质和核酸的主要成分，蛋白质含氮量可达 16％～18％，而蛋白质和核酸又是原生质的重要成分。酶本身就是蛋白质，也含有氮。由此可见，没有氮不能形成蛋白质，也就没有生命，因此氮被称为生命元素。其次，氮也是叶绿素的组成成分，对光合作用的进行有着重要意义。叶片中含氮量的高低与光合强度密切相关。试验证明：水稻叶片中氮含量（占干重％）在 2％～4％ 时，光合强度随着氮量减少而降低，若含氮量降至 2％ 以下，则光合强度变得极低。此外，植物体内一些微量生理活性物质如维生素 B_1（硫胺素）、维生素 B_2（核黄素）、泛酸、生长素等，都是含氮的化合物，这些物质对生命活动有调节作用。

氮肥供应充足时，枝叶茂盛，躯体高大，叶片大而深绿，分枝（分叶）能力强，子实中蛋白质含量高。

当缺氮时，由于蛋白质合成受阻，植物生长矮小，分枝（分叶）很少，叶片小而薄，花果少而易脱落，枝叶变黄，甚至干枯，导致产量降低。由于氮素在植物体内可以重复利用，在缺氮时，老叶中的氮化物分解转运到幼嫩组织，所以缺氮时叶片发黄是由下部叶片开始逐渐向上，老叶很易变黄枯死。

（2）磷

磷以多种方式参与植物的生命活动。植物体内许多重要有机化合物中都含有磷，即使有些化合物不含磷，但在其形成和转化过程中也需要有磷参加。磷在植物体内的幼嫩组织和种子里含量较多，它是磷脂、核酸的成分，所以磷也是组成细胞质、细胞核和生物膜的主要成分。

磷也是许多酶的成分，如辅酶Ⅰ、辅酶Ⅱ等都含有磷，这些化合物是参与光合、呼吸过程的重要辅酶，磷与细胞内能量代谢密切相关，因植物体能量的传递与贮备，主要是通过高能磷酸化合物（如 ATP）实现的。

此外，植物体内碳水化合物、蛋白质及脂肪的合成与相互转化，也都需要含磷的化合物参与。没有磷，这些化合物的合成和相互转化的过程就不能进行，有机物的运输也受到影响。

总之，磷对于细胞分裂，有机物的合成、转化和运输都有密切关系。磷可以促进根系及幼芽的生长，促进开花结果，提早成熟和增进果实的品质。磷对于块根、块茎等的生长也有利，磷还能提高植物的抗寒性与抗旱性。

磷缺乏时，细胞分裂受阻，幼芽和根系生长缓慢，植株矮小，且延迟开花和成熟，种子不充实，产量低，抗性减弱。另外，磷不足会使蛋白质合成量减少，营养器官中糖含量相对提高，有利于花青素的形成，故缺磷时叶子呈现不正常的暗绿色至紫红色。

磷在植物体内也能重复利用，并极易移动。当缺磷时，老叶中的磷，大部分转移到幼叶，所以缺磷的症状也先在老叶上出现。

（3）钾

钾不是植物体内任何有机化合物的组成成分，但它几乎直接或间接参与植物生命的每一过程。钾在植物体内以离子状态存在，移动性强，常常随着植物的生长转移到生命活动最旺盛的部位，它是可以再利用的元素。钾的主要生理功能如下：

①促进植物体内酶系统的活化，这是钾在植物体内最重要的功能。据研

究，有 60 种以上的酶需要有钾的参与才能充分活化，其中很多酶参与了能量变化过程（ATP 的形成）、蛋白质合成、淀粉形成和呼吸作用。

②影响光合作用和光合作用产物的运转。植物体的含钾水平可以同时影响其光合速率和光合产物的运转速率。另外，叶绿体中叶绿素含量、叶面积、光能利用率等均与钾的水平呈正相关。

③有利于蛋白质的合成与运转。试验证明，钾能明显地提高植物对氮的吸收和利用，并使之很快地转化为蛋白质。

④促进植物经济用水。供钾正常时，细胞渗透压增加，促进了根系对水分的吸收，并有较大的能力将水分保持在植物体内，减少水分的蒸腾，因而，使作物获得单位产量消耗水分的数量少。

⑤提高植物对干旱、低温、盐害等不良环境的忍受能力和对病虫、倒伏的抵抗能力。据研究结果表明，钾能提高原生质的水化度，减少水分蒸发，使作物不易受旱、受冻，可增强作物的耐盐性，提高禾谷类作物体内纤维素的含量，促进茎秆维管束的发育，并且使细胞壁增厚，增强植物抗倒伏的能力。钾在植物体内可重复利用。

缺钾时，植物的机械组织不发达，细胞壁薄，茎秆不坚韧，易倒伏。作物叶片边缘黄化、焦枯、碎裂，叶脉间也出现坏死斑点，这是缺钾的典型症状。缺钾的症状也是从下部老叶开始。

（4）硫

硫是含硫氨基酸如半胱氨酸、胱氨酸、蛋氨酸的成分，因此参与蛋白质的合成，分布于植物体所有组织和器官中。硫也是某些酶的成分，许多酶都是含有硫基（-SH），如辅酶 A 含有硫基，它对碳水化合物、脂肪、蛋白质的转化都有重要作用。硫还是某些植物油（如芥子油、蒜油）的成分。

缺硫时，由于硫在植物体内不易移动，植物一旦缺硫时，叶片失绿，症状首先出现在新叶上，然后逐渐往下发展。

（5）镁

镁是叶绿素的组成成分，叶绿素 a 和叶绿素 b 中均含有镁。镁是许多酶的活化剂，与碳水化合物的代谢、磷酸化作用、脱羧作用关系密切。例如镁能活化磷酸果糖激酶、磷酸甘油激酶等，促进碳水化合物的代谢和植物的呼吸作用，镁能促进 ADP 合成 ATP。镁也参与脂肪、氮的代谢作用。镁在植物体内的移动性也较强，可以向新生组织转移，属于可以再利用的营养元素。镁还能促进植物体内维生素 A 和 C 的合成，从而有利于提高蔬菜、果品的品质。

缺镁时，植物不会合成叶绿素，叶片变黄，但它与缺氮的情况不同，其叶肉变黄而叶脉仍为绿色；若缺镁的时间延长，则叶肉组织开始变褐死亡。由于镁在植物体内能够移动和再利用，因而缺乏症状也从老叶开始。

（6）钙

钙是构成细胞壁的重要元素，钙与蛋白质结合，是质膜的重要组成部分。它具有维持膜的结构，降低渗透性，限制细胞液外渗等作用。钙是某些酶（如淀粉酶、磷脂酶等）的活化剂，因而影响植物体内的代谢过程。钙对调节介质的生理平衡具有特殊的功能。钙离子与钾离子的同时存在能使原生质胶体保持生理平衡，有利于细胞正常生命活动的进行。钙离子能中和代谢过程产生的有机酸，起到调节体内 pH 的作用。钙还能消降土壤溶液中某些离子（如铵、氢、铝、钠等）过多产生的毒害。

钙在植物体内可以形成不溶性的钙盐而沉淀下来，是不能被再利用的元素。

缺钙时，植物矮小、根系发育不良、茎和叶及根系的新生组织受损。严重缺钙时，植物幼叶卷曲，新叶抽出困难，叶尖之间发生粘连现象，叶尖和叶缘发黄或焦枯坏死。

3. 微量元素的生理作用及缺乏时的症状

（1）铁

铁在植物体含量较少，但它是形成叶绿素所必需的元素；铁是呼吸作用中许多酶和载体的成分，如过氧化物酶、过氧化氢酶、铁氧还蛋白、细胞色素等都含有铁，它们在细胞呼吸和代谢中起着电子传递的作用。

铁在植物体内不易转移，故缺铁时的症状出现在幼叶，起初发黄，逐渐变成黄色或白色；但叶脉是绿色。

（2）锰

植物对锰的需要量很少，锰多分布在叶内。锰是许多酶的活化剂，如磷酸己糖激酶、羧化酶等，都需要锰的活化，所以锰能提高呼吸的强度。锰有利于淀粉酶的活动，促进淀粉水解和糖类的转移。因此锰能促进种子发芽和植物初期生长。

缺锰时叶绿体中的类囊体不能形成正常的片层结构，甚至引起叶绿体结构的破坏。解体锰对叶绿素合成也有影响，故而缺锰时产生缺绿症状，还抑制生长。

（3）铜

铜是某些氧化酶的成分，抗坏血酸氧化酶等都含有铜，在呼吸过程的氧化还原上起着重要作用。还可起着一些基本代谢作用。

缺铜时幼叶尖端缺绿，随后发生枯斑，最后叶片脱落，幼叶黄化。

（4）硼

硼是以离子状态存在，一般在植物的花柱和柱头中含量较多，能促进内花粉粒的萌发和花粉管的伸长，故硼对植物的生殖过程有密切关系。另外有利于碳水化合物运输和代谢，活化生长调节剂。

缺硼时根尖或茎端分生组织受害或死亡，生长紊乱，根分枝减少。

（5）锌

锌是碳酸酐酶的成分。碳酸酐酶存在于原生质和叶绿体中，因此锌与光合、呼吸作用有关。锌又是谷氨酸脱氢酶、乙醇酶、脱氢酶的活化剂，锌也是生长素生物合成必需的元素。

缺锌时植物体内生长素含量低，生长停滞，发生小叶病或簇叶病，叶色改变。

（6）钼

钼是硝酸还原酶的成分，又是固氮酶的成分，所以钼与固氮过程有关，施用钼肥（如钼酸铵）对花生、大豆等豆科植物有显著增产作用。

缺钼时，叶子萎蔫，缺绿坏死，最后变为褐色，根变成短粗而肥厚，顶端成棒槌状。

上述所有必需元素，植物对它们的需要量虽然有多有少，但都是植物正常生活不可缺少的，都有它自己的独特作用，不可替代，同等重要。如果缺少任何一种元素，植物的生长就不正常，就会出现相应的病症，严重时还可使植物死亡。

必须指出，除以上元素外，有些植物还有其特殊的必需元素；如硅是水稻必需的元素。从实践上来看，硅能使禾谷类作物茎秆粗壮，防止倒伏。

4. 营养元素的相互作用与养分吸收

植物吸收养分与外界环境条件有密切关系。由于植物吸收养分是一个主动的、有选择的过程，主动吸收所需的能量和养分进入植物体后进一步合成需要的原料等，和光合作用、呼吸作用有联系；因此，凡是影响代谢作用的各个因素，都会影响养分的吸收。其中主要有土壤温度、水分、通气状况和酸碱度等。一般来说，接近中性，有比较好的结构性和空隙性，且水、气热状况比较协调的土壤，均有利于根系对养分的吸收。

各种营养元素之间的相互作用也能影响植物根对养分的吸收，其关系十分复杂，一般可能出现下列情况：

（1）促进作用

一种元素的存在可以促进作物对另一种元素的吸收利用，或者相互促进，叫做营养元素之间的促进作用。营养元素之间的促进作用原因十分复杂。有的是一种元素促进了作物的生长，从而促进了作物对另一种元素的吸收，有的是由于它们在生理上有相互促进的功能，有的由于一种元素增加了另一种元素的有效性。例如：施用氮肥可以增加作物对磷酸盐的吸收，从而提高了磷肥的利用率，能更好地发挥磷肥的作用。反过来，施用磷肥有利于氮的吸收、转化和利用。试验证明，氮磷配合施用的效果大于氮、磷单独施用效果的总和。我们把氮、磷肥配合施用的效果大于氮、磷单独施用效果总和的现象称为正连应效应。因此生产上应大力提倡氮、磷肥料的配合施用。

氮、钾之间也有相互促进作用。目前在我国一些高产地区，对缺钾土壤和需钾的植物，应重视钾肥的合理施用，强调氮钾配合施用。此外磷与钼、钾与硼、磷与镁之间都表现出相互促进的关系。

（2）拮抗作用

一种元素的存在可减低作物对另一种元素的吸收利用，或者相互抑制，叫做营养元素间的拮抗作用或对抗作用。磷锌之间具有拮抗作用。一般施用磷肥过量会影响植物对锌的吸收利用，导致植物产生缺锌现象。镁对钾、钙的吸收也起抑制作用。另外，氮锌之间、钾铁之间以及铁与氮、磷之间也有拮抗的关系。一般说，活动性较大的离子较易抑制其他离子的吸收，而活动性较小的离子的情况则相反。任何植物长期培养在单一的盐类溶液中，会渐渐死亡，即使是植物所需的大量元素，也是如此，这种现象叫单盐毒害。

5. 影响根外营养效果的条件

根外施肥的效果与叶内外因素有关。首先是叶龄越小，角质层越薄，肥料的透过性越大；一定范围内的温度和湿度越高，肥料的吸收越快；叶的呼吸作用受阻，肥料吸收就减慢，肥液在叶面上停留时间长，吸收就多。所以，凡是影响液体蒸发的外界因素，如风、气温、大气湿度等都会影响叶片对肥料的吸收。

（1）叶片与养分吸收

一般双子叶植物（如棉花、油菜、豆类等）叶面积大，角质层薄，溶液中的养分吸收比较困难，在这类作物上进行根外追肥时，要加大浓度，从叶片结构看，在叶子背面喷肥，养分吸收速度快些。

（2）溶液湿润叶片的时间

溶液湿润叶片的时间与喷肥效果有密切关系。湿润叶片的时间越长，一般效果越好。许多试验证明，在傍晚无风的天气进行根外追肥效果最为理想；同时，使用"湿润剂"等降低溶液的表面张力增强溶液与叶片的接触面积，对提高喷施效果也有良好作用。

（3）溶液浓度与 pH

在一定浓度范围内，养分进入叶片的速度和数量随着浓度的增加而增强。在不产生盐害的情况下，适当提高喷洒溶液的 pH，可以有目的地促进某些离子进入植物体内。

（4）喷施部位与次数

各种养分在植物体内移动的速度不同。据研究，氮、钾的移动性强，其次是磷，铜、锰、铁的移动性差，而硼、钙则是不移动的元素。在喷施移动性小的元素时，应注意喷施的部位，并适当增加喷施次数。例如，由于铁在植物体内移动性小，喷施铁肥时，只有喷在新叶上才有良好效果。

（5）溶液的组成

在选用具体肥料时，需要考虑肥料的各种成分和吸收速率，就钾肥来讲，叶片吸收的速率为：氯化钾＞硝酸钾＞磷酸二氢钾；而氮肥，叶面吸收的速率为：尿素＞硝酸盐＞铵盐。一般无机盐比有机盐的吸收速率快。在喷施生理活性的物质（如生长素、刺激素等）和微量元素肥料（如锌、硼、铁等）时，加入尿素可提高吸收速率和防止出现暂时的黄化。

6. 如何判断土壤缺乏肥料

①在土壤耕作时土层黏犁、耕作费力，说明土壤瘦；反之，土层疏松、易于耕作，说明土壤肥。

②看土壤颜色，土色浅是瘦土；土色深是肥土。

③看土壤保水能力。灌一次水不下渗或沿裂纹很快下渗的为瘦土；下渗慢的可以保持6～7d的为肥土。

④土壤易板结的为瘦土。这是因为忽视了农家肥的施用，影响了土壤通气和透水性能，又影响到土壤中有益微生物的活动，作物的根系生长在这种板结闭气的土壤里，影响到作物营养的吸收，而且为生长不良，出现多种生理性症状，所以施肥不能单一。

⑤土壤中有小蚂蚁、大蚂蚁等为瘦土；有蚯蚓、大蚂蟥、田螺等为肥土。土壤虽是巨大的养分库，但并不是取之不尽的，必须通过施肥的方式，把某些作物带走的养分"归还"给土壤，才能保持土壤有足够的养分供应、容量和强度。

二、土壤养分综合管理

1. 养分资源综合管理的基本原理

养分资源综合管理的基础是实现每个田块水平下的合理施肥。在田块水平上，以协调作物高产与环境保护为核心目标，以高产优质作物的生长发育规律、养分需求规律和品质形成规律为依据，以养分平衡为主要原理，在充分考虑土壤和环境养分供应的同时，针对不同养分资源的特征实施不同的管理策略，实现作物养分需求与养分资源供应的同步。即对根层土壤养分进行有效调控，保证根层土壤养分的有效供应以满足作物高产对养分的需求，避免根层土壤养分的过量累积，以减少养分向环境的迁移。

采用平衡供应方法，将根层土壤养分浓度控制在"既能满足作物的养分需求，又不至于造成养分大量损失"的合理范围内。对于一个区域，如乡镇、区、市，种植的每种作物均可根据土壤类型、土壤测试数据、作物需肥规律等因素划分为几个养分管理类型区。同一类型区，可以采取相对一致的养分资源管理技术及指标体系。

2. 氮素养分资源的综合管理

为了便于技术推广，田块水平的氮素养分资源管理策略主要是根据农业部测土配方施肥技术而实现的，即针对土壤氮素和氮肥效应"易变"的特点和农业生产中作物氮素吸收和氮素供应难以同步的现状，从根层养分调控原理出发，根据高产作物氮素吸收特征，提出了氮素实时监控技术。氮素实时监控技术的要点是：

①根据高产作物不同生育阶段的氮素需求量确定作物根层氮素供应强度。

②作物根层深度随根系有效吸收层次的变化而变化，并受到施肥调控措施的影响。

③通过土壤和植株速测技术对根层土壤氮素供应强度进行实时动态监控。

④通过外部肥料氮肥投入将作物根层的氮素供应强度始终调控在合理的范围内。

通过"线性＋平台"模型的应用可以将一定区域内某一作物的施肥总量控制在一定范围内，并提出施肥指标体系。但是，由于土壤氮素强烈的时空变异，以及像蔬菜等作物经常性的灌溉施肥，必须对作物不同生育阶段的氮素供应进行精细调控，实现少量多次的原则。从蔬菜氮素养分吸收特点看，一般作物前期养分吸收慢，吸收量少，养分的大量吸收主要在开花结果后，施肥策略制定必须考虑蔬菜的生长特点和养分吸收规律，在充分利用土壤和环境氮素的基础上，以施肥为控制手段，使氮素养分的供应与作物需求同步，达到协调作物高产与环境保护的目的。

对于果树等具有典型贮藏营养特点的氮素推荐，由于对果树贮藏营养特点了解得不多，因此应用实时监控技术存在一定的困难，必须根据目标产量和通过试验条件下的合理施肥数量以及土壤临界指标等原理实行长期的氮素营养衡量监控技术。据此实现作物根系氮素吸收与土壤、环境氮素供应和外部肥料氮肥投入在时间上的同步和空间上的耦合，最大限度地协调作物高产与环境保护的关系。

3. 磷钾素养分资源的综合管理

与氮肥不同，磷、钾肥施入土壤后相对稳定，因此可以基于养分丰缺指标采用恒量监控技术，主要包括：

以保障作物持续稳定高产又不造成环境风险或资源浪费为目标，确定根层土壤有效磷和有效钾的合理范围。保障持续、稳定的作物高产需要的土壤肥力，这是根层土壤有效磷和有效钾应达到的下限；土壤有效磷和有效钾不应高到对环境造成风险（水体富营养化）或养分资源利用效率太低，这是根层土壤有效磷和有效钾应控制的上限。

通过长期定位试验和养分平衡来调控磷和钾肥料用量。通过长期定位试验发现，磷、钾肥具有长期的后效，且土壤有效磷和有效钾的变化主要是由土壤——作物系统磷、钾收支平衡决定的，因此必须利用长期定位试验来进行根层土壤有效磷、有效钾的定量化调控研究。

对照土壤有效磷、有效钾的标准确定作物是否施磷钾以及施肥数量，土壤磷钾水平较低时，施磷钾目标为获得期望产量与增加土壤磷钾库；土壤磷钾水平较高时，施磷钾仅仅是为了达到更好的产量水平，磷钾施用数量也较少。土壤磷钾达到极高水平时，可以不用施用磷钾肥。果树、蔬菜和粮食作物在磷钾养分供应策略上基本一致，只是指标上和施用时期等方面存在一定的区别。

4. 微量元素养分资源的综合管理

微量元素也是作物生长必需的营养元素，但作物微量元素需求量不大，土壤一般能满足作物生长需要。但当土壤中微量元素低于作物生长临界值时，施用微肥也会有不同程度的增产作用。微肥的施用条件比较严格，供应不足会抑制作物生长，施用过量会污染土壤，且造成营养元素间的比例失调，补施微肥要有针对性。微量元素养分综合管理的原则是"缺什么补什么"。即当土壤中微量元素含量低于临界时，可每隔两年底施一次微肥。微肥用量少，可先将微肥掺到有机肥中混合均匀后，随着有机肥施用一同施入。对于粮食作物，如果不使用有机肥时，可采取微肥拌种使用，或选择含有微量元素的复合肥。

三、合理施用肥料的理论依据

施肥是一项技术性很强的农业技术措施。人们总是希望以有限的肥料投资，获得尽可能大的增产效益，合理施肥是指在一定气候、土壤条件下，人们在栽培某种作物或一系列作物时所采取的正确的施肥措施。它包括有机肥料和无机肥料的配合，各种养分的配合，肥料品种的选择，适宜的施肥时期和施肥方法的选择和经济的施肥量的确定等内容。为简便起见，常把上述合理施肥的内容简称为施肥制度，它可以是对某一季作物而言，也可以是对一定的轮作体系而言，有时也针对多年生林木或天然草场而言。

因此，合理施肥应该考虑两个标准：一是产量标准，即通过改进肥料技术减少损失，提高肥料利用率，使单位重量的肥料能够换回更多的农产品；二是经济标准，即在用较少肥料投资获得较高产量的同时，努力降低施肥成本，以期获得最大的经济效益。为了达到这两个标准，必须首先掌握合理施肥的基本原理。另外，对有些作物还要考虑改善品质的要求。

合理施肥是保证农业持续、稳定增产的重要措施之一。劳动人民在长期的农业生产实践中，积累了丰富的施肥经验。许多科学家通过科学实验和实践经验总结，揭示出一些有关施肥方面的规律性认识，如养分归还学说、最小养分律、限制因子律、报酬递减律等。这些学说、定律和规律对指导合理施肥都有重要帮助。

1. 植物必需营养元素的同等重要、不可代替律

植物必需的各种营养元素，尽管植物对它们的需要量有所不同，但就它们对植物的重要性来讲，都是同等重要的，因为它们各自具有特殊的生理功能，不能相互代替。这就是必需营养元素的同等重要和不可代替律。各种大量营养元素固然对植物十分重要，不可缺少，而缺少微量元素同样也会影响植物的生长发育，并在产量上反映出来。

在农业生产中，氮、磷、钾三种营养元素植物需要量大，而土壤可供给的有效含量又少；收获时作物带走的较多，而它们以残茬的形式归还给土壤的数量也不多（一般均低于10％），供需之间的差距较大，往往需要通过施肥来满足植物要求，以进一步提高作物产量，因此人们称它们为"肥料三要素"。在生产中，人们强调施用氮、磷、钾三要素，这仅仅是因为作物与土壤间在供求数量上不协调，需要通过施肥来调节，而未被强调施用的那些营养元素并非不重要，只是在作物与土壤的供求关系上没有达到通过施肥来调节的程度而已。

作物通过它的选择吸收性能从土壤中吸收的各种养分虽然不能互相代替，但在数量上却有多有少，差别很大，也就是说，植物对各种养分的需要量还有一定的比例关系，为此需要通过施肥加以调节，使之大体上符合作物的要求，以维持养分的平衡。土壤养分平衡是作物正常生长发育的重要条件之一。因为当土壤在任何一种必需养分供给不足时，作物的生长都会受到明显的抑制，产量不可能提高。但是如果施肥过多，尤其是偏施某种养分，破坏了养分平衡，对作物的不利影响也很大。

人为施肥造成的养分比例不平衡称为养分比例失调。养分比例失调往往造成作物对某种养分的过量吸收，造成肥料的浪费，或者影响作物对其他养分的吸收，或者影响作物体内的代谢过程，降低产量和品质，严重时还会造成肥害，甚至污染环境，危害人类。理论和实践证明，在土壤严重缺磷（或钾）的情况下，由于限制因子是磷，以致单纯施用氮肥并无任何增产效果。近年来随着化学氮肥用量的迅速、大量增加，土壤中磷、钾的消耗又得不到补充，从而氮磷或氮钾失调的现象有所发展，影响了氮肥的肥效。在这种情况下，重视养分的平衡供应，氮磷或氮钾配合施用，不仅可以充分发挥各种养分的增产作用，而且能够在不增加施肥量的条件下发挥各种养分间的相互促进作用，提高施肥的经济效益。

2. 养分归还学说

19 世纪中叶，德国化学家李比希根据索秀尔、施普林盖尔等人的研究和他本人的大量化学分析材料，提出了养分归还学说。其中心内容是：植物仅从土壤中摄取为其生活所必需的矿物质养分，由于不断地栽培作物，这种摄取势必引起土壤中矿物质养料的消耗，长期不归还这部分养分，会使土壤变得十分贫瘠，甚至寸草不生。轮作倒茬只能减缓土壤中养分的贫竭和协调地利用土壤中现存的养分，但不能彻底解决问题。为了保持土壤肥力，就必须把植物从土壤中所摄走的物质，以施肥的方式归还给土壤，否则就是掠夺式的农业生产。

养分归还学说框定了土壤养分移出需要归还的大原则，但并不需要同时归还全部移出养分。原因是各种营养元素在土壤中的含量不同，植物对各种营养元素的需求量亦差别很大。因此，在生产实践中采取的养分归还策略不是全部归还，而是有重点地部分归还。

养分归还学说总的来说是正确的。马克思和恩格斯对李比希的这个学说给予了很高的评价。应该指出的是：养分虽然应当归还，但并不是作物取走的所有养分都必须全部以施肥的方式归还给土壤，应该归还哪些元素，要根据实际情况加以判断。

3. 最小养分律

早在 150 多年前李比希就提出"农作物产量受土壤中最小养分制约"。植物生长发育要吸收各种养分，但是决定作物产量的却是土壤中那个含量最小的养分，产量也在一定限度内随这个因素的增减而相对地变化。因而忽视这个限制因素的存在，即使较多的增加其他养分也难以再提高作物产量。

这也是李比希在试验的基础上最早提出的。他认为"某种元素的完全缺少或含量不足可能阻碍其他养分的功效，甚至减少其他养分的作用"。最小养分律是指作物产量的高低受作物最敏感缺乏养分制约，在一定程度上产量随这种养分的增减而变化。它的中心意思是：植物生长发育吸收的各种养分，但是决定植物产量的却是土壤中那个相对含量最小的养分。为了更好地理解最小养分律的涵义，人们常以木制水桶加以图解，贮水桶是由多个木板组成，每一个木板代表着作物生长发育所需一种养分，当由一个木板（养分）比较低时，那么其贮水量（产量）也只有贮到与最低木板的刻度。

根据最小养分律指导，施肥时要注意以下几点：

①最小养分不是指土壤中绝对含量最少的养分，而是指按照作物对养分的需要来讲，土壤中相对含量最少（即土壤供给能力最小）的那种养分。

②最小养分是限制作物生长和提高产量的关键，为此在施肥时必须首先补充这种养分。

③最小养分因作物产量水平和肥料供应数量不同而变化。当某种最小养分

增加到能够满足作物需要时，这种养分就不再是最小养分了，另一种元素又会成为新的最小养分。

④最小养分一般是指常量元素，对于某些土壤和某些作物，也可能是指某种微量元素。

⑤如果不是最小养分，即使它的用量增加很多，也不能够提高产量，只能造成肥料的浪费。例如在极端缺磷的土壤上，单纯增施氮肥并不增产。

4. 生产因子的综合作用

作物的生长发育是受到各因子（水、肥、气、热、光及其他农业技术措施）影响的，只有在外界条件保证作物正常生长发育的前提下，才能充分发挥施肥的效果。因子综合作用律的中心意思就是：作物产量是影响作物生长发育的诸因子综合作用的结果，但其中必然有一个起主导作用的限制因子，作物产量在一定程度上受该限制因子的制约。所以施肥就与其他农业技术措施配合，各种肥分之间也要配合施用。施肥不是一个孤立的行为，而是农业生产中的一个环节，可用函数式来表达作物产量与环境因子的关系：

$$Y = f（N、W、T、G、L）\tag{3-1}$$

式中：Y 代表农作物产量；f 为函数的符号；N 代表养分；W 代表水分；T 代表温度；G 代表 CO_2 浓度；L 代表光照。

式（3-1）表示农作物产量是养分、水分、温度、CO_2 浓度和光照的函数，要使肥料发挥其增产潜力，必须考虑到其他四个主要因子。如肥料与水分的关系，在无灌溉条件的旱作农业区，肥效往往取决于土壤水分，在一定的范围内，肥料利用率随着水分的增加而提高。五大因子应保持一定的均衡性，方能使肥料发挥应有的增产效果。

5. 报酬递减律

18 世纪后期，著名的德国化学家米采利希深入地研究了施肥量与产量的关系，提出了报酬递减法则（或定律）。它的主要内容是：在一定的土地或土壤上投入劳力和资金后，单位投资与劳力所得的报酬随着投入劳力和投资数量的增加而递减。也就是说，最初投入的单位劳动和资金所得的报酬最高，随着投入劳力和资金的增加，每单位投资和劳力所得到的报酬依次递减。在前人工作的基础上，米采利希于 1909 年用砂培所做的燕麦磷肥试验的结果表明，在其他技术条件（如：品种、灌溉、密度等）相对稳定的前提下，随着施肥量的增加，作物产量也随着增加，但是施肥量越多，每一单位数量肥料所增加的产量越少，即作物的增产量随着施肥量的增加而逐渐减少。报酬递减率是客观的经济规律，报酬递减现象已为国内外无数肥料试验的结果所证实。在施肥实践中，一方面我们要承认，特别是在化肥用量不断增加的情况下，不可避免地会出现报酬递减现象。另一方面，利用报酬递减律，经常注意研究投入（施肥）

和产出（报酬）的关系，并据以适当确定既高产又经济的最适施肥量，对获得最好的或较好的经济效益有很大作用。

报酬递减律是有前提的，即假定其他生产条件保持相对稳定、固定不变，此时，递加某一个或一些生产条件（如：施肥），会出现报酬递减现象。但是，从长远看，人类社会是发展的，各项技术条件也会不断得到革新和改进。因此产量也就能够逐步提高，永远不会到顶。不过在生产条件相对稳定的情况下，产量的增长也有一定的限度，不可能凭主观想象无限地提高。

施肥对产量的影响可以从两个方面来解释，一方面从施肥的年度分析，即开始施肥时产量递增，当增产到一定限度后，便开始递减，施用相同数量的肥料，所得报酬逐年减少，形成一个抛物线。另一方面是从单位肥料能形成的产量分析，每一单位肥料所得报酬，随着施肥量的递增报酬递减，也称肥料报酬递减律。

四、肥料施用量的确定方法

《测土配方施肥技术规范（2011年修订版）》规定：基于田块的肥料配方设计首先确定氮、磷、钾养分的用量，然后确定相应的肥料组合，通过提供配方肥料或发放配肥通知单，指导农民使用。肥料用量的确定方法主要包括土壤与植物测试推荐施肥方法、肥料效应函数法、土壤养分丰缺指标法、养分平衡法和养分平衡法等。

1. 土壤与植物测试推荐施肥方法

对于大田作物，在综合考虑有机肥、作物秸秆应用和管理措施的基础上，根据氮、磷、钾和中、微量元素养分的不同特征，采取不同的养分优化调控与管理策略。其中，氮肥推荐根据土壤供氮状况和作物需氮量，进行实时动态监测和精确调控，包括基肥和追肥的调控；磷、钾肥通过土壤测试和养分平衡进行监控；中、微量元素采用因缺补缺的矫正施肥策略。该技术包括氮素实时监控、磷钾养分恒量监控和中、微量元素养分矫正施肥技术。

2. 肥料效应函数法

根据"3414"方案田间试验结果建立当地主要作物的肥料效应函数，直接获得某一区域、某种作物的氮、磷、钾肥料的最佳施用量，为肥料配方和施肥推荐提供依据。

（1）基本原理

肥料效应函数法是以田间生物试验为基础，采用先进的回归设计，将不同处理得到的产量进行数理统计，求得在供试条件下产量与施肥量之间的数量关系，即肥料效应函数，或称肥料效应方程式。据此肥料效应方程式，不仅可以直观地看出不同肥料的增产效应趋势和两种肥料配合施用的交互效应，而且还可以计算最高产量施肥量（即最大施肥量）和经济施肥量（即最佳施肥量），作为科学施肥决策的重要依据。

（2）肥料效应函数

作物产量对肥料的反应叫做肥料效应。反映肥料效应的数学式称为肥料效应函数。肥料效应函数一般多用二次多项式表示。例如：

一元肥料效应函数的数学表达式为：

$$y = a + bx + cx^2 \text{ 或 } y = b_0 + b_1 x + b_2 x^2 \qquad (3\text{-}2)$$

式中：y 为施用某一肥料后所获得的产量；x 为施肥量；a、b、c（或 b_0、b_1、b_2）为回归系数（可用统计方法求得）。其中 a 为不施肥时的地力产量，b 为斜率，表示施肥的增产趋势，c 为曲率，表示施肥过量后产量曲线下降的趋势。

二元肥料效应函数的数学表达式为：

$$y = a + bx + cx^2 + dz + ez^2 + fxz \qquad (3\text{-}3)$$
$$\text{或 } y = b_0 + b_1 x + b_2 x^2 + b_3 z + b_4 z^2 + b_5 xz$$

式中：y 为施用两种肥料后所获得的产量。x、z 分别表示氮（N）、磷（P）两种肥料。a、b、c、d、e、f（或 b_0、b_1、b_2、b_3、b_4、b_5）为回归系数（可用统计方法求得）。其中 a 为地力产量（即不施肥时产量），b、d 分别表示施用氮、磷肥料的增产效应趋势，c、e 分别表示两种肥料施用过量时的曲率，f 为施用两种肥料时的交互作用效应。

（3）施肥量的计算

根据肥料效应函数（通过田间试验数据求得）计算施肥量是科学施肥决策的重要内容。现就最大施肥量和最佳施肥量的计算举例如下：

①最大施肥量的确定。计算原则：一般把每增投一单位肥料时所增加的产量称为边际产量，用 dy/dx 表示。在肥料效应变化中，当边际产量等于零时，作物产量即达最高点，此时的施肥量为最大施肥量，或称最高产量施肥量。

因此，根据肥料效应函数计算最大施肥量的原则可用 $dy/dx = 0$ 表示。

②最佳施肥量的确定。计算原则：在肥料效应研究中，当边际收益（$dy.Py$）与边际成本（$dx.Px$）相等时，此时边际利润为零，而单位面积的经济效益最大。

如上所述，最佳施肥量可以定义为单位面积获得大经济效益的施肥量，其计算原则见式（3-4）：

$$dy.Py = dx.Px \qquad (3\text{-}4)$$

式中：Px 表示肥料价格；Py 表示产品价格。

如果将同一试验结果求得的最大施肥量及其产量、施肥效益与最佳施肥量及其产量、施肥效益作一比较，可以得出如下结论：尽管最大施肥量获得的产量最高，但它是以增加肥料投入和减少施肥效益为代价的，因而是不经济的，而最佳施肥量虽然其产量略低，但其投肥较少，每亩施肥效益却最高，实现增加产量，节约化肥和增加收益的综合效果，因而是经济和合理的。在农业生产中，单纯追求最高产量而忽视经济效益的做法是不可取的。所以，最佳施肥量的确定在科学施肥决策中具有重要的意义。

（4）施肥配比

①营养元素配比。当前，生产中普遍存在着以施用氮、磷、钾这些常量营养元素为基本养分构成的化肥为主，其他肥料品种较少。但作物不仅需要充足的氮、磷、钾，而且还喜欢钙、镁、硼、锰、铁、锌、钼等肥料，如果缺乏某种肥料元素就会出现一些生理性病害。因此，施肥不仅要保证充足的氮素和磷素养分供应，还应有针对性地增施某种或几种微量元素肥料。但微量元素肥料不能盲目施用，应首先进行田间对比试验，并由土肥专家诊断确定后方可进行施用，以免造成新的微量元素污染和危害。

②施肥时期配比。按施肥时期有施基肥和施追肥两种：

A．基肥。有机肥料肥分低、肥效迟，尤其未腐熟和半腐熟的有机肥料，施到土壤后需经过腐熟，才能释放出速效养分。有机质约有 80％ 被腐化而成为腐殖质，腐殖质对改进土壤理化性质起重要作用，因此必须做基肥施入。化肥中的磷酸、钙、镁以及微量元素等肥料，以全部作基肥施入为宜。而氮、钾化学肥料，在土壤中流动性大，大部分蔬菜中后期需钾量提高。氮素是蔬菜经常需要的元素，在土壤中随水流失，尤其硝态氮流失更为严重。露地栽培基肥中氮素占全施用量的 30％～50％，如果施用肥效较慢的有机肥和迟效性肥料时，氮素施用量可再增加 20％。为了防止徒长，可适当控制氮素施用量。钾肥一次施用量过多，影响其他元素（如镁）的吸收，钾易随降雨而流失，做基肥用只占全量的 50％～60％。

大棚等保护地栽培，因无降雨流失，盐类多集积于土壤中，栽种次数愈多，含盐量愈高。因此，在施基肥前必须测定土壤溶液浓度，如土壤溶液浓度偏高，就少施基肥甚至不施基肥。一般栽种土壤的含盐量不得超过 0.2％～0.3％（即 2 000～3 000mg/kg）。为了防止一次施肥过量，造成浓度障碍，必须选择适宜的肥料种类和用量。

B．追肥。从施肥总量中减去基肥用量，所得之差即追肥施用量。追肥用量可分数次施入，追肥的肥料种类多为速效氮、钾和少量磷肥。每次用量不宜过多，所需养分不多，不仅注意基肥中施适量速效氮肥，而且追肥也不能过早过多，以防植株徒长，引起落花落果。

（5）肥料品种选择

肥料分为有机肥料和无机肥料两大类，含有一种或多种营养元素。

栽培以施用有机肥为主。大多数有机肥是迟效性完全肥，不仅供给作物所需要的氮、磷、钾、钙等元素，还含有微量元素及有机质。有机肥，如人畜粪尿、堆肥、饼肥等，使用时需充分腐熟，多用做基肥，也可做追肥。

无机肥料也可称为化学肥料，属速效性肥料，包括尿素、硫酸铵、碳酸氢铵、硝酸铵和过磷酸钙以及氯化钾、硫酸钾等，多做追肥，也可用做基肥或根外追肥。尿素虽为化肥，仍属有机肥，不会使土壤变酸或变碱；硫酸铵是生理酸性肥料，在石灰性或中性土中施用易使土壤缺钙或板结，碳酸氢铵因所含的氨易挥发损失，施用时应适当深施和覆土；硝酸铵是一种中性或微酸性肥料，施用效果好。过磷酸钙所含磷酸易被土壤固定，在施用时应尽量减少与土壤的接触面，如做成颗粒肥，或与有机肥料混合使用。无机钾肥包括氯化钾、硫酸钾和草木灰等，前二者属酸性肥料，在酸性土中施用时应与有机肥或石灰配合。氯化钾不宜施用在块茎蔬菜上，以免影响产品品质。

草木灰除含钾外，还含有钙、磷其他矿质元素，属碱性肥料，不宜与硫酸铵、人粪尿混合使用，以减少氮的损失。近年来菜田由于施用无机肥增多，有机肥减少，加之耕作不善等原因，使有些菜地土壤结构日益变劣，蔬菜病害，特别是缺钙症、缺硼症日趋严重。

3. 土壤养分丰缺指标法

通过土壤养分测试结果和田间肥效试验结果，建立大田作物、不同区域的土壤养分丰缺指标，提供肥料配方。

（1）基本原理

利用土壤养分值与作物吸收养分量之间存在的相关性，对不同作物通过田间试验，把土壤养分测定值以作物相对产量的高低分等，制成土壤养分丰缺指标及应施肥料数量的检索表。当取得某一土壤的养分值后，就可以对照检索表了解土壤中该养分的丰缺情况和施肥量的大致范围。但这种方法所确定的施肥量只能达到半定量的精度。

（2）指标的确定

养分丰缺指标是土壤养分测定值与作物产量之间相关性的一种表达形式。确定土壤某一养分含量的丰缺指标时，应先测定土壤速效养分含量，然后在不同肥力水平的土壤上进行多点试验，取得全肥区和缺素区的成对产量，用相对产量的高低表达养分丰缺状况。如果确定氮、磷、钾的丰缺指标时，可安排NPK（全肥）、PK、NK（缺磷）、NP四个处理。除施肥不同外，其他栽培管理措施与大田相同。例如，确定磷的丰缺指标时，则用缺磷（NK）区作物产量占全肥（NPK）区作物产量的份额表示磷的相对产量，余类推。

P 的相对产量（％）＝（NK 区产量/NPK 区产量）×100

(3-5)

土壤养分丰缺指标田间试验也可采用"3414"部分实施方案。"3414"方案中的处理1为空白对照（CK），处理6为全肥区（NPK），处理2、4、8为缺素区（即PK、NK和NP）。收获后计算产量，用缺素区产量占全肥区产量百分数即相对产量的高低来表达土壤养分的丰缺情况。相对产量低于60%（不含）的土壤养分为低；相对产量60%～75%（不含）为较低，75%～90%（不含）为中，90%～95%（不含）为较高，95%（含）以上为高，从而确定适用于某一区域、某种作物的土壤养分丰缺指标及对应的肥料施用数量。对该区域其他田块，通过土壤养分测试，就可以了解土壤养分的丰缺状况，提出相应的推荐施肥量。

由于制订养分丰缺指标的试验设计只用了一个水平的施肥量，因此，此法基本上还是定性的。在丰缺指标确定后，尚需在施用这种肥料有效果的地区内，布置多水平的肥料田间试验，从而确定不同土壤测定值条件下的肥料适宜用量。

4. 养分平衡法

（1）基本原理

养分平衡法首先由美国土壤学家屈尔格（Truog，1960）提出来，后经一些学者修正已成为目前国际上应用较广的一种估算施肥量的方法。其原理是根据实现作物目标产量所需养分量与土壤供应养分量之差作为施肥的依据。养分平衡法根据作物目标产量需肥量与土壤供肥量之差估算施肥量，计算公式为：

$$施肥量（kg/亩）＝\frac{目标产量所需养分总量－土壤供肥量}{肥料中养分含量×肥料当季利用率}$$

$$（3\text{-}6）$$

养分平衡法涉及目标产量、作物需肥量、土壤供肥量、肥料利用率和肥料中有效养分含量五大参数。土壤供肥量即为"3414"方案中处理1的作物养分吸收量。目标产量确定后因土壤供肥量的确定方法不同，形成了地力差减法和土壤有效养分校正系数法两种。

①地力差减法。地力差减法是根据作物目标产量与基础产量之差来计算施肥量的一种方法。其计算公式为：

施肥量（kg/亩）＝（目标产量×全肥区经济产量单位养分吸收量－
　　　　　　缺素区产量×缺素区经济产量单位养分吸收量）/
　　　　　　（肥料中养分含量×肥料利用率）

$$（3\text{-}7）$$

②土壤有效养分校正系数法。土壤有效养分校正系数法是通过测定土壤有效养分含量来计算施肥量。其计算公式为：

施肥量（kg/亩）＝（作物单位产量养分吸收量×目标产量－

土壤测试值×0.15×有效养分校正系数）/

（肥料中养分含量×肥料利用率）

$$(3-8)$$

如果能科学地加以确定各项参数，那么求得的施肥量就比较切合实际，在生产中就有一定的实用价值。反之，如果各项参数定得不科学，那么，求得的施肥量就比较粗放，甚至有时无法实施。这一点在运用此法确定施肥量时应特别注意。

（2）参数的确定

①目标产量。目标产量即计划产量，是决定肥料需要量的原始依据。因为土壤肥力是决定作物产量高低的基础，所以，目标产量应根据土壤肥力来确定。通常以空白田的产量（即无肥区产量）作为土壤肥力的指标，但在推广配方施肥时，常常不能预先获得空白产量，为此，可以以当地前三年作物的平均产量为基础，将增加10％～15％的增产量作为目标产量较为切合实际。如果提出的目标产量无法实现，那么就失去了应用这一方法的实际意义。

②单位产量的养分吸收量。是指作物每生产一单位（如：kg 或 100kg 等）经济产量从土壤中所吸收的养分量。一般可用下式计算：

单位产量养分吸收量＝作物地上部吸收养分总量/ （3-9）

作物经济产量×应用单位量

作物地上部吸收养分总量可分别计算，累加获得。由于作物对养分具有选择吸收的特性，同时作物组织的化学结构也较稳定，所以，在工作中可以引用当地现成的科研资料或借鉴肥料手册中所列数据作为计算的依据。

③土壤供应养分量。确定土壤供应养分量一般有以下几种方法：

A. 空白田产量。作物在不施任何肥料的情况下所得产量称为空白田产量或地力产量。空白产量所吸收的养分量在一定程度上可以表示该土壤的供应养分能力。不过，空白田产量受最小养分的制约，产量水平很低，因此，在肥力较低的土壤上，用它估计出来的施肥量往往容易偏高。而在肥力较高的土壤上，由于作物对土壤养分的依赖较大，即作物一生中吸自土壤的养分比例较大，因此，据此估算出来的获得一定产量的施肥量则较低，这时可能出现剥削地力的情况而不易及时察觉，必须引起注意。

B. 缺素区产量。为了使土壤供应养分量能够接近实际，有时不采用空白田产量，而改用缺素区产量来表示土壤供应养分量。因为缺素区产量是在保证除缺乏元素外其他主要养分正常供应的条件下获得的，所以产量水平比空白田产量要高。因此，用缺素区产量表示土壤供应养分量，并以此估算出来的施肥量自然就比较合理。

C. 土壤养分测定值。事先选用经研究证明作物产量与土壤养分测定值相关性很好的化学测试方法，并用该方法获得的土壤养分测定值（用 mg/kg 表示），在一定程度上反映了土壤中当季能被作物吸收利用的有效养分含量，因而可以更好地用来表示土壤供应养分量。

应当强调指出，任何一种化学测试方法所得到的土壤养分测定值，只是土壤养分的相对含量，而不能代表土壤养分的绝对含量，因此，习惯将土壤测定值（mg/kg）乘以 0.15 系数（每亩 20cm 耕层土壤重量约为 15×10^4 kg）换算成每亩土壤供应养分的千克数，这种做法是一种习惯性错误。为使土壤测定值具有实用价值，必须在此基础上乘以一个土壤养分校验系数予以校正。

因此，以土壤养分测定值为依据来计算土壤供应养分量可按下式求得：

土壤供应养分量＝土壤养分测定值×0.15×土壤养分校验系数

(3-10)

式中：土壤供应养分量用 kg/亩表示；土壤养分测定值用 mg/kg 表示；0.15 为换算系数。即每亩 20cm 耕层土壤重量约为 15×10^4 kg，将 mg/kg 换算 kg/亩需乘以 0.15。

根据不同田间试验所提供的基础土样和相应的对照区（即空白区）产量，再根据式（3-10）就可以收集到成对的土壤养分测定值和土壤养分校验系数，这样就可以求得土壤分校验系数与土壤养分测定值的相关模式。应当强调指出，该模式是在一定的田间试验和土壤测试条件下获得的，一旦条件变化（如测定方法），该养分校验系数也就发生了变化。

④肥料中养分含量。为了把实现目标产量所需投入的养分量换算成具体肥料的施用量，准确地了解所施肥料的养分含量是必要的。对氮肥来，凡是由化工厂生产的固体氮肥，其含氮（N）率都是稳定的，如：尿素含氮 46%，硝酸铵含氮 34%，碳酸氢铵含氮 17% 等，一般不需要化验重新测定其养分含量。对于磷肥来说，由国家化肥厂生产的过磷酸钙，一般根据养分含量的高低分为不同等级，如一级品含 P_2O_5 18%，二级品为 16%，三级品为 14%，四级品为 12%。但是目前县级磷肥厂生产的过磷酸钙，由于原料矿石的品位低下，生产工艺简陋，产品质量往往差别甚大，为此，必须经过化学分析测定其有效磷含量，才能作为计算的依据。至于钾肥（如硫酸钾、氯化钾）一般化学成分稳定，养分含量固定，也不必另行测定。

⑤肥料利用率。肥料利用率是把作物实现目标产量所需营养元素换算成肥料实物量的重要参数。它对肥料定量的准确性影响很大。影响肥料利用率的因素很多，如作物品种、施肥量和养分配比、土壤肥力、肥料品种、施肥时期、施肥方法、灌溉以及气候条件等，往往使肥料利用率出现较大变幅，但其中起主导作用的是作物对养分的吸收和肥料的投入量。肥料利用率可以应用标记元

素（即同位素）法精确测定，但费用较贵。通常多采用差减法求得，因而较为粗放。在田间条件下，安排单施某一营养元素肥料（经济施量区）和不施肥（空白区）两个小区，分别收割作物地上部分的生物学产量，分析其中该营养元素的含量，累计算出该养分的总量，然后按下式计算肥料利用率。

有两点值得注意：一是肥料的施用量要适当，否则过量施肥必然导致肥料利用率降低；二是栽培管理要保证作物生长发育正常，否则由于营养生长过旺，出现经济产量不高而肥料利用率偏高的假象。为使这一参数准确可靠，最好在当地土壤肥力条件下通过试验获得第一手资料。

五、"4R"肥料管理技术

所谓"4R"肥料管理技术就是选择作物所需要养分，选择正确的比例，在正确的时间和正确的部位进行施肥。4R肥料管理技术从经济、社会和生态的角度，同时，也从可持续农业发展的高度提出了养分管理的模式。"4R"肥料管理技术为更好地管理施用肥料提供了依据，被世界肥料生产企业所采用。

1. "4R"肥料管理技术基本内涵

所谓"4R"肥料管理技术就是要选择植物所需要的正确肥料产品、提供植物所需要的养分用量、提供植物所需要的养分用量以及在植物吸收利用范围内提供肥料。

（1）正确的肥料产品（right resource）

选择植物所需要的正确肥料产品：根据作物需求和土壤特性选取相应的化肥产品。要注意养分间的交互作用，并根据土壤测试和作物需求来平衡氮、磷、钾以及其他养分。平衡施肥是增加养分利用率的关键之一。

（2）正确的施用量（right rate）

提供植物所需要的养分用量：根据作物需求施入相应化肥用量。施肥过多会导致淋失和其他途径而进入环境，而施肥不足又会减产，降低品质，养分残留减少而不能保护和培肥土壤。实际的产量目标、土壤测试、作物养分预算、组织测试、植株分析、施肥器具校正、变量施肥技术、作物监测、记录和养分管理计划都有助于确定化肥适宜用量。

（3）正确的施肥时间（right time）

在植物需要养分的时候提供肥料：在作物需要养分时施用。当养分供给与作物需求同步时，养分利用率最高。养分施用时间（种植前或分次施肥），控释技术，稳定剂和抑制剂，以及化肥品种选择，这些因素无疑会影响养分有效性的施用时间。

（4）正确的施肥位置（right place）

在植物吸收利用范围内提供肥料：把养分施在作物可利用的地方。养分施用方法对肥料有效利用率十分关键。作物、耕作体系和土壤特性决定着适宜的施用方法，但是综合考虑这些因素通常是正确施肥及提高利用率的最佳选择。保护性耕作、作物缓冲带、地表作物和灌溉管理，可以使肥料养分保持在适当位置，并有利于作物利用。

2. "4R"肥料管理技术操作要点

（1）正确肥料类型的选择

正确肥料类型的选择要综合考虑施用的数量、时期和位置。

①选择植物可利用的肥料类型。

②选择适合土壤物理、化学特性，如：容易过水土壤避免施用硝态氮肥，碱性土壤避免施用尿素肥料等。

③掌握养分元素的拮抗关系。

④掌握肥料的成分混合的原则，如：减少肥料中容易吸潮成分。

⑤掌握植物对各种养分需求特性，如：玉米可以施用氯化钾，烟草对氯敏感。磷肥中含有钙、硫、镁等微量元素。

⑥控制非营养元素的使用。

（2）提供植物所需要的养分数量

提供植物所需要的养分数量要综合考虑选择的肥料类型、施用时期和施用位置。

①计算植物养分需求数量。

②估算土壤中的养分供应量。

③计算可以利用的养分数量；如：有机肥中养分数量。

④预测肥料养分利用率。

⑤考虑会对土壤产生的影响，如：养分投入不足，对土壤肥力的影响。

⑥从经济的角度确定肥料数量，如：上茬土壤中残留养分，下茬应当考虑进去。

（3）在植物需要养分的时候提供肥料

在植物需要养分的时候提供肥料要综合考虑选择肥料类型、数量和施用位置。

①掌握植物各时期的养分吸收数量。

②掌握不同时期土壤养分供应数量。

③计算土壤中养分是损失数量。

④评价分析田间操作。如施肥、打药是否可以同步实施。

（4）在植物吸收利用范围内提供肥料

在植物吸收利用范围内提供肥料要综合考虑选择肥料类型、数量和施用时期。

①掌握植物根系生长的特性。

②考虑土壤与养分的相互作用，如磷素容易被土壤保留。

③结合土壤耕作管理，如肥料深施可以提高肥料利用效率。

④结合土壤养分空间分布。

第三节　新型施肥方法

随着科学技术的进步，一些新技术、新观念、新思想不断发展应用，提高肥料利用率技术已不仅仅局限于传统的技术，测土配方施肥、水肥一体化、精准施肥、信息化施肥以及机械化施肥等技术已经或正在逐步应用到农业生产中来，为减少肥料损失，提高肥料利用率发挥着重要的作用。

一、测土配方施肥

测土配方施肥是土肥工作者根据中国的实际，提出的一项科学施肥措施，是精准农业在我国土肥工作领域发展的具体化，是精准土肥发展的初级阶段。

1. 测土配方施肥的定义

测土配方施肥是土壤培肥改良的一项基础性工作，测土配方施肥技术以土壤测试和肥料田间试验为基础，根据作物的需肥规律、土壤供肥性能和肥料效应，在合理施用有机肥料的基础上，提出氮、磷、钾及中、微量元素的施用数量、施肥时期和施肥方法。通俗地讲就是在农业科技人员的指导下科学施用配方肥料。测土配方施肥技术的核心是调节和解决作物需肥与土壤供肥之间的矛盾，有针对性地补充作物所需的营养元素，作物缺什么元素补什么元素，需要多少补多少，实现各种养分的平衡供应，满足作物的需要，达到提高肥料利用率和减少肥料用量，提高作物产量，改善作物品质，增收节支的目的。

2. 测土配方施肥的技术环节

（1）田间实验

田间实验是获得各种作物最佳施肥量、施肥时期、施肥方法的根本途径，也是筛选、验证土壤养分测试技术、建立施肥指标体系的基本环节。通过田间实验，掌握各个施肥单元不同作物优化施肥量，基、追肥分配比例，施肥时期和施肥方法；摸清土壤养分校正系数、土壤供肥量、农作物的需肥参数和肥料的利用率等基本参数，构建作物施肥模型，为施肥分区和肥料配方提供依据。目前国内外应用较为广泛的肥料效应实验为"3414"实验设计方案。"3414"是指氮、磷、钾3个因素、4个水平、14个处理的最优回归设计。

（2）土壤测试

土壤测试是指定肥料配方的重要依据之一，随着种植业结构的不断调整，高产作物品种不断涌现，施肥结构和数量发生了很大的变化，土壤养分也发生了明显改变。通过开展土壤氮、磷、钾及中微量元素养分测试，了解土壤供肥能力状况。目前常用的土壤测试方法有常规分析方法和 M3 方法。

（3）配方设计

肥料配方设计是测土配方施肥工作的核心，通过总结田间实验、土壤养分数据等，划分不同区域施肥分区；同时，根据气候、地貌、土壤耕作制度等相似性和差异性，结合专家经验，提出不同区域不同作物的施肥配方。

（4）校正实验

为保证肥料配方的准确性，最大限度地减少配方肥料批量生产和大面积应用的风险，在每个施肥分区单元设置配方施肥、农户习惯施肥、空白施肥 3 个处理，以当地主要作物及其主栽品种为研究对象，对比配方施肥的增产效果，效应施肥参数，验证并完善肥料配方，改进测土施肥技术参数。

（5）配方加工

配方落实到农户田间是提高和普及测土配方和施肥的技术最关键环节。目前不同地区有不同的模式，其中最主要也是最具有市场前景的运作模式就是市场化运作、工厂化加工、网络化经营。这种模式适应农村农民科技水平低、土地经营规模小、技物分离的现状。

（6）示范推广

为促进测土配方施肥技术能够落实到田间，既要解决测土配方施肥技术市场化运作的难题，又要让广大农民亲眼看到实际效果，这是限制测土配方施肥技术推广的瓶颈。建立测土配方施肥示范区，为农民创建窗口，树立样板，全面展示测土配方施肥技术效果，是推广前要做的工作。将测土配方施肥技术物化成产品，也有利于打破技术推广"最后一公里"的"坚冰"。

（7）宣传培训

测土配方施肥技术宣传培训是提高农民科学施肥意识，普及技术的重要手段。农民是测土配方施肥的最终使用者，迫切需要向农民传授科学施肥方法和模式，同时还要加强对各级技术人员、肥料生产企业、配料经销商的系统培训，逐步建立技术人员和肥料经销商持证上岗制度。

（8）效果评价

农民是测土配方施肥技术的最终执行者和落实者，也是最终受益者。在检验测土配方施肥的实际效果，及时获得农民的反馈信息的同时，不断完善管理体系、技术体系和服务体系。

（9）技术创新

技术创新是测土配方施肥工作的科技支撑。重点开展田间实验方法、土壤养分测试技术、肥料配置方法、数据处理方法等方面的创新研究工作，不断提升测土配方施肥技术水平。

3. 测土配方施肥工作的作用

测土配方施肥作为一项先进的科学施肥技术，应用效果非常明显，对促进粮食稳定增产、农业节本增效、农民持续增收和节能减排发挥了积极作用，主要体现双增、双节、双优、双提四方面。

（1）实现作物产量和农民收入双增

据对农户抽样调查，应用测土配方施肥技术的田块中，小麦、水稻、玉米亩均增产量分别为 3.7％、3.8％、5.9％，亩均增收 30 元以上。蔬菜、果树等园艺作物亩均增收达 100 元以上。

（2）促进生产成本和资源消耗双节

据统计，测土配方施肥示范区一般每亩减少不合理施肥量 1～2kg（折纯，下同），截至 2011 年，通过实施测土配方施肥，全国累计减少不合理施肥 700多万 t。据专家推算，相当于节约燃煤 1 820 万 t，减少二氧化碳排放量 4 730万 t，同时减少氮、磷流失 6％～30％，有效减轻了面源污染。

（3）加速施肥结构和肥料产业结构双优

通过项目实施，基本摸清了我国氮磷钾肥农业需求，为防止氮肥、磷肥产能盲目扩张及合理配置钾肥资源发挥了积极作用，促进了肥料产业、施肥结构优化调整，配方施肥比例逐步上升，氮肥过快增长的势头得到了初步控制。

（4）推动科学施肥水平和肥料利用率双提

通过项目实施，农民重化肥、轻有机肥、偏施氮肥等传统观念正在发生变化。据抽样调查，在粮食作物测土配方施肥示范区，有 70％左右农户采用了测土配方施肥技术。通过专家组对肥料利用率测算和验证试验分析，氮、磷、钾肥平均利用率较过去分别提高了 6、4、1 个百分点。

测土配方施肥是以土壤测试和肥料田间试验为基础，根据作物对土壤养分的需求规律、土壤养分的供应能力和肥料效应，在合理施用有机肥料的基础上，提出氮、磷、钾及中、微量元素肥料的施用数量、施用时期和施用方法的一套施肥技术体系（图 3-1）。

测土配方施肥是一项科学性、应用性很强的农业科学技术，它能达到五方面的目标：一是增产目标，即通过测土配方施肥措施使作物单产水平在原有基础上有所提高，在当前生产条件下，能最大限度地发挥作物的生产潜能；二是优质目标，即通过测土配方施肥均衡作物营养，使作物在农产品质量上得到改善；三是高效目标，即做到合理施肥、养分配比平衡、分配科学，提高肥料利用率，降低生产成本，增加施肥效益；四是生态目标，即通过测土配方施肥，减少肥料的挥发、流失等浪费，减轻对地下水硝酸盐的积累和面源污染，从而

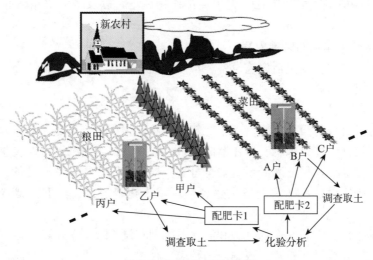

图 3-1　测土配方施本原理

保护农业生态环境；五是改土目标，即通过有机肥和化肥的配合施用，实现耕地养分的投入产出平衡，在逐年提升。

二、水肥一体化施肥

1. 水肥一体化的概念

水肥一体化技术是将灌溉与施肥融为一体的农业新技术。水肥一体化是借助压力系统（或地形自然落差），将可溶性固体或液体肥料，按土壤养分含量和作物种类的需肥规律和特点，配兑成的肥液与灌溉水一起，通过可控管道系统供水、供肥，使水肥相融后，通过管道和滴头形成滴灌、均匀、定时、定量，浸润作物根系发育生长区域，使主要根系土壤始终保持疏松和适宜的含水量，同时根据不同蔬菜的需肥特点，土壤环境和养分含量状况；蔬菜不同生长期需水、需肥规律情况进行不同生育期的需求设计，把水分、养分定时定量，按比例直接提供给作物。压力灌溉有喷灌和微灌等形式，目前常用的是微灌与施肥的结合，且以滴灌、微喷与施肥的结合居多。微灌施肥系统由水源、首部枢纽、输配水管道、灌水器四部分组成。水源有：河流、水库、机井、池塘等；首部枢纽包括电机、水泵、过滤器、施肥器、控制和量测设备、保护装置；输配水管道包括主、干、支、毛管道及管道控制阀门；灌水器包括滴头或喷头、滴灌带等。

2. 水肥一体化的适用范围

水肥一体化适宜于有井、水库、蓄水池等固定水源，且水质好，符合微灌要求，并已建设或有条件建设微灌设施的区域推广应用。主要适用于设施农业栽培、果园栽培和棉花等大田经济作物栽培，以及经济效益较好的其他作物。

3. 水肥一体化的关键内容

水肥一体化主要包括设施设备、水分管理、养分管理、水肥耦合、维护保养等主要工作内容。

（1）设施设备

通过综合分析当地土壤、地貌、气象、农作物布局、水源保障等因素，系统规划、设计和建设水肥一体化灌溉设备。灌溉设备应当满足当地农业生产及灌溉、施肥需要，保证灌溉系统安全可靠。根据应用作物、系统设备、实施面积等选择施肥设备，施肥设备主要包括压差式施肥罐、文丘里施肥器、施肥泵、施肥机、施肥池等。

根据地形、水源、作物分布和灌水器类型布设管线。在丘陵山地，干管要沿山脊或等高线进行布置。根据作物种类、种植方式、土壤类型和流量布置毛管和灌水器。条播密植作物的毛管沿作物种植平行方向布置；对于中壤土或黏壤土果园，每行布设一条滴灌管，对于沙壤土果园，每行布设两条滴灌管。对于冠幅和栽植行距较大、栽植不规则或根系稀少果园，采取环绕式布置滴灌管。安装完灌溉设备系统后，要开展管道水压试验、系统试运行和工程验收，灌水及施肥均匀系数达到 0.8 以上。

（2）水分管理

根据作物需水规律、土壤墒情、根系分布、土壤性状、设施条件和技术措施，制定灌溉制度，内容包括作物全生育期的灌水量、灌水次数、灌溉时间和每次灌水量等。灌溉系统技术参数和灌溉制度制定按相关标准执行。根据农作物根系状况确定湿润深度。蔬菜宜为 0.2～0.3m，果树因品种、树龄不同，宜为 0.3～0.8m。农作物田间持水量灌溉上限控制在 85%～95%，下限控制在 55%～65%。

（3）养分管理

选择溶解度高、溶解速度较快、腐蚀性小、与灌溉水相互作用小的肥料。不同肥料搭配使用，应充分考虑肥料品种之间相容性，避免相互作用产生沉淀或拮抗作用。混合后会产生沉淀的肥料要单独施用。推广应用水肥一体技术，优先施用能满足农作物不同生育期养分需求的水溶复合肥料。按照农作物目标产量、需肥规律、土壤养分含量和灌溉特点制定施肥制度。一般按目标产量和单位产量养分吸收量，计算农作物所需氮、磷、钾等养分吸收量；根据土壤养分、有机肥养分供应和在水肥一体化技术下肥料利用率计算总施肥量；根据作物不同生育期需肥规律，确定施肥次数、施肥时间和每次施肥量。

（4）水肥耦合

按照肥随水走、少量多次、分阶段拟合的原则，将作物总灌溉水量和施肥量在不同的生育阶段分配，制定灌溉施肥制度，包括基肥与追肥比例、不同生育期的灌溉施肥的次数、时间、灌水量、施肥量等，满足作物不同生育期水分和养分需要。充分发挥水肥一体化技术优势，适当增加追肥数量和次数，实现少量多次，提高养分利用率。在生产过程中应根据天气情况、土壤墒情、作物长势等，及时对灌溉施肥制度进行调整，保证水分、养分主要集中在作物主根区。

（5）维护保养

每次施肥时应先滴清水，待压力稳定后再施肥，施肥完成后再滴清水清洗管道。施肥过程中，应定时监测灌水器流出的水溶液浓度，避免肥害。要定期检查、及时维修系统设备，防止漏水。及时清洗过滤器，定期对离心过滤器集沙罐进行排沙。作物生育期第一次灌溉前和最后一次灌溉后应用清水冲洗系统。冬季来临前应进行系统排水，防止结冰爆管，做好易损部件保护。

4. 推广水肥一体化技术的意义

我国面临着严重的资源紧缺现状，而这也成了推动水肥一体化技术迅速推广的主要动力。我国是一个水资源紧缺的国家，这种紧缺不仅表现在区域尺度上，也表现在时间（季节）尺度上。区域水资源紧缺在西北地区表现突出，南方季节性干旱则推动了水肥一体化在南方地区的应用。能源紧缺促使人们更加关注化肥资源的利用效率，而肥料利用率太低则十分容易导致环境问题。农民传统的大水漫灌灌溉施肥方式不仅造成肥料的大量损失，而且破坏了生态环境。大量的养分渗到深层土壤而未被根系利用，造成地下水硝酸盐超标及水体富营养化。

采用滴灌系统施肥可为精确施肥提供条件，非常显著地提高施肥、灌溉效率，减少环境污染，降低生产成本，提高产量、品质，最终提高经济效益。滴灌施肥技术在全世界广为推广，深受欢迎。

通过滴灌系统施肥，一方面由于可溶性肥料随着滴灌水直接施入作物根系密集区，作物棵间空地上无任何肥料浪费，另一方面滴灌是以小流量滴水形式渗入根区，非常容易控制。水、肥均不会有深层淋洗浪费。滴灌施氮，肥效可达74％，而传统施肥肥效不会超过30％。在此基础上，水肥一体化可达成如下效果：

（1）节水

水肥一体化技术可减少水分的下渗和蒸发，提高水分利用率。在露天条件下，微灌施肥与大水漫灌相比，节水率达50％左右。保护地栽培条件下，滴灌施肥与畦灌相比，每亩大棚节水 $80 \sim 120 m^3$/季，节水率为30％～40％。

（2）节肥

水肥一体化技术实现了平衡施肥和集中施肥，减少了肥料挥发和流失，以及养分过剩造成的损失，具有施肥简便、供肥及时、作物易于吸收、提高肥料利用率等优点。在作物产量相近或相同的情况下，水肥一体化与传统技术施肥相比节省化肥 40%～50%。

（3）肥水均匀

全地埋式滴灌的每个滴孔出水均匀，通过该水肥一体化技术供水、供肥，不仅使整块土地同时均匀得到水、肥，而且能按照作物生长发育的需要供应水肥。

（4）改善微生态环境

保护地栽培采用水肥一体化技术，一是明显降低了棚内空气湿度。滴灌施肥与常规畦灌施肥相比，空气湿度可降低 8.5～15 个百分点。二是保持棚内温度。滴灌施肥比常规畦灌施肥减少了通风降湿而降低棚内温度的次数，棚内温度一般高 2～4℃，有利于作物生长。三是增强微生物活性。滴灌施肥与常规畦灌施肥技术相比地温可提高 2.7℃，有利于增强土壤微生物活性，促进作物对养分的吸收。四是有利于改善土壤物理性质。滴灌施肥克服了因灌溉造成的土壤板结，土壤容重降低，孔隙度增加。五是减少土壤养分淋失，减少地下水的污染。

（5）减轻病虫害发生

空气湿度的降低，在很大程度上抑制了作物病害的发生，减少了农药的投入和防治病害的劳力投入，微灌施肥每亩农药用量减少 15%～30%，节省劳动力 15～20 个。

（6）增加产量，改善品质

水肥一体化技术可促进作物产量提高和产品质量的改善，果园一般增产 15%～24%，设施栽培增产 17%～28%。

（7）提高经济效益

水肥一体化技术经济效益包括增产、改善品质获得效益和节省投入的效益。果园一般亩节省投入 300～400 元，增产增收 300～600 元；设施栽培一般亩节省投入 400～700 元，其中，节水电 85～130 元，节肥 130～250 元，节农药 80～100 元，增产增收 1 000～2 400 元。

5. 水溶性肥料的发展

灌溉施肥技术在 20 世纪 80 年代初引入中国，主要应用于温室的无土栽培和一些地区的果园生产。微灌设备在中国已有多年历史，而国内水溶肥市场的蓬勃发展始于 2007 年以后。

肥料的溶解性不好是影响水肥一体化技术推向深入的一个重要限制因素，

因此，水肥一体化的体系就对所用肥料有了一定的要求，通常要求为水溶性好、没有残渣的水溶肥，包括水溶性好的液体或固体肥料。液体水溶肥包括液体氮肥、液体复混肥和液体螯合微肥。

目前我国农业部肥料登记部门专门在普通水溶肥的基础上提出专门针对灌溉施肥和叶面施肥而言的高端产品——完全水溶性肥料的登记标准。该标准对高浓度、完全水溶性肥料的生产提出了更高的要求，在原料的选择和生产工艺方面的要求比一般性水溶性肥料的要求更高。

完全水溶性肥料的特点是养分含量高，营养全面；杂质少；复合化，特别是与微量元素复合；多功能化，有腐殖酸、氨基酸类水溶性肥料等；形态多样化，包括固态、液态、悬浮态等，常用于微滴灌系统。滴灌肥料以供应大量元素为主，即便是低温条件下仍能保持较好溶解性。

我国农田氮肥施用过量已经是一个不争的事实，由于施用了过量的氮肥，产生了严重的铵态和尿素态氮肥施在地表挥发损失的问题和硝态氮大量淋洗进入地下水并最终进入河流湖泊，产生污染的问题。在日光温室条件下，为了追求高效益，农民在生产资料的投入上较普通蔬菜地甚至多出 5～10 倍，因而造成肥、水、药资源大量浪费，同时，耕地质量退化、农产品质量下降的现象也日趋严重。因此，"节水节肥节本增效"显得极为重要。

水肥一体化技术的优点是灌溉施肥的肥效快，养分利用率提高，可以避免肥料施在较干的表土层易引起的挥发损失、溶解慢，最终肥效发挥慢的问题；尤其避免了铵态和尿素态氮肥施在地表挥发，既节约氮肥又有利于环境保护。所以，水肥一体化技术使肥料的利用率大幅度提高。据华南农业大学张承林教授研究，灌溉施肥体系比常规施肥节省肥料 50%～70%；同时，大大降低了设施蔬菜和果园中因过量施肥而造成的水体污染问题。

水肥一体化技术除了能够解决肥料使用过量的问题，还能克服大水漫灌、盲目施肥引起的水资源利用率低、肥料养分严重流失、环境污染加剧等问题，通过精细化、因地制宜制定灌溉、施肥方案，在灌水量、施肥量及其灌溉、施肥时间控制等方面都达到了很高的精度，减少了水分下渗和养分的移动淋失，不仅协调和满足供应作物生长对水肥的需求，提高了农产品产量，而且可较好地解决土壤养分富集和盐渍化问题，减少农产品污染；并且水肥一体化技术明显控制由于盲目过量施肥造成的地下水及土壤环境的污染，减少农药残留污染，有效改善农田生态环境，改善水资源短缺状况，对促进农业可持续发展意义重大，具有巨大的发展潜力。

6. 微灌施肥系统的选择

根据水源、地形、种植面积、作物种类，选择不同的微灌施肥系统。保护地栽培、露地瓜菜种植、大田经济作物栽培一般选择滴灌施肥系统，施肥装置保护地一般选择文丘里施肥器、压差式施肥罐或注肥泵。果园一般选择微喷施肥系统，施肥装置一般选择注肥泵，有条件的地方可以选择自动灌溉施肥系统。

7. 微灌施肥方案的制订

（1）微灌制度的确定

根据种植作物的需水量和作物生育期的降水量确定灌水定额。露地微灌施肥的灌溉定额应比大水漫灌减少 50%，保护地滴灌施肥的灌水定额应比大棚畦灌减少 30%～40%。灌溉定额确定后，依据作物的需水规律、降水情况及土壤墒情确定灌水时期、次数和每次的灌水量。

（2）施肥制度的确定

微灌施肥技术和传统施肥技术存在显著的差别。合理的微灌施肥制度，应首先根据种植作物的需肥规律、地块的肥力水平及目标产量确定总施肥量、氮磷钾比例及底、追肥的比例。作底肥的肥料在整地前施入，追肥则按照不同作物生长期的需肥特性，确定其次数和数量。实施微灌施肥技术可使肥料利用率提高 40%～50%，故微灌施肥的用肥量为常规施肥的 50%～60%。仍以设施栽培番茄为例，目标为亩产 10 000kg，每生产 1 000kg 番茄吸收氮：3.18kg、磷：0.74kg、钾：4.83kg；养分总需求量是氮：31.8kg、磷：7.4kg、钾：48.3kg；设施栽培条件下当季氮肥利用率 57%～65%，磷肥为 35%～42%，钾肥为 70%～80%；实现上述产量应亩施氮：53.12kg、磷：18.5kg、钾：60.38kg，合计 132kg（未计算土壤养分含量）。再以番茄营养特点为依据，拟定番茄各生育期施肥方案。

（3）肥料的选择

微灌施肥系统施用底肥与传统施肥相同，可包括多种有机肥和多种化肥。但微灌追肥的肥料品种必须是可溶性肥料。

（4）水肥一体化对肥料溶解性的要求

符合国家标准或行业标准的尿素、碳酸氢铵、氯化铵、硫酸铵、硫酸钾、氯化钾等肥料，纯度较高，杂质较少，溶于水后不会产生沉淀，均可用做追肥。补充磷素一般采用磷酸二氢钾等可溶性肥料做追肥。追肥补充微量元素肥料，一般不能与磷素追肥同时使用，以免形成不溶性磷酸盐沉淀，堵塞滴头或喷头。

施肥的均匀度取决于灌溉均匀度，如果滴灌系统均匀度高，则施肥均匀度也高，由此滴灌均匀度是一个非常重要的指标，应当千方百计提高滴灌均匀度：精细设计，灌溉系统采用压力补偿滴头，在管路的适当方位加装调压器等。

尿素溶解时要吸收水中的热量，水的温度大幅降低。此时，溶解量可能达不到要求量。为了充分溶解，最好让溶液放几个小时，随着温度上升，其余未溶解部分会逐渐溶解，然后就可注入系统了。

注入之前，先做观测试验，以便评估堵塞滴头可能性。有些肥料要溶入肥料1～2h，才能看出是否有沉淀形成，沉淀量多少。如果溶入水中数小时，溶液仍呈混沌状，则有可能堵塞滴灌系统。如果几种肥料同时施，应在注入系统之前去取样，以实际比例同时放入观察罐中观察混合后的溶解情况，然后决定是否同时注入。

（5）水肥一体化对部分必需元素的要求

①滴灌系统施氮。氮肥是利用滴灌系统施用最多的肥料。氮肥一般水溶性好，非常容易随着灌溉水滴入土壤而施入到作物根区。但如果控制不当，也很容易产生淋洗损失。由于滴灌流量小（单滴头：4～8L/h），控制淋洗损头非常容易做到。如果灌溉，施肥均实施自动控制，则淋洗损头可完全避免。

在所有氮肥中，尿素及硝酸铵最适合于滴灌施肥。因为施用这两种肥料的堵塞风险最小，氨水一般不推荐滴灌施肥，因为氨水会增加水的pH。pH的增加会导致钙、镁、磷在灌溉水中沉淀，堵塞滴头。硫酸铵及硝酸钙是水溶性的，但也有堵塞风险。

如果连续施氮，灌溉系统停泵后，灌溉系统中水中仍长期存留一部分氮素，这时，氮的存在会滋养微生物在系统中生长，最后堵塞滴头（图3-2）。

图3-2 设施农业水肥一体化

②滴灌系统施磷。磷在土壤中不如氮活跃。一般磷的挥发损失、淋洗损失没有氮多。大部分作物生长早期需要磷。所以应在栽种之前或栽种时施用磷肥。在生长阶段如发现缺磷迹象，在灌溉水中注入磷肥，还可补充磷的不足。

注入磷肥可能会堵塞滴灌系统。由于水与磷肥的反应，水中往往会产生固体沉淀，从而引起堵塞。大部分固态磷肥由于溶解度低而不能注入灌溉系统中，如磷铵、一磷酸氨、二磷酸氨、三磷酸钾、磷酸、磷酸盐等磷肥是可溶解的。

聚磷氨含钙高，注入灌溉水中常常可引起沉淀，有可能会引起堵塞。形成的沉淀物非常难溶解，当磷、钙离子在溶液中机遇时会形成二价或三价的磷酸钙，这种盐的溶解度很低。同样，磷和镁会形成不溶于水的磷酸镁，易堵塞滴灌系统。

有时要在滴灌系统中注入磷酸。除了是为作物施磷外，还可降低灌溉水的pH，降低 pH 可以避免沉淀物产生。降低 pH 的方法还有混合加入适当硫酸、磷酸，pH 可降低到小于 4.0。但是如果长时间注入磷酸会导致作物缺锌。一般只有在水中钙和镁的组合浓度低于 50mg/L 及碳酸氢盐浓度低于 150mg/L 时才注入。

③滴灌系统施钾。钾肥都是可溶的，非常适合在滴灌系统中应用。可能出现的问题是当把钾肥在肥料罐中与其他肥料混合时，有可能产生沉淀物，沉淀物堵塞滴灌系统。滴灌施肥常用的钾肥有氯化钾（KCl）和硝酸钾（KNO_3）。因溶解度低，磷酸钾不要注入滴灌系统中。

三、精准施肥

精准施肥是精准农业技术中的核心内容。精准施肥技术是依据土壤养分状况、作物需肥规律和目标产量，调节施肥量、氮磷钾比例和施肥时期，达到提高化肥利用率、最大限度地利用土地资源、以合理的肥料投入量获取最高产量和最大经济效益、保护农业生态环境和自然资源的目的。有研究表明，精准施肥技术的实施可以节约肥料，增加粮食产量，均衡土壤养分。精准农业是现代农业的发展方向，精准施肥是精准农业中最成熟、应用最广泛的技术。

1. 精准施肥的内涵

精准农业变量施肥技术（简称精准施肥或变量施肥），是以不同空间单元的产量数据与土壤理化性质、病虫草害、气候等多层数据的综合分析为依据，以作物生长模型、作物营养专家系统为支持，以高产、优质、环保为目的的施肥技术。要求对农业生态系统进行养分平衡研究，从而可以实现在每一操作单元上因土壤和作物预计产量的差异而按需施肥，有效控制物质循环中养分的输入和输出，防止农作物品质变坏及化肥对环境的污染和破坏，大大提高了肥料的利用率，降低生产成本。

简言之，精准施肥技术就是结合田间每一操作单元的具体条件，首先进行土壤养分数据（N、P、K、pH、有机质和微量元素等的含量）和作物生长状况数据的采集，运用 GIS 做出农田空间属性的差异性，再根据变量施肥决策分析系统结合作物生长模型和养分需求规律得到施肥决策，最后通过差分式全球定位系统和变量施肥控制技术使精确施肥得以实现。

2. 精准施肥的作用及意义

传统施肥采用平均施肥方式，因土壤肥力在地块不同区域差异较大，土壤肥力低而其他生产性状好的区域往往施肥量不足，而某种养分含量高而丰产性状不好的区域则导致过量施肥。精准施肥则是根据作物生长的土壤性状，分析作物的需肥规律，调节肥料的投入（包括施肥量、比例和时期），充分利用土壤生产力，以最少的肥料投入达到较高的收入，从而提高化肥利用率，改善农田环境，增加农业种植效益。目前，我国化肥的当季利用率较低，氮肥当季利用率一般为 30%～35%，钾肥利用率为 35%～50%，磷肥当季利用率最低，一般为 10%～20%。化肥是农业生产中投资最大的部分，化肥支出约占生产支出的 50%。当季未利用的氮肥大部分随径流冲失或气态逸失，钾肥被土壤吸附或淋失，磷肥则大多被土壤固定。肥料利用不完全造成资源浪费和农业生产成本增加，同时导致农田环境污染。实施精准施肥，将会大大节省化肥用量，减少农业投入，增加农民经济收入，减少肥料对环境的污染。据估计，精准施肥对农作物增产的贡献率可达到 40%～60%。

3. 精准施肥的关键技术

（1）施肥区划规划

近年来，许多学者开始研究按照土壤养分的变异性和空间位置将同一地块划分成不同的相对均质的区域进行管理，即土壤养分管理分区（soil nutrient management zone）。科学合理的土壤养分管理分区技术是实施精准农业变量施肥的高效手段。

变量施肥的前身是定位养分管理。所谓定位养分管理，就是在田间不同地点根据土壤等条件的差异实行区别管理。定位就是强调田间不同地点间的差异性，克服肥料使用的不合理性。最早定位养分管理只是针对不同土壤条件实行有区别的管理，随着农业科学技术的进步，逐渐向系统工程方面发展，不仅针对土壤，还包括水文、作物、微气候等条件的时空变化，在作业管理中实行"按需投入"原则，变均匀投入为变量投入，优化作业操作。

科学合理的管理分区可以指导用户以管理分区为单元，进行土壤和作物农学参数采样，并根据不同单元间的空间变异性，实施变量投入、精准管理决策。目前，分区方法主要有：

①GIS 软件提供的几种常用方法。

A. 等间隔法根据空间单元的属性数据，按等间隔距离将空间单元划分不同的类别。

B. 分位数法按照每个类别具有相同的空间单元来划分的方法。

C. 自然断点法相当复杂，但其核心思想是使类别内方差和最小。自然断点法能反映空间单元分布的固有模式或类别。

②K 均值聚类算法。K 均值聚类算法是一种经典的空间聚类算法。首先，要给定聚类数目 K 创建一个初始划分，然后根据聚类准则函数将空间对象与这些聚类中心和初始类逐一做比较，判断对象的归属。K 均值算法是用每个聚类中所有对象的平均值作为该聚类（簇）的中心，采用误差平方和最小准则判断对象的归属。

③空间连续性分区方法。传统的分区方法，都是根据空间单元属性数据的相似性程度划分为不同类型或区域，但由于没有考虑单元的空间位置相互依赖关系而使分区结果出现许多孤立的单元或碎片，不便于精准农业田间变量管理作业。空间连续性分区方法可以使区内变异较小，而且去除了大量的碎片和孤立的像元，兼顾了管理分区的连续性，适宜精准农业田间变量管理作业。分区结果可以直接作为变量管理的决策单元，在同一管理分区内实施统一管理，不同分区间实施变量管理模式，如根据肥水需求关键时期的小麦长势差异，在不同管理分区间设计不同的目标产量进行产中变量追肥管理。分区结果也可指导生产者和科技工作者进行土壤和作物农学参数采样，提高采样精度和效率。

（2）变量施肥技术

变量施肥技术涉及农田信息获取、信息管理与处理、决策分析和田间实施四大主要环节，其中以田间实施发展最快。变量施肥机在发达国家研究较为深入，其相关技术已臻完善和商品化。在实时控制施肥技术方面，中国田间变量实施技术的研究起步相对较晚，但得到了较快的发展，呈现出各自的特点。然而，由于中国农田土地规模狭小，或大块农田为防护林所分割，不同地块需采用不同的处方作业图，给自动变量作业带来许多不便。此外，如何将变量施肥整个作业流程有机地整合在一起，逐步采用标准的软硬件接口，建立统一的农业信息和资源共享机制，是有待于进一步研究的问题。

（3）变量决策分析

决策分析系统是精确变量播种施肥的核心，直接影响变量播种施肥的技术实践效果。如何以系统思想为指导，综合考虑作物自身生长发育情况以及作物生长环境中的气候、土壤、生物、栽培措施因子，分析限制产量的原因，做出经济可行的决策是精准农业研究中的难点问题。它包括地理信息系统（GIS）、作物生长模型和土壤养分专家决策分析系统三部分。GIS 用于描述农田空间属性的差异性，用于建立土壤数据、自然条件、作物苗情等空间信息数据库和进行空间属性数据的地理统计、处理、分析、图形转换和模型集成等。作物生长模型用于描述作物的生长过程及养分需求，将作物及气象和土壤等环境作为一个整体，应用系统分析的原理和方法，综合农学领域内多个学科的理论和研究成果，对作物的生长发育与土壤环境的关系加以理论概括和数量分析，建立相应的数学模型。土壤养分专家决策分析系统是利用农业专家长期积累的经验和知识，通过计算机专家系统软件，对土壤养分的含量及平衡做出决策，并以土壤养分决策层图（电子施肥地图）的形式输出。

四、信息化施肥

信息化施肥就是利用信息化技术指导农民科学种田，土壤资源管理与施肥决策信息系统是信息化施肥建设的主要内容，此类系统主要对农田养分进行动态监测，结合作物生长和作物管理信息对农田土壤养分进行评价，并以此为依据指导耕作、施肥措施，从而调控农田土壤养分的供给状况，提高养分的有效利用，达到高产、优质、高效的目的，促进农业可持续发展。

1. 农田养分状况的动态监测

对农田养分状况的动态监测是信息的采集、获取过程，内容包括养分的容量、供应强度、空间分布、动态变化等。对土壤养分的监测主要依赖于现代分析测试技术手段，通常是通过对代表性样品的采集，进行化验室分析测试，运用化学分析、光谱分析等技术，获得土壤养分信息。随着数据采集技术的发展，传感器技术开始在农业上应用，如产量检测、基于 TDR 技术的土壤水分监测等。通过传感器技术的应用，有可能改变田间取土，返回室内进行处理分析的模式。其优势是做到实时监测，反映田间情况，减少采样、运输、处理分析等过程，大大提高监测的速度和能力，同时也降低了成本。遥感技术作为宏观对地观测的重要手段，在农业上的应用具有极大的潜力。例如区分植被类型、评估作物长势、测定土壤含水量等。农田养分信息具有显著的空间属性，其空间变异性很大。在数据采集过程中，其位置的识别是与数据监测密不可分的，因此需要对信息进行准确的定位。全球定位系统（GPS）提供了全天候、实时精确定位的测量手段。农田养分信息包括多种形式，如电子地图、遥感影像、三维空间图形、多媒体信息以及各种专业测量信息、属性信息、统计信息等。为便于数据的管理、传递、更新以及分析使用，这些信息都需要以数据库形式存储。农田养分信息通常需要以图形方式进行表达，这种表达应该是图形和属性的并集。

2. 农田施肥数据库

农田施肥数据库包括属性数据库、空间数据库、影像库、模型库、参数库等，共同构成。属性数据库包括各种统计数据、土壤养分监测数据、气候、水分、作物品种等农业相关数据。空间数据库包括行政区划图、地形图、气候土、土壤图、土壤养分图（有机质、全氮、速效磷、速效钾、pH、碳酸钙）、微量元素分布图（Fe、Mn、Cu、Zn、B、Mo）等。影像库包括土壤肥料基础知识（文字、图表）、各种作物的缺素症状（照片、文字）、各种施肥方法（影像）等。模型库对农田施肥模型进行管理，包括各种推荐施肥模型、养分丰缺评价模型、作物需肥模型等专业模型，具体有目标产量推荐施肥模型、养分平衡推荐施肥模型、丰缺指标推荐施肥模型、肥料效应函数推荐施肥模型，大量元素（N、P、K）、中量元素（Ca、Mg、S）、微量元素（Fe、Mn、Cu、Zn、B、Mo）养分丰缺评价模型以及土壤物理性状评价模型等。参数库包括推荐施肥的各种参数，包括肥料利用率、空白产量、土壤养分利用系数、土壤养分换算系数等。

3. 推荐施肥系统

西方发达国家 20 世纪 70 年代初就开始应用计算机进行推荐施肥服务，而且发展很快，如美国威斯康星大学植物营养诊断与推荐施肥系统（1971），考虑了 11 项土壤肥力参数的 12～13 项植物测定数据，对施肥做诊断；美国奥本大学的推荐施肥系统有 52 类作物的施肥诊断标准；1994 年美国密执安大学建立的计算机推荐施肥系统，对有机肥的处理可估计多年，而且可以人机对话方式解答一些施肥技术问题，具有一定人工智能。我国部分省市利用信息技术开展了指导农民科学种田的实践。例如：新疆一些农民现在不用为自家地里该施多少肥料发愁了，因为县级农田土肥计算机信息系统已经替他们开好了肥料配方。这项科研成果是由新疆农科院土肥研究所开发的。该信息系统的主要原理是，县级土肥站对农田土壤的各种养分进行测定，然后将测定的数据输入计算机，计算机系统的专家决策程序对这些数据进行分析后，就可显示出一份因地制宜的配料卡，农民根据这张卡就可对自家土地"抓药"了。新疆生产建设兵团自主研发了微机决策平衡施肥系统，该系统以 GIS 地理信息系统为开发平台，以连队为单位采集土壤类型、肥力、作物品种、产量以及肥料使用等有关信息，进行动态监测，并针对不同情况，设定出作物所需氮、磷、钾及微量元素的最宜施用量、配比及施肥方法，使作物养分、土壤养分处于最佳动态平衡状态。微机决策平衡施肥系统在新疆生产建设兵团农业生产中得到大面积推广应用，已达到 46.67 万 hm^2，大大提高了施肥决策的精准性，实现了农业生产从经验施肥到精准施肥的跨越，促进了农业生产向高产、优质、高效方向发展。

4. 施肥专家系统

我国的施肥专家系统研究与应用始于 20 世纪 80 年代中期，起步虽然较晚，但步子大、发展快。中科院人工智能所提出的砂礓黑土小麦施肥专家系统、福建农科院研制的土壤识别与优化施肥系统、国家七五科技攻关黄淮海平原计算机优化施肥推荐和咨询系统、江苏省扬州市土肥站研制的土壤肥料信息管理系统以及中国农业大学植物营养系研究的综合推荐施肥系统等。这些专家系统不同程度地利用了土壤普查成果、历年肥效试验信息，把配方施肥技术引向深入。

5. 测土配方施肥信息化

测土配方施肥项目运用地理信息系统和全球卫星定位系统等信息技术，进行 GPS 定位采取土样，建成了测土配方施肥数据汇总平台，形成了不同层次、不同区域的测土配方施肥数据库；开发应用了县域耕地资源管理信息系统，对 1 200 个项目县的土壤养分状况进行了评价；开发推广了测土配方施肥专家咨询系统，在肥料经销网点设置"触摸屏"向农民提供科学施肥指导服务。在江苏、湖北、广东等省开发示范了数字化和智能化配肥供肥系统，农户持农业部门发放的测土配方施肥 IC 卡，到乡村智能化配肥供肥网点，根据作物种类、面积和配方信息，即可获得智能化现场混配的定量配方肥，做到施肥配方科学、施肥结构合理、施肥数量准确，满足了农民一家一户个性化施肥需要，促进了测土配方施肥工作的顺利开展，提高了科学施肥管理服务水平。

6. 手机施肥

近年来，随着智能手机的发展与普及，通过手机指导农民施肥已经日益普及。如湖南省主要农作物测土配方施肥手机专家系统软件，是全国首创的测土配方施肥技术手机智能应用系统。该系统由湖南省农业信息中心、湖南省土壤肥料工作站、耒阳市农业局、西安田间道软件有限公司共同开发。该系统集农作物科学施肥的相关技术为一体，其操作简便、直观，便于推广，可同时为农民施肥、企业制肥提供精确配方服务，开拓了测土配方施肥数据及成果应用的新途径。目前该系统已涵盖湖南省水稻（早中晚稻）、玉米、油菜、棉花、烤烟、红薯等主要农作物。该系统利用湖南省主要农作物多年来 3 000 多个"3414"肥效试验结果，以及土壤测试数据，通过科学分析分别获得了各个作物的肥料利用率、土壤有效养分校正系数、农作物产量对土壤依存率、100kg 经济产量吸收量、最佳经济施肥量等技术参数，建立了各个技术参数与土壤速效养分的最佳数学模型。该系统依据"斯坦福"的目标产量养分平衡法计算施肥量公式，通过建立作物目标产量、土壤速效养分和施肥量三者的关系式，实现了在不同的作物目标产量和不同的土壤养分含量下，计算出最佳氮磷钾施肥量的精确推荐，同时可计算出不同田块配方肥的最佳氮磷钾配方比例。

该系统具备 7 大功能：一是土壤肥力数据 3 种互动方式。可以利用智能手机 GPS 定位和上网功能，实时获取所在位置土壤肥力测试结果，也可通过地名检索获取所需地点（市、县、乡村）土壤肥力测试结果，还可直接输入土壤肥力检测结果等 3 种方式来计算施肥方案，实现了数学模型与测土数据"无缝对接"，将繁琐的计算得以简化，轻松获得施肥的最佳参数和方案。二是估算目标产量。可依据土壤肥力状况估算所在位置主要农作物的目标产量。三是推荐单质肥和配方肥施肥方案。可依据土壤肥力测试结果和作物目标产量计算最佳施肥量及氮磷钾施肥比例，推荐出两种最佳施肥方案，一种是单质肥施肥方案，第二种是配方肥施肥方案。四是制定作物最佳配方肥比例。可依据土壤肥力和目标产量，制定适应某作物的最佳配方肥的配方比例，为大户或肥料企业提供生产配方最佳比例方案。五是自动生成施肥方案短信。配方施肥方案计算完成后，可自动生成施肥方案的短信，发送到有需求的农户手机，为没有智能手机的农户服务。六是提供作物施肥指导意见。可直接查询作物的施肥指导意见，查询配方肥生产企业并联系生产专用配方肥。七是实现科学技术信息进村入户。该系统是现代信息科学技术优化集成的成果，为农业新技术推广应用解决最后"一公里"的问题。

该系统具有 5 大应用前景：一是可用于农技专家和基层农技员实时指导农户科学施肥。二是可用于种粮大户、农业生产专业合作社、农业产业化龙头企业、广大农户自主制定施肥配方。三是可用于肥料生产企业制定配方肥配方。四是可用于智能配肥机控制系统制订施肥方案。五是可进一步开拓测土配方施肥项目成果应用。

7. 信息化在施肥管理中的发展

据农业部种植业管理司介绍，测土配方施肥补贴项目自 2005 年启动以来，积累了大量第一手测土和田间试验数据，建立了县域科学施肥专家咨询系统，各地结合农业生产实际和农民用肥习惯、肥料资源现状，通过信息化技术集成和土肥技术创新，探索出了手机自动定位农民主动索取信息模式、田块编码查询信息主动推送服务模式、电子商务模式等多种形式，用农民听得懂的语音、看得懂的信息、收得到的方式提供简便、快捷、有效、实用的技术服务，指导农民科学选肥、用肥，大幅度提升了技术传播效率、提高了技术服务覆盖面和针对性。实践证明，现代信息技术是测土配方施肥工作的倍增器、发展引擎，测土配方施肥已有条件成为农业信息化的切入点和突破口。

农业部要求各省要坚持政府主导、公益服务，多方合作、共同开发，农企合作、完善网络，突出重点，稳步推进的原则，以 12316 农业信息服务平台为主，稳步推进测土配方施肥手机信息化服务试点工作。一要加强与信息部门、电信运营商的沟通协调，抓紧建立运行机制和管理机制，搭建好服务平台。二要尽快建立完善省级测土配方施肥数据中心，加强对县域测土配方施肥专家系统数据和施肥参数的审核把关，及时更新基础数据，确保测土数据、施肥参数和发布的信息科学、准确、实用。三要按照农业部统一要求规范软件开发，注意把区域肥料大配方与各地配方肥生产供应和推荐施肥方案紧密结合起来。四要选择基础较好的县（市）率先开展测土配方施肥手机信息服务试点，探索积累经验，完善工作机制，做到成熟一个开通一个，逐步扩大覆盖面。五要加强复合型人才的培养，建设一支既是科学施肥行家里手、又懂现代信息化技术的高新技术队伍。六要深入开展"12316 测土配方施肥手机信息服务"宣传，不断提高广大农民群众和农技推广人员的普及度，提高主动施用配方肥、应用科学施肥技术的积极性。

五、机械化施肥

1. 机械化施肥技术发展现状

我国的机械化施肥技术发展起步较晚，早期的施肥机都是在传统的播种机、中耕管理机的基础上改造而成的，没有经过科学、系统的设计与研究，作业性能比较落后，普及程度也不高。因此，机械化施肥问题也成为各地实现主要农作物生产全程机械化亟待解决的重点问题之一。现行使用的施肥机械主要有以下 3 类：

（1）撒肥机

撒肥机可将肥料均匀地抛撒在农田表层，适用于大规模撒施基肥。根据使用肥料种类的不同，撒肥机又可以分为两种：一种是化肥撒肥机，主要适用于颗粒化肥或粉状化肥撒施，常见的有摆杆阀门式撒肥机、离心圆盘式撒肥机（图 3-3）和气力式宽幅撒肥机；另一种是有机肥撒肥机，可以撒施不同类型的堆肥、沤肥和厩肥等，常见的有机械刮板式撒肥机和离心式撒肥机。

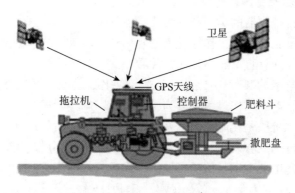

图 3-3　圆盘式变量撒肥机

图来源：杨志杰. 精准变量施肥技术研究与应用［J］. 河北农机，2013（5）：60-61

（2）播种施肥机

播种施肥机由播种机发展而来。该机具通过在播种机上加装排肥器等装置，可以实现播种和施肥的同步作业，主要用于撒施种肥。目前，市场上的播种施肥机主要有条播施肥机和穴播施肥机两种（也可根据施肥位置分为侧位深施机和正位深施机）。过去使用较多的是条播施肥机。该机具作业时由行走轮带动排种轮和施肥轮旋转，让种子和化肥按要求各自排入输种管与输肥管，再经开沟器落入开好的沟槽内，然后由覆土镇压装置覆盖压实。其施肥质量主要取决于排肥器和开沟器，常用的排肥器类型有外槽轮式、离心式、滚轮式、链指式、钉轮式、振动式、刮刀转盘式、螺旋输送式、搅刀拨轮式、星轮式和摆抖式等。近年来，随着精密播种技术的发展，一些单位开始研究开发穴播机。穴播机能够实现种子穴与肥料穴的一一对应，既可保证肥料能被充分利用，又可以节约肥料、保护环境，是未来播种施肥机发展的重要方向。

（3）肥料喷洒机

肥料喷洒机是由农药喷洒机等植保机械发展而来的，可以用于喷洒尿素等水溶性肥料，通常作为追肥机械使用。常见的有人力（手动）喷洒机、畜力喷洒机、自走式喷洒机、航空喷洒机、厩液施洒机等。厩液施洒机主要用于施洒基肥，分泵式和自吸式两种。作业时，泵式厩液施洒机用泵将厩液从贮粪池中抽吸到液罐内，运到田间后用泵对液罐增压喷洒；自吸式厩液施洒机利用拖拉机作动力，通过引射装置将厩液从贮粪池中吸入液罐内，再运至田间施洒。在设施农业中，有一种水肥一体化技术，主要是将肥料配兑成肥液，借助压力灌溉系统，将水和肥按照作物生长各阶段的不同需求，适时适量地输送到作物根部，满足作物生长所需的水分和养分供给，具有节水、节肥、节药、节地、省工及改善土壤和微生态环境等优点。

2. 我国固态肥料施肥机械的主要类型

（1）以肥料排肥器的类型及其性能特点划分

①离心式排肥器。其工作原理就是利用高速转动的物体的离心力。离心式排肥器排肥盘叶片有直形和弯形，叶片数目 2～6 个不等。在一个排肥盘上安装不同形状和角度的叶片，使各叶片排出的化肥远近不同，提高排肥的均匀性。离心式排肥器的工作过程可分为两个阶段：第一阶段是化肥质点在排肥盘上的运动；第二阶段是化肥质点离开排肥盘到落地阶段的运动。根据前苏联学者用泥炭粉进行的试验表明：在一定范围内，初速和高度越大，则抛撒距离也越大，但当初速增到一定数值后，抛撒距离不再增大，公式如下：

$$L = [-(7.5\lg V_0 - 5.1)\lg K_n + \lambda]H \tag{3-11}$$

式中：H 为排肥盘的安装高度；λ 为与初速 V_0 有关的系数；K_n 为化肥粒子飘浮系数，用来计算离心式排肥器的排肥距离，排肥盘转速，机组前进速度等相互之间的关系。

②链指式排肥器。该排肥器的工作部件为一回转链条，链节上装有斜置的链指。工作时，链条沿箱底移动，链指通过排肥口将化肥排出。为了清除肥箱底部被链指压实的化肥层，在链条上每隔一定距离装有一把刮刀，为了防止化

肥在肥箱内架空，肥箱前壁还装有一块振动板。

③钉轮式排肥器。该排肥器属于条施排肥器，其工作部件是排肥轮上有分布均匀的钉齿，钉轮转动时，钉齿将化肥拨出落入排肥管中，进入钉轮下部的化肥根据化肥的流动性由插板控制，用改变转速来调控流量。钉轮式排肥器常用于丹麦等欧洲国家使用的联合条播机上。

④星轮式排肥器。它是目前国内外使用最普遍的一种，其工作原理是旋转的星轮将星齿间的化肥强制排出。通常采用2个星轮对转以消除肥料架空和锥齿轮的轴向力。在肥箱底部装有活页式铰链，箱底可以打开，以便清除残存的化肥。

⑤转盘式排肥器。其工作原理是在肥料箱底部安装一水平旋转的圆盘，肥料从肥料筒下部的孔口自流进入转速不大的水平转盘内，水平转盘将肥料分别带向2个转动着的排肥盘。排肥盘位于水平转盘的边缘，沿垂直方向转动。利用水平转盘与排肥盘的相对速度和肥料与排肥盘摩擦力的关系，使肥料从水平转盘的边缘排出。

⑥螺旋式排肥器。其工作原理是利用螺旋回转达到排肥目的。排肥螺旋叶片有普通形、中空形和钢丝弹簧形3种。叶片式排肥量大，对肥料压实作用也大，故只适用于排施粒状及干燥的粉状化肥，排肥量大小由转速决定。

⑦定孔式排肥器。它的基本特征是肥箱底部开有孔口，工作时箱内绕水平轴转动的圆盘将化肥送出孔口。其排肥量由肥料箱底部的孔口决定。定孔式排肥器只适宜于流动性好的化肥，它的稳定性变量系数为20%～30%，结构简单。

⑧振动式排肥器。其工作原理是凸轮使振动板不断振动，使化肥在肥料箱内循环运动，同时，清除肥料箱内化肥"架空"，并使化肥沿振动板斜面下滑，经排肥口排出，排肥量大小由调节板调节。

（2）以固态肥料施肥整机类型划分

①离心式撒肥机。根据离心式排肥器的原理设计的，它是由动力输出轴带动旋转的排肥盘将化肥撒出。它有单盘式和双盘式两种。它结构简单、重量较小。撒施幅度大和生产效率高等优点，是欧美等国家普遍采用的一种撒肥机。

②全幅式施肥机。一类是根据转盘式排肥器原理设计的，由多个双叶片的转盘式排肥器横向排列组成全幅式施肥机。另一类根据链指式排肥器原理设计，由装在沿横向移动的链条上的链指组成，沿整个机器幅宽实施全幅式撒肥。其基本特性是在全幅式内施肥均匀。

③气力式宽幅撒肥机。利用高速旋转的风机所产生的高速气流，并配以机械式排肥器和喷头，大幅宽、高效率地撒施化肥。这种撒肥机是目前国外应用

最广的一种新式的，集自动化和电子化为一体的撒肥机。

④种肥施肥机。在谷物播种机上装置施肥排肥器，在播种的同时播施种肥。目前在国内的谷物条播机、玉米播种机带有施肥装置。在欧洲等国家同样都在播种机上配备有施肥器。

⑤追肥施肥机。农作物追肥是将化肥施在作物根系的侧深部位。追肥施肥机就是在中耕机上安装排肥器和施肥开沟器。在国内一般追肥施肥机采用侧方表施方法进行作物追肥。

第四章　北京土壤与农业发展概况

作为中国的首都，北京农业具有特殊的意义和作用，一方面其承载着养活在这片土地上生活的人们的重任，另一方面又承载着生态型、都市型现代农业进行不断地探索与研究。北京的肥料施用要与其自然地理条件相适应，更重要的是要与生态型都市和新型农业经营主体的发展要求相适应。本章首先介绍了北京自然地理与区域特征，然后探讨了北京农业发展的特点与现状，重点分析了北京土壤特点、耕地质量以及主要作物类型，为北京肥料的施用、管理奠定良好的基础。

第一节　北京自然地理与区域特征

北京市中心位于北纬 39°，东经 116°。雄踞华北大平原北端。北京的西、北和东北，群山环绕，东南是缓缓向渤海倾斜的大平原。北京平原的海拔高度在 20～60m，山地一般海拔 1 000～1 500m，与河北交界的东灵山海拔2 303m，为北京市最高峰。境内贯穿五大河，主要是东部的潮白河、北运河、西部的永定河和拒马河。北京的地势是西北高、东南低。西部是太行山余脉的西山，北部是燕山山脉的军都山，两山在南口关沟相交，形成一个向东南展开的半圆形大山弯，人们称之为"北京弯"，它所围绕的小平原即为北京小平原。综观北京地形，依山邻海，形势雄伟。诚如古人所言："幽州之地，左环沧海，右拥太行，北枕居庸，南襟河济，诚天府之国。"

北京地区的地势受地质构造的影响，总的趋势是西北高而东南低。从土壤母质分布来看，北部和东北部山区以片麻岩、石英岩、石灰岩、安山岩、凝灰岩、砂质岩和砾岩为主，但因大量岩浆侵入，花岗岩的分布也较广。西南部山区则以石灰岩、砂岩、页岩、角砾岩、花岗岩、安山岩为主。西部山地以凝灰岩、花岗岩、片麻岩、角砾岩为主。在山前洪积扇地区，为洪积或洪积冲积母质。在平原地区多为河流冲积母质，以沙壤和黄土性母质为主。北京属暖温带、半干旱、落叶阔叶林与森林草原-褐色土地带。垂直地带性土壤为山地草甸土-棕壤-褐土-潮土。各类褐土分布最广，占全市总面积的 65%，主要分布于低山、丘陵、山前扇形平原和广大的洪积、冲积平原；潮土分布于洪积、冲积平原下部、冲积平原和局部洼地，占全市总面积的 14%；山地棕壤分布在山中地区，约占全市面积的8％。北京市平原地区早已辟为农田，近郊以蔬菜为主，远郊以棉粮为主。

土地面积：北京全市土地面积16 410km²。其中平原面积6 338km²，占38.6％。山区面积10 072km²，占61.4％。城区面积87.1km²。

气候特点：北京的气候为典型的暖温带半湿润大陆性季风气候，夏季炎热多雨，冬季寒冷干燥，春、秋短促。年平均气温10～12℃，1月－7～4℃，7月25～26℃。极端最低－27.4℃，极端最高42℃以上。全年无霜期180～200d，西部山区较短。年平均降雨量600mm以上，为华北地区降雨最多的地区之一，山前迎风坡可达700mm以上。降水季节分配很不均匀，全年降水的75％集中在夏季，7、8月常有暴雨。

第二节　北京农业发展特点与现状

一、北京农业发展的总体目标

以高端、高效、高辐射为主要标志，以基础完善、科技领先、产业高端、服务完备、装备现代化和人才一流为主要标准，农业的多功能实现深度开发。力争通过努力，使农业成为首都鲜活等安全农产品供给的基础保障、宜居城市的生态景观基础保障和直接从事农业生产农民增收的基础保障，基本形成业态丰富、功能多样、环境友好、特色鲜明的都市型现代农业产业体系。率先成为国际领先、国内一流的都市型现代农业引领区、农业高新技术示范区和农业高科技人才聚集区。

二、北京农业发展的具体目标

1. 农业产业实现特色高端高效

"种业之都"建设迈出坚实步伐，种业销售额达到80亿元；设施农业稳步发展，产值和效益提高20％以上；农业服务业收入提高30％以上，休闲农业总收入达到35亿元左右。农民组织化程度和农业规模化经营程度提高20％以上；农产品加工业总产值与农业产值之比达到2.5∶1。

2. 农业生态服务水平国内一流

农田周年覆盖率达到95％以上，景观农田达到10万hm²以上。农业水、肥资源利用率提高10％以上，全市农业年用清水总量控制在8.0亿m²以内；规模养殖场畜禽粪便污水处理率达到90％；渔业、景观水域修复率达到2万hm²以上，农业系统的生态服务价值提高10％。

3. 农业科技水平与社会化服务能力显著增强

以国家农业科技城建设为契机，显著提升农业科技创新能力、新型产业培育能力和社会化服务能力。农业科技贡献率达到 68%；建立完善的农业信息化服务体系；全市农业社会化服务与管理能力显著增强，村镇农业社会化服务覆盖度达到 95%。

4. 农业基础装备国内领先

新建基础完善、装备现代的基本农田 10 万 hm²，基本农田建设与综合开发达到 14 万 hm²。农田水利设施基本配套，节水灌溉面积占灌溉面积的比例达到 95%；农作物重大病虫草害专业化防治比率由目前的 8% 提高到 30%，灌溉水利用系数由 0.67 提高到 0.7；全市耕种收综合机械化水平达到 70% 以上，粮食作物生产全程机械化，农业生产基本实现现代化。

三、北京市都市农业的布局

1. 总体布局

按照产业融合、科学循环、优势主导的原则，突出大城市郊区农业区特点和首都特色，科学高效配置农业资源要素，加快形成生态优良、环境优美、产业优势、产品优质的都市型现代农业产业格局。

（1）城市农业区

包括东城、西城、石景山和其他新城核心区，是都市型现代农业的适度发展区。重点发展公园农业、社区农业、校园农业、家庭农业等不同类型的城市农业，挖掘农耕文化和示范教育功能，提升城市景观，缓解城市热岛效应，丰富市民生活。

（2）近郊农业区

包括朝阳、海淀、丰台城乡结合部和新城的周边地区，是都市型现代农业的研发、展示和会展区。重点发展农业高新技术研发、总部经济、会展农业、农产品流通业、农业主题公园和休闲观光农业，打造农产品展示交流平台，积极营造城市田园景观，将农业生产空间与城市居住环境空间融为一体，增强农业生态、生活服务功能。

（3）平原农业区

包括顺义、大兴、通州和房山、平谷、昌平的平原地区，是都市型现代农业的核心区和首都"菜篮子"农产品的重要生产基地。重点建设"名特优新"农产品生产基地、现代农业示范园区，发展农产品加工业、设施农业、现代种业与景观农业，为首都市场提供鲜活安全的农产品。

（4）山区农业区

包括房山、门头沟、昌平、怀柔、延庆、密云、平谷的山区，是都市型现代农业作为充分体现人文、科技、绿色特征的低碳产业重要示范区，也是融合性产业的重点发展区。着重发展循环农业、低碳农业、有机农业和沟域经济，打造一批特色果品产业带和有机农产品生产基地，提高农业生态服务价值和农民增收能力。

（5）京外合作区

重点包括河北、山西等周边省、区农产品主产地区，是首都农产品供应的重要保障。新发展 1.33 万 hm² 农产品生产基地，外埠供应基地达到 5.33 万 hm²，并与城区"菜篮子"产品销售网络相对接，形成首都农产品外埠供应基地网络，以提升农产品市场控制力，并辐射带动周边区域农业发展。

2. 重点产业布局

（1）粮经作物

按照提高大宗作物单产水平、打造生产性绿色空间、开发特色粮经产品的总体原则，稳定粮经作物播种面积在 21.33 万 hm² 左右，突出"近郊连点成片、远郊连片成面"的空间布局，重点抓好粮经产业"两带三群"建设，推进粮经作物规模生产。

"两带"：优质高产粮食生产带，重点布局在顺义、通州、房山、大兴和延庆 5 个区县的平原大板块农田区，以高产创建活动为引领，带动全市粮食优质高产稳产；生态作物种植带，以多年生越冬作物为主，重点布局在环北京城区上风地带的燕山、太行山浅山和山前平原区，提高冬春季农田绿色覆盖度，打造农业生产绿色空间。

"三群"：绿色杂粮生产群，按照绿色、有机农产品生产标准，发展市场前景好、经济效益高的豆类、薯类等杂粮生产，重点布局在密云、房山、延庆、平谷、怀柔等山区；鲜食产品生产群，本着节约成本就地生产的原则，重点发展鲜食玉米、鲜食花生和草莓等产品，重点布局在平原和浅山区县；其他高效粮经作物生产群，按照因地制宜、突出效益的基本原则，实施点片结合的布局思路，发展其他高效粮经作物生产。

（2）蔬菜

按照"一带三园"的空间布局，切实保证优质、安全、营养蔬菜的周年供应。

"一带"：环城都市型现代蔬菜展示体验带，主要包括朝阳、海淀、丰台等区县和其他区县与城区相邻的部分，形成环城圈，重点发展以展示蔬菜生产中应用的高新技术、现代化设备和优良品种为主的示范展示基地。

"三园"：南菜园，主要包括南部的大兴、房山等区县，是优质蔬菜主产区，面积保持在 1.32 万 hm²，以保证全市蔬菜周年供应为主；北菜园，主要包括北部的延庆、怀柔、密云、昌平和门头沟等区，是冷凉蔬菜生产区，重点发展冷凉蔬菜和越夏蔬菜，面积保持在 1.13 万 hm²，保证夏淡季的蔬菜供应；东厢菜园，主要包括东部的通州、顺义、平谷等区，是精品蔬菜生产区，重点发展特色、精品、高档蔬菜，面积保持在 2.17 万 hm²，保证特色高端蔬菜的供应。

在蔬菜特色产业方面。食用菌产业重点在房山、通州和顺义发展；西甜瓜产业重点在大兴的庞各庄、礼贤、榆垡，顺义的李桥、李遂、北务、杨镇、大孙各庄等乡镇发展；绿色、有机食品产业重点在北部延庆、怀柔、密云、昌平和门头沟等区县发展；加工配送蔬菜产业重点在朝阳、大兴、通州、顺义、平谷、昌平等区县发展；蔬菜工厂化生产产业重点在通州、顺义、房山、昌平等区县发展。

（3）果品产业

按照"八带百群千园"的空间布局，加快发展特色、优质、安全、高效果品产业。

"八带"：八大树种优势产业带。一是苹果产业带。主要集中在昌平、延庆、顺义、密云、门头沟等山前暖区，面积稳定在 1.07 万 hm² 左右；二是梨产业带。主要分布在大兴、房山、顺义等区的永定河、潮白河、温榆河沙地，面积稳定在 1.33 万 hm² 左右；三是大桃产业带。分布在平谷、大兴、昌平、通州等区的平原、丘陵地区，面积稳定在 2.67 万 hm² 左右；四是葡萄产业带。集中在大兴、通州、延庆、顺义等区县的平原、山区盆地地区，面积稳定在 0.47 万 hm² 左右；五是柿子产业带。集中在房山、昌平、平谷等区的丘陵黄土区，面积稳定在 1.33 万 hm² 左右；六是板栗产业带。集中在怀柔、密云、平谷、昌平等区的花岗岩、片麻岩成土区，面积稳定在 4 万 hm² 左右；七是核桃产业带。集中在门头沟、房山、平谷、昌平等区的山地沟谷，面积稳定在 1.2 万 hm² 左右；八是仁用杏产业带。集中在延庆、房山、门头沟等区的深山区，面积稳定在 0.93 万 hm² 左右。

"百群"：开发受特殊的地理地貌、自然气候条件影响，经过几百或上千年的栽培、演化，形成某一特定区域独有的 100 个"名特优新"品种群。

"千园"：选择交通便利或与旅游景区结合的部分地区，建设特色明显、品质优良、功能多样的 1 000 个公园式旅游观光休闲果园。

（4）畜牧业

按照"三区四带"的空间布局发展，实现服务居民、富裕农民、科技引领和节能减排。

"三区"：禁养区，指饮用水水源保护区、风景名胜区、自然保护区的核心区和缓冲区，具有特殊经济文化价值的水体保护区；城镇居民区、文化教育科学研究区以及其他人口集中区域；法律、法规规定的其他禁养区域。此区域内禁养包括以商品食用为目的生猪、奶牛、家禽等。限制养殖区，指城市拓展区、发展新区和生态涵养保护区中，主要用于城乡建设的区域；此区域内不再新建规模化畜禽养殖场，已有的养殖场随着城市发展进程逐步退出。可持续发展区，城市发展新区、生态涵养发展区中与生态环境和城市建设没有冲突、适合发展畜牧业的区域。此区域内重点发展畜禽良种、标准化规模养殖、生态养殖、特色养殖，依据城市发展规划和土地利用规划适度发展饲料和屠宰加工产业。

"四带"：生猪产业带，指以平谷、顺义、通州、大兴、昌平和房山等区为主的京南生猪产业带。奶牛产业带，指以延庆、密云和怀柔等区为主的京北奶牛产业带；以顺义、通州、大兴和房山等区为主的京南奶牛产业带。肉禽产业带，指以房山、门头沟、延庆、怀柔、密云和平谷等区为主的环京西北肉禽产业带。蛋禽产业带，指以房山、延庆、怀柔和密云等区为主的京北蛋禽产业带；以大兴、平谷和通州等区为主的京南蛋禽产业带。

（5）渔业

围绕籽种渔业、生态渔业、设施渔业、观赏渔业、休闲渔业的发展，不断优化产业区域布局，总体上形成"4610"的发展格局。

"4"：四个渔业资源养护和增殖重点区域，包括：拒马河自然保护区，怀九河、怀沙河自然保护区，密云水库水源区，永定河开发水域区。

"6"：六个重点观赏鱼养殖带，包括：通州、朝阳金鱼养殖带，平谷、通州食用鱼养殖带，昌平罗非鱼养殖带，怀柔、延庆、密云、房山鲟鱼养殖带，水源区生态渔业养殖带，人工河湖观赏鱼带。

"10"：重点发展生态渔业、冷水渔业和休闲渔业的十条沟域，主要分布在怀柔、密云、昌平、房山、延庆等区。

（6）籽种产业

按照"一个核心、两大区域、三类基地、四级网络"的空间布局发展，加快种业发展方式转变，促进首都种业跨越式发展。

一个核心：发挥科技研发优势和企业总部聚集优势，重点打造中关村国际种业园区，辐射带动两区、三基地、四级网络。

两大区域：重点打造丰台会展功能区、顺义和通州交易功能区，加快会展、交流交易平台建设，提升服务支撑能力。

三类基地：进一步优化提升本市种植、畜禽、水产、林果花卉四大种业生产基地布局，加大南繁基地建设力度，加强外埠制种基地合作和服务支撑。

四级网络：依托由10个区级优势作物品种试验展示基地、3个国家级和市级综合品种试验展示中心、7个创新孵化辐射基地形成的"10＋3＋7"农作物品种展示基地网络，搭建国家和市级、区县级、科教机构和企业级"10＋3＋7＋N"品种展示孵化四级网络。

（7）休闲观光农业

根据北京市郊区资源、环境、区位及农业生产特点，发展休闲观光农业。

城近郊区：包括朝阳、海淀、丰台及远郊区县六环以内地区，以观赏旅游、农事体验为主，重点发展农业公园、花卉观赏园、垂钓园及市民租赁农园等观光体验型农业。

平原区：包括昌平、顺义、通州、大兴和房山等平原地区，以休闲、农作体验、教育为主，重点发展观光采摘园、瓜菜采摘园、教育农园、租赁农园、垂钓乐园、高科技园等体验、休闲型农业。

远郊山区：包括平谷、密云、怀柔、延庆、昌平西北部、门头沟区九龙山以西部分、房山区山地部分，以观光旅游、休闲疗养、民俗文化体验为主，重点发展风景旅游、森林旅游、民俗旅游、果品采摘等生态、文化旅游型农业。

（8）农产品加工业

根据地理位置、经济社会发展条件，选择优势产业，逐步形成特色鲜明、优势明显的三个专业区域。

北部区域：以平谷、密云、怀柔、昌平、延庆平原区为主的肉类、果品、饮料产业园区。怀柔区重点发展果品、饮料、饲料加工和酿酒业等；密云区重点发展特色果品、饮料和乳品加工等；延庆区重点发展高档葡萄酒、出口蔬菜加工、饲料加工和其他特色农产品加工；昌平区重点发展肉类（羊肉）加工、饲料（苜蓿）加工、乳品加工和休闲方便食品等；平谷区重点发展肉类（猪肉）、特色果品饮料加工、饲料加工和休闲食品加工。

中部区域：以顺义区为主的名优产品加工展示产业园区。在顺义天竺周边地区建设一个集名优农产品加工、配送、产品展示、仓储、物流、出口加工于一体的北京农产品加工展示园，使之成为北京农业产业展示的窗口。此外，重点发展肉类加工、高档深加工熟肉制品、高档排酸冷却肉、分割肉、乳品加工、净菜鲜活配送、饮料加工、酿酒和饲料加工。

南部区域：以大兴、通州和房山平原区为主的乳品、肉类、粮油产业园区。大兴区重点发展乳品加工、肉类加工、净菜鲜活配送、蔬菜加工、饲料加工、休闲食品和酿酒等；通州区重点发展粮油加工、肉类加工、净菜鲜活配送和饲料加工；房山区重点发展食用菌生产和加工、肉类加工和饲料加工。

（9）农产品流通业

建设完善农产品流通体系，推动全市性大型农产品批发市场、区域性农产品批发市场和生产基地产地批发市场建设改造；在五环外东南方向新建功能完善、设施齐全、公益性强的现代化全市大型综合农产品批发市场。采取多种方式对现有 9 大批发市场进行合理梯度调整，在基础设施、技术、管理等方面提升水平，提供农产品物流信息查询、智能配送、货物跟踪等物流信息服务，建立与国内国际贸易相适应的农产品市场流通体系；形成政府可调、及时联动、布局合理、水平先进的批发市场网络。依托批发市场推进多样化冷藏仓储设施建设，提高整体仓储能力，确保耐储蔬菜品种应急供应天数达 3d，提高城市社区和远郊区县村镇连锁超市、便利店覆盖率，达到"应覆盖、尽覆盖"的目标。

第三节 北京土壤特点及耕地质量情况

一、耕地资源基本概况

1. 耕地资源数量

2012 年北京市耕地总资源面积约为 220 856hm²，占全部土地 13.7%（表4-1），如图 4-1 所示，比 1992 年下降 18.8×10^4 hm²，下降比例为 47%，其中1996 年后比 1996 年前下降幅度要明显增大；2000—2004 年耕地下降幅度也较大；2004 年以后，随着国务院印发第三版《全国土地利用总体规划纲要（2006—2020 年）》，对未来 15 年土地利用的目标和任务提出 6 项约束性指标和 9 大预期性指标，其核心是确保 1.2 亿 hm² 耕地红线——中国耕地保有量到 2010 年和 2020 年分别保持在 1.212 亿 hm² 和 1.20 亿 hm²，确保 1.04亿 hm² 基本农田数量不减少，质量有所提高，北京市也加大了耕地保护力度，但从 2006—2012 年，北京市实有耕地面积仍在逐年下降，尽管下降幅度有所减小（表 4-2）。因此北京市耕地资源的急剧下降必然使得首都农业农产品保障压力呈直线上升的趋势。

图 4-1　1992—2012 年北京市年末实有耕地面积

数据来源：《北京市统计年鉴 2014》

表 4-1 2012 年北京市土地利用情况

单位：hm²

区	耕地	园地	林地	草地	城镇村及工矿用地	交通运输用地	水域及水利设施用地
全　市	220 856.16	1 371.18	7 396.33	854.91	2 977.59	463.28	790.88
首都功能核心区					92.15		
东城区					41.82		
西城区					50.33		
城市功能拓展区	71.42	42.16	211.40	1.52	817.07	67.09	54.09
朝阳区	27.30	7.27	37.30	0.12	334.58	22.66	21.90
丰台区	22.50	7.80	43.59	0.82	189.52	26.80	12.33
石景山区	0.68	0.71	23.82	0.07	53.60	2.20	3.11
海淀区	20.95	26.38	106.69	0.51	239.38	15.43	16.76
城市发展新区	1 463.03	452.72	1 543.32	494.70	1 550.92	261.46	343.74
房山区	252.53	157.22	607.53	456.70	305.17	50.74	70.46
通州区	340.84	35.81	80.56	1.24	293.11	47.75	87.57
顺义区	339.90	50.03	153.81	17.86	277.89	71.74	77.44
昌平区	118.43	127.18	635.93	15.32	333.57	50.83	42.13
大兴区	411.33	82.48	65.91	3.58	341.18	40.41	66.14
生态涵养发展区	674.11	876.30	5 641.61	358.69	517.45	134.73	393.06
门头沟区	7.67	54.11	1 002.68	229.87	81.17	14.59	15.76
怀柔区	101.35	178.30	1 629.48	15.61	102.25	27.54	48.74
平谷区	118.85	235.15	348.94	61.20	102.45	25.04	40.37
密云县	164.70	301.52	1 303.83	23.46	138.73	32.48	223.98
延庆县	281.54	107.22	1 356.69	28.55	92.85	35.08	64.21

注：表内数据为 2012 年土地变更调查数据

资料来源：北京市国土资源局

2. 耕地资源利用结构

如表 4-2 所示，截至 2012 年，北京市的耕地结构为：灌溉水田 2 121.09 hm²，占耕地总面积 0.96%，灌溉水田主要分布在位于北京地势低洼的通州区及海淀区上庄乡和苏家坨镇一带。

水浇地 166 562.65hm²，占耕地总面积 75.4%。是耕地中面积最大的类型。其分布与耕地的分布一致，主要分布在远郊平原区。

旱地面积 52 172.42hm²，占耕地总面积 23.64%，主要分布在远郊山区和半山区。

表 4-2　北京市 2009—2012 年耕地变化

单位：hm²

项目	2009	2010	2011	2012
年初耕地总资源		227 170.43	223 779.38	221 956.16
年内增加		11.05	521.47	545.44
#土地整理				429.59
土地复垦				
土地开发			4.78	
农业结构调整			489.79	42.77
其他		11.05	26.9	73.08
年内减少		3 402.1	2 344.69	1 645.44
#建设占用		3 038.17	1 916.97	1 302.25
灾害损毁				172.87
生态退耕				
农业结构调整		320.95	412.68	83.63
其他		42.98	15.04	86.69
年末耕地面积	227 170.43	223 779.38	221 956.16	220 856.16
灌溉水田	2 240.49	2 207.93	2 155.17	2 121.09
水浇地	171 983.18	169 205.74	167 694.03	166 562.65
旱地面积	52 946.76	52 365.71	52 106.96	52 172.42

数据来源：《北京市统计年鉴 2014》

二、土壤类型概述

1980 年的第二次土壤普查，完成了对全市土壤资源的系统分类工作，以生物气候条件为主导因素，而不受地下水作用的自然成土过程主要形成山地草甸土、山地棕壤和褐土，地带性土壤是褐土；受地下水及地面水影响主要形成潮土、沼泽土等隐域性土壤。全市主要的土壤类型和质地类型的主要特点、分布情况以及种植适宜性，为北京市农业生产提供基础资料和决策参考。

根据第二次土壤普查的结果，北京市土壤共划分 7 个大类、17 个亚类。7 个大类为：山地草甸土，山地棕壤，褐土，潮土，沼泽土，水稻土，风砂土（表 4-3）。北京市主要土类特点及分布如图 4-2 所示。

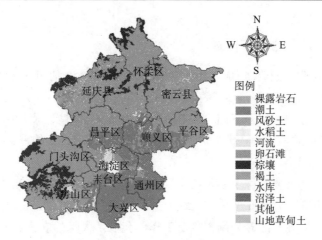

图 4-2　北京市主要土类特点及分布

图来源：北京市土肥工作站

表 4-3　北京市土壤分类

大类			亚类		
名称	面积（km²）	占全市土壤总面积（%）	名称	面积（km²）	占全市土壤总面积（%）
山地草甸土	5.26	0.038	山地草甸土	5.26	0.038
山地棕壤	1 303	9.5	山地棕壤	1 057.4	7.7
			山地粗骨棕壤	245.6	1.8
褐土	8 905.4	64.95	山地淋溶褐土	4 861.73	35.46
			山地粗骨褐土	4926	3.6
			普通褐土（包括山地普通褐土）	1 945.86	14.19
			碳酸盐褐土	455.53	3.3
			褐土性土	555.93	4.1
			潮褐土	594.06	4.3
			褐潮土	749.6	5.5
潮土	3 383.66	24.7	潮土	1 904.93	13.89
			砂姜潮土	505.13	3.68
			湿潮土	45	0.33
			盐潮土	179	1.3
沼泽土	14.3	0.1	草甸沼泽土	14.3	0.1
水稻土	52.46	0.382	潴育育水稻土	40.26	0.292
			潜育水稻土	12.2	0.09
风砂土	46.6	0.33	风砂土	46.4	0.33
总计	13 710.5	—	—	—	—

三、土壤质地分布概述

土壤质地即土壤机械组成，是指土壤中各级土粒含量的相对比例及其所表现的土壤砂黏性质，是土壤较稳定的自然属性，也是影响土壤一系列物理与化学性质的重要因子。土壤质地不同对土壤结构、孔隙状况、保肥性、保水性、耕性等均有重要影响。在生产实践中，土壤质地常作为认土、用土和改土的重要依据。

1. 北京市土壤养分

土壤养分的重要指标主要包括土壤有机质、全氮、有效磷和速效钾，其含量的状况是土壤肥力的重要方面，20 世纪 80 年代进行的第二次土壤普查，对全市土壤进行了大规模的养分调查测定工作，获取了大量的农化分析结果，涉及的样品约有 13 000 个，对全市土壤养分有了一个全面的了解掌握，随后每个区县也在不同的年份进行不同规模的采样和化验分析，但由于土壤速效养分具有易变的特性，其中氮素养分变化相对磷钾的变化要更大些，土壤氮素需要适时监控，进行养分的及时调控，磷钾养分一般采用衡量监控，指导养分管理，一般3～5 年进行一次即可，因此土壤养分氮素状况的调查可更密集一些，磷钾的相对少些，但从空间上大规模覆盖调查对于掌握全市最新土壤养分状况具有重要意义，为此在 2005—2006 年测土配方施肥的带动下，按照农业部的统一标准要求，对全市耕地土壤进行了网格法空间布点，共布设样点 20 000 多个（图 4-3）。

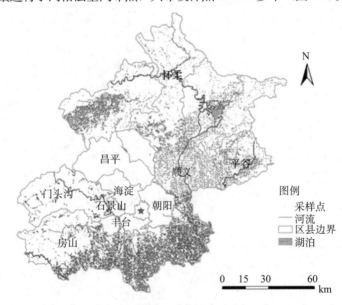

图 4-3　北京市测土配方布点规划

图来源：北京市土肥工作站

随着数据的完善，目前基本形成全市耕地土壤资源信息数据库，图 4-4 为北京市土壤有机质养分含量等级图。

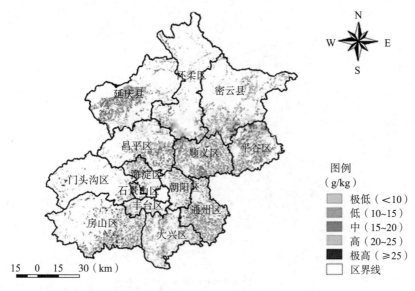

图 4-4　北京市土壤有机质养分含量等级

图来源：北京市土肥工作站

2. 北京市养分等级评价

土壤肥力分等定级对于掌握区域资源状况和指导生产实践，特别是推荐施肥具有重要的意义。北京市土壤养分评价主要针对土壤有机质、全氮、有效磷和速效钾等重要指标进行的，依据北京市各区县 2005—2006 年的最新土壤调查化验数据，通过地统计学空间插值的方法，实现点数据到面数据的扩展，实现为各土壤评价单元赋值，按照"北京市土壤资源管理信息系统（桌面专业版）"进行标准化建库，实现属性数据和空间数据的挂接，在系统土壤评价模块的支持下按照《北京市土壤养分分等定级标准》进行评价，对目前已完成大量调查工作的平谷、密云和顺义等三个区县，进行了耕地土壤的养分分等评价，在此基础上快速地掌握各区县土壤养分等级状况，以及基于地块的土壤养分肥力等级信息，从而指导各区县土壤的培肥推荐管理，提高全市肥料利用效率。北京市耕地土壤全氮含量等级、北京市耕地土壤速效钾含量等级图、北京市耕地土壤有效磷含量等级图如图 4-5、图 4-6、图 4-7所示。

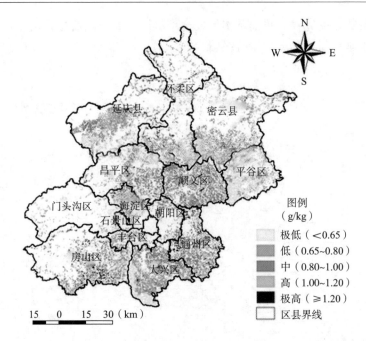

图 4-5　北京市耕地土壤全氮含量等级

图来源：北京市土肥工作站

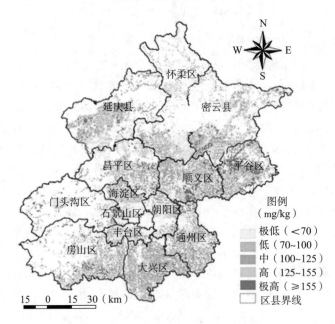

图 4-6　北京市耕地土壤速效钾含量等级

图来源：北京市土肥工作站

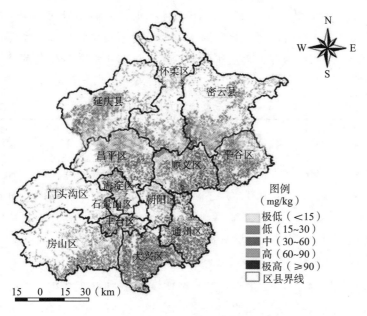

图 4-7 北京市耕地土壤有效磷含量等级

图来源：北京市土肥工作站

3. 监测点分布

京郊耕地地力定位监测自 1987 年开展以来，经过 20 多年的发展，监测点已由最初的 23 个增加到目前 170 个，监测地块的种植模式也由单一的粮、菜

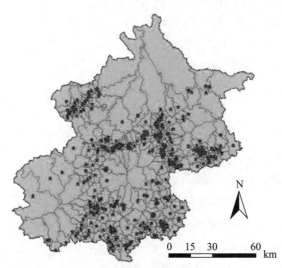

图 4-8 北京市肥力监测网点

图来源：北京市土肥工作站

两类，增加为粮、菜、果、经、饲等多种类型，监测点遍及全市 13 个区县105 个乡镇，169 个村，涵盖北京的主要土壤类型及主要质地。监测点的具体情况见表 4-4（数据来源：李旭军硕士论文《京郊耕地养分变化趋势及主要影响因素研究》，表 4-7 部分数据也来源于该论文，在此一并说明）。

表 4-4 京郊耕地地力长期定位监测点

序号	区	乡镇	监测点	经度	纬度	设立年度	土壤类型	土壤质地
1	朝阳	豆各庄	豆各庄村格林万德	116.5780	39.8748	2003	潮土	轻壤
2	朝阳	金盏	楼梓庄村出口菜基地	116.6225	39.9755	2002	潮土	轻壤
3	朝阳	十八里店	十八里店高标基地	116.4946	39.8401	1987	潮土	轻壤
4	朝阳	东坝	驹子房村果园	116.5657	39.9540	2003	褐土	轻壤
5	朝阳	王四营	王四营郎枣示范基地	116.5482	39.8773	2003	潮土	轻壤
6	丰台	长辛店	太子峪	116.1591	39.8436	2003	褐土	轻壤
7	丰台	长辛店	张郭庄	116.1782	39.8563	1988	褐土	轻壤
8	丰台	花乡	郭公庄	116.2986	39.8185	1988	潮土	轻壤
9	丰台	南苑	新宫	116.3521	39.8171	2003	褐土	砂壤
10	丰台	南苑	槐房	116.3788	39.8138	1988	水稻土	轻壤
11	丰台	王佐	魏各庄中心村洛平	116.0903	39.8048	2003	褐土	中壤
12	海淀	苏家坨	北安河村管家岭樱桃地	116.0994	40.0719	2003	褐土	中壤
13	海淀	苏家坨	前沙涧村一队稻地	116.1353	40.1065	1997	潮土	轻壤
14	海淀	四季青	门头村果林所	116.2241	39.9715	2003	褐土	轻壤
15	海淀	温泉	太舟坞村 8 队保护地	116.2107	40.0425	1989	潮土	中壤
16	门头沟	军庄	孟悟梦我生态园	116.1223	40.0066	2005	褐土	轻壤
17	门头沟	妙峰山	涧沟东大坨	116.0416	40.0768	2005	棕壤	轻壤
18	门头沟	妙峰山	樱桃沟龙王亭	116.0413	40.0360	2005	褐土	轻壤
19	门头沟	雁翅	太子墓道地	115.8360	40.0235	2005	褐土	轻壤
20	门头沟	永定	上安	116.1200	39.9081	2005	褐土	中壤
21	门头沟	斋堂	西胡林泵房	115.7355	39.9833	2005	褐土	轻壤
22	昌平	北流	北流村果园	116.0667	42.1802	2007	褐土	砂壤
23	昌平	崔村	大辛村西果园	116.3369	40.2112	2003	褐土	中壤
24	昌平	崔村	大辛峰村东拐坑东	116.3644	40.2045	2003	潮土	中壤
25	昌平	马池口	马池口村北	116.2096	40.1910	1987	潮土	黏壤

（续）

序号	区	乡镇	监测点	经度	纬度	设立年度	土壤类型	土壤质地
26	昌平	马池口	娄子庄村南菜田	116.2204	40.0561	2003	潮土	黏壤
27	昌平	南邵	官高村北中日观光果园	116.3056	40.2320	2003	褐土	中壤
28	昌平	南邵	景文屯村东蔬菜推广站	116.2660	40.1849	2001	潮土	中壤
29	昌平	十三陵	涧头村东南	116.2043	40.2396	1997	褐土	黏壤
30	昌平	十三陵	南新村日川河果园	116.2333	40.2561	1987	褐土	中壤
31	昌平	小汤山	大汤山村小汤山西区	116.3504	40.1753	1987	潮土	重壤
32	昌平	兴寿	桃林村南	116.4253	40.2156	2003	褐土	中壤
33	昌平	兴寿	兴寿村南	116.4045	40.2076	2001	潮土	轻壤
34	昌平	阳坊	西马坊村东	116.1431	40.1609	2003	潮土	砂壤
35	大兴	安定	高店村	116.5292	39.6339	2005	潮土	砂壤
36	大兴	安定	兴安营村	116.4870	39.6262	2007	潮土	中壤
37	大兴	北臧村	巴园子村	116.2609	39.6597	2003	潮土	中壤
38	大兴	采育	北山东村	116.6011	39.6523	2003	潮土	重壤
39	大兴	采育	东潞洲村	116.6598	39.6130	2003	潮土	轻壤
40	大兴	黄村	西芦城村	116.2790	39.7509	2003	潮土	轻壤
41	大兴	礼贤	黎明村	116.3280	39.5498	1987	潮土	中壤
42	大兴	礼贤	小马坊村	116.4177	39.5513	1993	潮土	中壤
43	大兴	青云店	二村一村	116.5173	39.6808	1987	潮土	中壤
44	大兴	青云店	北店村	116.4693	39.7158	2003	潮土	重壤
45	大兴	庞各庄	薛营村	116.3170	39.6035	1987	潮土	中壤
46	大兴	庞各庄	梨花村	116.2432	39.5759	2005	潮土	砂土
47	大兴	庞各庄	东中堡村	116.3060	39.6452	2003	潮土	中壤
48	大兴	庞各庄	前曹村	116.2636	39.5712	2003	潮土	砂土
49	大兴	魏善庄	后苑村	116.4076	39.6667	1987	潮土	中壤
50	大兴	榆垡	黄各庄村	116.2816	39.5170	2005	潮土	砂壤
51	大兴	榆垡	履磕村	116.2818	39.5474	2005	潮土	中壤
52	大兴	长子营	白庙村	116.5809	39.6754	2003	潮土	中壤
53	大兴	长子营	朱庄村良种场	116.5614	39.6640	2003	潮土	重壤
54	大兴	长子营	牛坊侗庄村	116.6146	39.6952	2003	潮土	重壤

（续）

序号	区	乡镇	监测点	经度	纬度	设立年度	土壤类型	土壤质地
55	房山	长阳	水碾屯村村南	116.1886	39.7296	2005	潮土	中壤
56	房山	长阳	公议庄村村南	116.1968	39.6523	2005	水稻土	中壤
57	房山	长阳	稻田村村东	116.2167	39.7821	1994	潮土	中壤
58	房山	城关	田各庄村南	116.0077	39.6807	1994	褐土	砂土
59	房山	大石窝	南河村村东	115.7896	39.5164	2005	褐土	中壤
60	房山	窦店	窦店村窦交路	116.0735	39.6457	2001	褐土	中壤
61	房山	韩村河	赵各庄村南路东	115.9587	39.6094	2001	褐土	重壤
62	房山	良乡	南庄子村东北	116.1386	39.6762	2001	褐土	中壤
63	房山	良乡	黄新庄村村西北	116.1373	39.7612	2005	潮土	中壤
64	房山	琉璃河	平各庄葫芦头	116.0431	39.6010	1987	潮土	重壤
65	房山	琉璃河	官庄	116.1656	39.5869	2004	潮土	砂壤
66	房山	石楼	二站村村东	115.9764	39.6313	2005	褐土	中壤
67	房山	阎村	后十三里村村西南	116.0917	39.6966	2005	褐土	中壤
68	房山	周口店	南韩继三号井	115.9291	39.6355	1988	褐土	中壤
69	怀柔	北房	安各庄村东	116.7056	40.3364	1989	褐土	砂壤
70	怀柔	北房	宰相庄八百方	116.7023	40.3396	1993	褐土	砂壤
71	怀柔	渤海	景峪村北	116.4926	40.3972	2003	褐土	砂土
72	怀柔	桥梓	后桥梓郭清坟	116.5588	40.2891	1988	褐土	重壤
73	怀柔	桥梓	前桥梓村大渠北	116.5779	40.2820	2003	褐土	重壤
74	怀柔	怀北	东庄大块地	116.6989	40.3853	2003	褐土	中壤
75	怀柔	怀柔	大中富乐120道南	116.6458	40.3465	1989	褐土	中壤
76	怀柔	庙城	王史山村北地	116.5722	40.2701	2003	褐土	重壤
77	怀柔	庙城	赵各庄庄南	116.6400	40.2622	1993	潮土	中壤
78	怀柔	雁栖	陈各庄庄南参地	116.6558	40.3415	1993	水稻土	中壤
79	怀柔	杨宋	北年丰吴家坟	116.6686	40.2656	2005	潮土	轻壤
80	怀柔	杨宋	四季屯村南	116.6851	40.2551	2003	潮土	砂壤
81	怀柔	杨宋	郭庄粮库东	116.6912	40.2882	2003	潮土	砂壤
82	密云	不老屯	不老屯	116.9598	40.5515	2002	水稻土	轻壤
83	密云	不老屯	黄土坎	116.9351	40.5624	2003	褐土	轻壤

（续）

序号	区	乡镇	监测点	经度	纬度	设立年度	土壤类型	土壤质地
84	密云	高岭	瑶亭	117.0863	40.5917	2003	褐土	轻壤
85	密云	河南寨	平头	116.7472	40.2785	2001	褐土	砂壤
86	密云	河南寨	金沟	116.7593	40.2821	2002	褐土	砂壤
87	密云	河南寨	荆栗园	116.8008	40.3120	2003	褐土	砂壤
88	密云	巨各庄	蔡家洼	116.8903	40.3697	1988	褐土	轻壤
89	密云	穆家峪	前栗园	116.8867	40.3925	1989	褐土	轻壤
90	密云	穆家峪	羊山	116.9368	40.4090	2003	褐土	轻壤
91	密云	十里堡	水泉	116.7673	40.3538	2003	褐土	砂壤
92	密云	太师屯	太师庄	117.0884	40.5477	2003	水库	轻壤
93	密云	太师屯	城子	117.1229	40.5839	2003	褐土	轻壤
94	密云	田各庄	黄坨子	116.7779	40.4395	2003	褐土	轻壤
95	密云	溪翁庄	金叵罗	116.8433	40.4557	2003	褐土	轻壤
96	平谷	大华山	前北宫	117.0362	40.2329	2003	褐土	砂土
97	平谷	大兴庄	大兴庄石碑坟	117.0537	40.1495	1997	潮土	中壤
98	平谷	大兴庄	西石桥	117.0350	40.1379	2005	潮土	中壤
99	平谷	东高村	崔庄	117.0650	40.0848	2003	潮土	轻壤
100	平谷	东高村	东高村	117.1193	40.0961	2003	褐土	中壤
101	平谷	金海湖	靠山集	117.3213	40.2052	2003	褐土	轻壤
102	平谷	马昌营	马昌营雷公地	117.0021	40.1159	1987	潮土	中壤
103	平谷	马坊	英城	117.0153	40.0682	2003	潮土	砂壤
104	平谷	南独乐河	南独乐河岗底下	117.2156	40.2737	1987	褐土	轻壤
105	平谷	南独乐河	刘家河	117.2143	40.1998	2003	褐土	轻壤
106	平谷	平谷	岳各庄	117.0793	40.1516	2003	褐土	砂土
107	平谷	山东庄	大北关村	117.1369	40.1878	2005	褐土	中壤
108	平谷	王辛庄	放光	117.0609	40.1745	2003	潮土	砂壤
109	平谷	王辛庄	莲花谭	117.0551	40.1926	2005	褐土	轻壤
110	平谷	夏各庄	安固	117.1705	40.1185	2003	褐土	砂土
111	平谷	峪口	胡辛庄北大块	116.9833	40.1762	1997	潮土	中壤
112	平谷	峪口	胡家营	117.0103	40.2029	1993	褐土	中壤

（续）

序号	区	乡镇	监测点	经度	纬度	设立年度	土壤类型	土壤质地
113	顺义	北石槽	东辛庄村村东大田地	116.5514	40.2453	2003	潮土	轻壤
114	顺义	北务	仓上村龙塘路北 30m	116.8224	40.0728	2003	潮土	砂壤
115	顺义	北小营	北小营菜地	116.7125	40.2098	2003	潮土	砂壤
116	顺义	北小营	前鲁村牧草地	116.7178	40.1788	1987	潮土	轻壤
117	顺义	北小营	后郝家疃村农科所桃地	116.6930	40.1734	1995	潮土	轻壤
118	顺义	北小营	马辛庄村葡萄地	116.7091	40.1793	2003	潮土	轻壤
119	顺义	大孙各庄	西尹家府兴海葡萄基地	116.8724	40.0742	2003	潮土	砂壤
120	顺义	李桥	沿河村标准化基地	116.6996	40.0602	2003	潮土	轻壤
121	顺义	李桥	北河村村北菜地	116.7004	40.0598	2003	潮土	轻壤
122	顺义	李遂	太平村大田地	116.7750	40.0833	2005	潮土	轻壤
123	顺义	马坡	衙门村树林南	116.5927	40.1605	2003	潮土	中壤
124	顺义	马坡	马圈村葡萄地	116.6236	40.1731	2003	潮土	轻壤
125	顺义	木林	蒋各庄村大秦铁路南 50m	116.7864	40.2251	2003	褐土	砂壤
126	顺义	木林	木林村大队西	116.7766	40.2492	2003	褐土	轻壤
127	顺义	南彩	北彩村村北	116.7234	40.1513	2003	潮土	轻壤
128	顺义	南彩	前俸伯楼东苜蓿地	116.7061	40.1326	1987	潮土	轻壤
129	顺义	南彩	河北村菜地	116.7135	40.1321	1994	潮土	轻壤
130	顺义	牛栏山	史家口村梨树地	116.6750	40.2295	2003	潮土	轻壤
131	顺义	杨镇	安乐庄标准化基地	116.7826	40.1447	1994	潮土	中壤
132	顺义	杨镇	荆坨村菜地	116.8575	40.0739	2003	潮土	中壤
133	顺义	赵全营	前桑园牧草地	116.5470	40.2103	2003	潮土	中壤
134	通州	漷县	徐官屯村东南生菜基地	116.8561	39.7284	2003	潮土	砂壤
135	通州	漷县	李辛庄村南	116.8537	39.7145	1987	潮土	砂土
136	通州	漷县	漷县村村南	116.7770	39.7618	2003	潮土	中壤

监测主要包括三方面内容，一是监测点的基本情况，包括监测点立地条件、农业生产概况及监测点土壤剖面的理化性状等；二是年度监测项目，包括田间作业情况、作物产量及主要农作物品质、施肥情况、投入产出情况、土壤养分等；三是三年监测项目，即每三年（从 2007 年开始）测定 pH、容重、电导率、重金属元素（砷、汞、铬、镉、铅）及微量元素（铁、铜、锌、锰）

含量，掌握非经常变化元素的变化情况。目前，已积累土壤肥力、作物施肥、农作物产量等方面的各类数据达数十万个。监测过程中，监测点立地条件和农业生产概况按表 4-5 进行调查，监测点田间作业按表 4-6 调查，监测点肥料施用按表 4-7 调查。

表 4-5 监测点立地条件和农业生产概况

统一编号			野外编号	
监测地点	区 乡（镇） 村		生产者及联系电话	
所有制形成	地块面积		种植方式	
代表面积	东经		北纬	
海拔高度	坡度		坡向	
地貌				
土壤名称	土类 亚类 土属 土种			
地形部位	地下水埋深（m）			
成土母质	土壤质地		部面构型	
土层厚度	耕层厚度（cm）			
＞0 积温	＞10 积温		无霜期	
全年日照时数	光能辐射总量		年降水量	
田间输水方式			灌溉保证能力	

表 4-6 监测点田间作业

统一编号		野外编号		
监测年度		监测点名称		
轮作制度				
项目	第一季	第二季	第三季	第四季
作物名称				
品种				
播种期				
收获期				
播种方式				
耕作情况				

表 4-7　监测点肥料施用

统一编号						野外编号			
监测地点	区	乡（镇）	村			联系人及电话			
季别	施肥日期月/日	有机肥			化肥				
		品种	实物量 kg/hm²	价格 元/t	品种	养分含量%		实物量 kg/hm²	价格 元/t
						N	P₂O₅　K₂O		
第一季									
第二季									
第三季									

4. 土壤有机质概况

（1）土壤有机质含量分布

土壤有机质是土壤肥力和质量的关键指标，是作物稳产高产以及品质提升的重要保障。图 4-9 标示了北京市土壤有机质低和极低的分布。位于东部的三个区县，密云顺义和平谷，有机质含量低等（10~15g/kg）的耕地分布较多，其中在密云区的西南部地区有机质含量不足 10g/kg，处于极低水平。

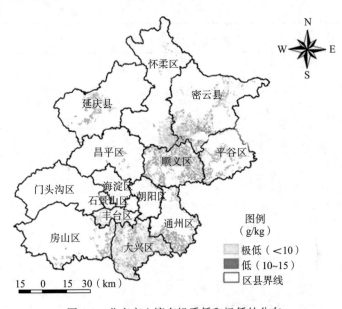

图 4-9　北京市土壤有机质低和极低的分布

（2）有机质年际变化

京郊耕地地力监测点 1987—2011 年土壤有机质监测结果如图 4-10 所示，监测点有机质含量为 3～50g/kg，年际间有机质含量变化范围为 13.8～18.1g/kg。25 年的监测数据表明京郊耕地土壤耕层有机质总体呈上升之势，有三个主要上升期，分别是 1991—1993 年、2003—2006 年和 2008—2011 年。各年份相比，1991 年土壤有机质含量最低，为 13.8g/kg；1992—1993 年土壤有机质含量有所攀升，有机质量提高至 16.4g/kg；1996—2002 年土壤有机质含量处于相对稳定期，平均含量为 16～17g/kg；为适应京郊农业产业结构调整需求，更加真实地反映京郊耕地质量的总体状况，于 2003 年对长期定位监测点进行了扩充，适当增加了远郊区县监测点数量，并将果园纳入监测对象，致使当年监测点有机质平均含量有明显下降，平均含量降至 13.9mg/kg。2003 年之后，耕地有机质含量逐步提高，2011 年有机质含量升高至 18.1g/kg。年际间土壤有机质含量变化可用线性方程 Y=0.1052X-194.21 拟合，土壤有机质年均升高 0.11g/kg。

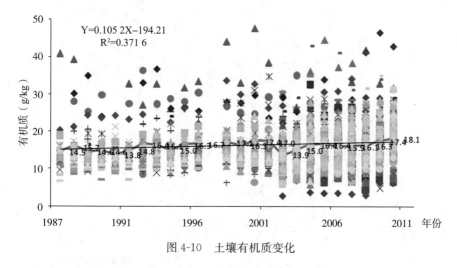

图 4-10 土壤有机质变化

（3）监测点有机质的上升下降

根据监测点调整情况将监测点有机质升降按 1987—2002 年、2003—2011 年两个时间段进行分析，结果见表 4-8：1987—2002 年，29.7% 的监测点土壤有机质下降，18.9% 的监测点土壤有机质稳定，51.4% 的监测点土壤有机质上升。2003—2011 年，17.6% 的监测点土壤有机质下降，11.8% 的监测点土壤有机质稳定，70.5% 的监测点土壤有机质上升。由此可见，监测点土壤有机质含量上升，京郊耕地土壤有机质含量呈上升状态。

表 4-8　监测点有机质变化

年份	下降		稳定（±5%以内）		上升	
	点数	所占%	点数	所占%	点数	所占%
1987—2002	11	29.7	7	18.9	19	51.4
2003—2011	24	17.6	16	11.8	96	70.6

5. 土壤全氮养分概况

（1）土壤全氮养分分布

氮素是植物需求量较大的元素，土壤氮库的库容量大小决定了土壤生产力的水平。图 4-11 标示了北京市土壤全氮含量低和极低的空间分布。位于东部的三个区县，在密云的西南部、平谷的西南部以及中部和顺义的东部和北部有一定面积的耕地处于低和极低水平。

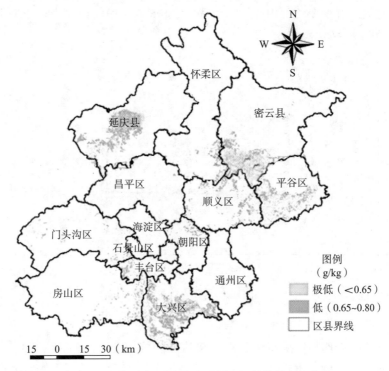

图 4-11　北京市土壤全氮含量低和极低等的空间分布

（2）土壤全氮年际间变化

京郊耕地地力监测点 1987—2011 年土壤全氮监测结果如图 4-12 所示，监测点全氮含量为 0.13～3.60g/kg，年际间全氮含量变化范围为 0.73～1.13g/kg。土壤全氮变化趋势与有机质类似，呈稳步上升趋势，有三个主要上升时期，分

别是 1991—2002 年、2003—2006 年和 2008—2011 年。各年份相比，1991 年土
壤全氮含量最低，为 0.73g/kg；1991—2002 年，土壤全氮含量持续增加，增加
至 1.13g/kg；2003 年由于远郊监测点的扩充，监测点全氮的平均含量跌至
0.91g/kg；2003 年之后，土壤全氮含量有所上升，2006 年达到 1.11g/kg；2007
年、2008 年略有降低，之后逐年上升，2011 年土壤全氮含量为 1.10g/kg。年际
间土壤全氮变化可用线性方程 Y＝0.012 1X－23.198 拟合，年升高量为 0.012g/kg。

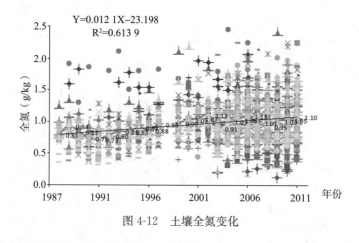

图 4-12　土壤全氮变化

（3）土壤全氮的上升下降

根据监测点调整情况将监测点全氮升降按 1987—2002 年、2003—2011 年
两个时间段进行分析，结果见表 4-9：1987—2002 年，14.3％的监测点土壤全
氮下降，8.6％的监测点土壤全氮稳定，77.1％的监测点土壤全氮上升。
2003—2011 年，26.5％的监测点土壤全氮下降，15.9％的监测点土壤全氮稳
定，57.6％的监测点土壤全氮上升。由此可见，土壤全氮含量上升的监测点所
占比例明显高于下降或稳定的监测点，京郊耕地土壤全氮平均含量呈上升
状态。

表 4-9　监测点全氮变化

年份	下降		稳定（±5％以内）		上升	
	点数	所占％	点数	所占％	点数	所占％
1987—2002	5	14.3	3	8.6	27	77.1
2003—2011	40	26.5	24	15.9	87	57.6

（4）土壤碱解氮年际间变化

京郊耕地地力监测点 1987—2011 年土壤碱解氮监测结果如图 4-13 所示，监
测点碱解氮含量为 11～315mg/kg，年际间碱解氮含量变化范围为 69～109mg/

kg；1994 年土壤碱解氮含量最低，为 69mg/kg；2011 年最高，达到 109mg/kg。耕层土壤碱解氮含量在 2000 年之前，基本稳定，2001—2003 年土壤碱解氮含量有一定幅度异动，2007 年之后呈较快上升趋势。年际间土壤全氮变化可用线性方程 Y＝0.903 5X－1 723.4 拟合，年升高量为 0.903 5mg/kg。

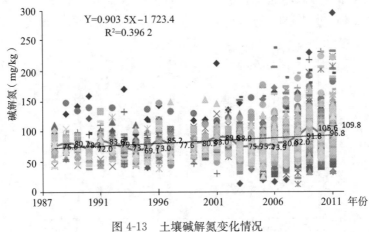

图 4-13　土壤碱解氮变化情况

（5）土壤碱解氮的上升下降

根据监测点调整情况将监测点碱解氮升降按 1987—2002 年、2003—2011 年两个时间段进行分析，结果见表 4-10：1987—2002 年，21.1％的监测点土壤碱解氮下降，21.1％的监测点土壤碱解氮稳定，57.8％的监测点土壤碱解氮上升。2003—2011 年，11.3％的监测点土壤碱解氮下降，4.0％的监测点土壤碱解氮稳定，84.7％的监测点土壤碱解氮上升。由此可见，监测点土壤碱解氮含量上升地块所占比例较大，下降和持平的地块所占比例较低，京郊耕地土壤碱解氮含量呈上升状态。

表 4-10　监测点碱解氮变化

年份	下降		稳定（±5％以内）		上升	
	点数	所占％	点数	所占％	点数	所占％
1987—2002	8	21.1	8	21.1	22	57.8
2003—2011	17	11.3	6	4.0	127	84.7

6. 土壤耕地有效磷概况

（1）土壤耕地有效磷含量的空间分布

磷素较易被土壤固定，因此尽管土壤中含有大量的磷素，但不能被植物利用吸收，不注意磷素的投入会造成土壤磷素缺乏。图 4-14 标示了北京市土壤有效磷含量低和极低等的空间分布。位于东部的三个区县，在密云的大部分地区、平谷的西南部、中部以及东部地区，还有顺义的很多地方均有一定面积的耕地处于有效磷低和极低水平。

图 4-14　北京市土壤有效磷含量低和极低等的空间分布

（2）土壤有效磷年际间变化

京郊耕地地力监测点 1987—2011 年土壤有效磷监测结果如图 4-15 所示，监测点有效磷含量为 2.6～480mg/kg，年际间有效磷含量变化范围为 29～

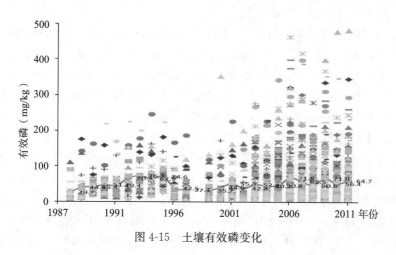

图 4-15　土壤有效磷变化

76mg/kg；1987 年土壤有效磷含量最低，为 29.7mg/kg；1993 年最高，达到
76.3mg/kg。1992—1995 年，土壤有效磷含量处于较高水平，2006—2011 年
土壤有效磷含量也处于较高水平。

（3）土壤有效磷的上升下降

根据监测点调整情况将监测点有效磷升降按 1987—2002 年、2003—2011
年两个时间段进行分析，结果见表 4-11：1987—2002 年，45.9％的监测点土
壤有效磷下降，5.4％的监测点土壤有效磷稳定，48.7％的监测点土壤有效磷
上升。2003—2011 年，34.1％的监测点土壤有效磷下降，6.5％的监测点土壤
有效磷稳定，59.4％的监测点土壤有效磷上升。由此可见，土壤有效磷含量上
升和下降的地块均占有较大比例。

表 4-11　监测点有效磷变化

年份	下降		稳定（±5％以内）		上升	
	点数	所占％	点数	所占％	点数	所占％
1987—2002	17	45.9	2	5.4	18	48.7
2003—2011	47	34.1	9	6.5	82	59.4

7. 土壤耕地速效钾概况

（1）土壤速效钾含量空间分布

钾素也较易被土壤固定，且钾素是植物的品质元素，不注意钾素的投入会
成为土壤钾素缺乏土壤植物生长的恶重要限制因子。图 4-16 标示了北京市土
壤速效钾含量低和极低等的空间分布。位于东部的三个区县，在密云的库西南
地区、平谷的西南部中部地区，还有顺义的北部有一定面积的耕地处于速效钾
低和极低水平。

（2）土壤速效钾年际间变化

京郊耕地地力监测点 1987—2011 年土壤速效钾监测结果如图 4-17 所示，
监测点速效钾含量为 22～694mg/kg，年际间速效钾含量变化范围为 77～
147mg/kg；1990 年土壤速效钾平均含量最低，为 77.8g/kg；2011 年最高，
达到 147.7mg/kg。土壤速效钾含量整体呈上升之势，期间有三个主要上升
期，分别是 1990—1995 年、2001—2004 年和 2009—2011 年。

（3）土壤速效钾的上升下降

根据监测点调整情况将监测点速效钾升降按 1987—2002 年、2003—
2011 年两个时间段进行分析，结果见表 4-12：1987—2002 年，15.4％的监
测点土壤速效钾下降，10.3％的监测点土壤速效钾稳定，74.3％的监测点
土壤速效钾上升。2003—2011 年，25.0％的监测点土壤速效钾下降，7.4％
的监测点土壤速效钾稳定，67.6％的监测点土壤速效钾上升。由此可见，监

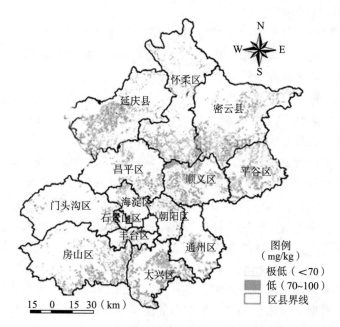

图 4-16　北京市土壤速效钾含量低和极低等的空间分布

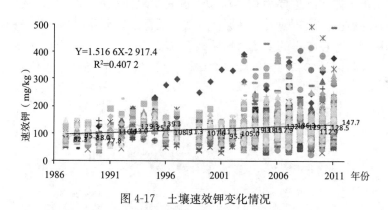

图 4-17　土壤速效钾变化情况

测点土壤速效钾含量上升和下降的地块均占有一定数量，上升地块所占较大比例。

表 4-12　监测点速效钾变化

年份	下降		稳定（±5%以内）		上升	
	点数	所占%	点数	所占%	点数	所占%
1987—2002	6	15.4	4	10.3	29	74.3
2003—2011	37	25.0	11	7.4	100	67.6

8. 土体构型障碍改良

土体构型是指各土壤发生层有规律的组合、有序的排列状况，也称为土壤剖面构型，是土壤剖面最重要特征。特别是在 1m 土体内的剖面层次特征对作物的生长发育，水分养分吸收等产生重要影响，因此土体构型是决定土壤肥力的重要指标，特别是平原区土壤，存在较大范围的影响生产的土体构型障碍因素。因此，了解掌握全市和各区县土壤土体构型的空间分布特征，对于全市耕地质量建设具有重要意义。

土体构型分为 5 种类型，即薄层型、黏质垫层型、均质型、夹层型、砂姜黑土型。按障碍层出现的部位又分为 16 种构型。良好土体构型：含有黏质垫层类型中的深位黏质垫层型、均质类型中的壤均质型、夹层类型中的蒙金型和砂姜黑土类型中的黑土垫层型种。特点是：土层深厚，无障碍层，为高稳产土壤的土体构型。较好土体构型：含有夹层类型中的蒙淤型、蒙银型、黏体型和黏质垫层类型中的浅位黏质垫层型 4 种。较差土体构型：含有砂姜黑土类型中的黑土裸露型和薄层类型中的中层型 2 种。差的土体构型：含有夹层类型中的夹黏型、夹砂型、砂体型和薄层类型中的薄层型 4 种。极差的土体构型：含有薄层类型中的极薄层型和均质类型中的砂均质型 2 种。

北京市土体构型主要为均质壤型，占总耕地面积的 78.3%，该类型为良好构型，除山区土层较薄外，平原区一般土层深厚，无障碍层，为高稳产土壤的土体构型。存在障碍的主要为均质砂型（5.3%），厚黏层（5.1%），漏石层（2.6%）、漏砂层（3.5%）等障碍类型，在平原区分布较多（图 4-18）。

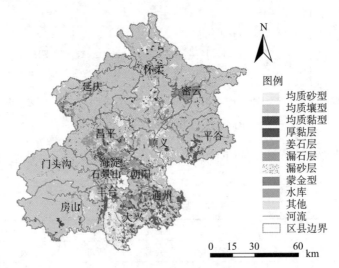

图 4-18　北京市土体构型分布

图来源：张凤荣《都市型现代农业产业布局》

9. 水分障碍改良

根据北京郊区种植业用水的盈亏情况，将该区域分成五种主要类型区：重度缺水区（年度缺水在 1 200 万～2 180 万 m³），中度缺水区（年度缺水在 1 200 万～1 220 万 m³），轻度缺水区（年度水资源处于亏缺状态，但每年亏缺小于 220 万 m³），基本平衡区（水资源每年盈余不超过 760 万 m³），充裕区（年度水资源盈余约 1 000 万 m³）（图 4-19）。统计分析表明，五种类型区各自所占的面积比例依次为：重度缺水区 6.6%，中度缺水区 16.1%，轻度缺水区 16.2%，基本平衡区 52.5%，充裕区 12.5%。可以看出，北京郊区的缺水面积占郊区总面积的 35.0%，其中属中度缺水以上的地区占到了 53.6%（该部分数据及插图均来自张凤荣《都市型现代农业产业布局》）。

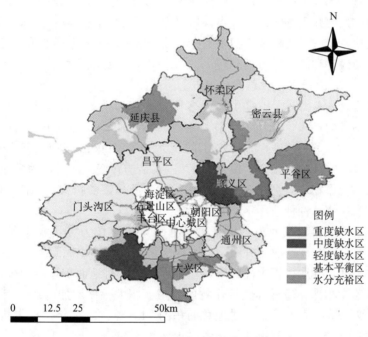

图 4-19　北京市土壤水分分布

图来源：张凤荣《都市型现代农业产业布局》

第四节　北京市主要作物类型

一、京郊农作物种植结构发展与演变

据《北京志农业卷种植业志》记载，20 世纪 50 年代至 70 年代，粮食作物面积一直占耕地的 80% 以上。其中，禾谷类作物占绝对优势，豆类和薯类在粮田面积和产量构成中所占比重逐年下降。20世纪80年代以来，粮食作物占耕地比重下降到70%左右，但依旧保持着种植业的基础地位，产量大幅度增长。1995年与1949年相比，总产量增加了5.23倍，亩产量增加了9.48倍。

20世纪60年代以来，粮食作物的种植面积比重和产量构成向主要农作物相对集中，形成了玉米、小麦、水稻三大支柱作物。

20世纪50年代后，粮田生产条件明显改善，品种不断更新，栽培技术逐步提高，伴随耕作制度的改革，夏粮生产有了长足发展。从1949年到1995年的47年当中，夏粮作物种植面积增加1.58倍，单产增长1.54倍。夏粮占粮食播种总面积的比重由1949年的13.64%上升到1995年的39.70%，占粮食总产量的比重也由1949年的7.4%增长到1995年的38.8%。1949年粮田复种指数只有112.3%，70年代以后提高到160%以上。粮食作物种植以秋粮为主向夏粮、秋粮并重方向发展，由以粗粮为主变为粗粮、细粮并举。随着种植方式的变化，夏玉米的种植面积也随之有较快增长。玉米由春播为主变为夏播为主，杂交优势和高产潜力得到进一步发挥，单产有较快增长，90年代，亩产突破400kg，总产占粮食总产一半以上。

20世纪90年代前，粮食生产以多种、高产为主要目标。进入90年代，粮食生产逐步向产量、品质、效益并重方向转变。1995年，粮食占耕地比重下降到65.7%。主要用于饲料加工的玉米，1995年已占粮食播种面积的47.9%。农作物种植开始向"粮-经-饲"三元结构转变。同时，为满足市场需求，大宗粮食作物中兼顾丰产、高逆、优质的品种逐步扩大，"名、特、优、新"的粮食作物品种种植逐年发展壮大。

1996—2000年，北京市郊区把种植业结构调整作为优化农业资源配置、增加经济总量、实现产业化升级、提高经济效益、加快农民致富的战略举措，加大工作力度，并取得历史性的突破。粮食作物占耕地面积逐年减少，蔬菜、果树、牧草、花卉、药材等经济作物的种植面积大幅度增加。1996年，粮田耕地面积为25.47万 hm²，占耕地总面积的74.1%。1998年，按占耕地面积统计，粮食作物与其他非粮食作物占耕地面积比为72:28。1999年，粮食作物播种面积比上年减少1.29万 hm²。2000年，进一步加大结构调整力度，经济作物面积大幅度增加，粮经比例由1999年的64:36调整到2000年的55:45，种植业粮、经、饲三元结构的格局开始形成。与此同时，农产品的品种结构进一步得到优化。

进入21世纪，北京提出都市型现代农业建设，并于2004年北京政府正式确定"都市型现代农业"是北京农业发展的定位。随着都市型特色产业快速发展，北京市大力发展观光农业、设施农业、农产品加工业等都市型现代农业特色产业，基本建立起都市型现代农业产业体系。粮食作物播种面积稳定在

22 万 hm² 左右，蔬菜播种面积稳定在 8 万 hm² 左右，果树面积达到 16.4 万 hm²，花卉种植面积 0.45 万 hm²，不仅成为首都重要的"菜篮子"农产品生产基地，也构成了首都的生产型绿色空间。

二、近年来京郊农作物生产形势

京郊主要农作物种植与产量情况如下：

1. 主要农作物种植面积总体情况

2013 年北京市主要农作物播种面积约为 23.97 万 hm²，比上年（2012 年）减少 3.76 万 hm²，减幅 15.69%。其中小麦、玉米、大豆、大白菜、西瓜五类作物的种植面积都有大幅下降。其中由于全市造林的总体规划，小麦和玉米的种植面积下降最多，但是仍分别占主要农作物播种面积的 15.09% 和 47.75%（表 4-13）。

表 4-13　主要农作物播种面积及产量

项目	2013			2012		
	播种面积 （hm²）	单产 （kg/hm²）	总产量 （t）	播种面积 （hm²）	单产 （kg/hm²）	总产量 （t）
粮食	158 911.1	6 049.0	961 259.8	193 874.5	5 868.4	1 137 733.6
按季节分						
夏粮	36 241.3	5 170.3	187 377.3	52 212.5	5 257.5	274 507.4
秋粮	122 669.7	6 308.7	773 882.5	141 662.0	6 093.6	863 226.2
按品种分						
稻谷	188.9	6 913.2	1 305.9	202.1	6 442.9	1 302.1
冬小麦	36 196.4	5 172.1	187 213.2	52 183.0	5 258.1	274 383.4
玉米	114 486.4	6 567.0	751 832.2	132 021.4	6 330.9	835 814.3
薯类	1 436.9	5 412.0	7 776.5	2 132.6	5 740.7	12 42.6
大豆	4 110.1	1 960.1	8 056.1	4 716.3	1 880.8	8 870.5
棉花	140.9	1071.0	150.9	239.3	1 135.4	271.7
油料	3 418.0	2 856.1	9 762.1	4 531.2	2 958.3	13 404.6
花生	3 024.9	3 003.3	9 084.7	4 038.8	3 070.3	12 400.4
药材	2 260.9	850.4	1 922.7	2 465.9	852.7	2 102.7

（续）

项目	2013			2012		
	播种面积 （hm²）	单产 （kg/hm²）	总产量 （t）	播种面积 （hm²）	单产 （kg/hm²）	总产量 （t）
蔬菜及食用菌	61 984.7	43 052.4	2 668 593.0	64 090.4	43 673.0	2 799 019.5
瓜类及草莓	6 953.5	42 763.0	297 352.4	7 659.8	44 415.1	340 210.7
西瓜	5 777.3	46 387.8	267 996.1	6 473.7	47 843.8	309 726.5
饲料	2 250.9			3 388.0		
牧草	363.8			771.9		
花卉	3 833.9			3 412.9		

数据来源：《北京市统计年鉴 2014》

2. 主栽品种区域种植情况

2013 年玉米播种面积共 11.45 万 hm²，比 2012 年减少 27.1%，种植面积主要集中在大兴、延庆、密云、通州、房山、平谷、顺义等区，占总面积的 90.5%。玉米种植以普通玉米为主，种植面积为 9.70 万 hm²，占总面积的 96.7%，饲用玉米与鲜食玉米总共不足 0.33 万 hm²（表 4-14）。

表 4-14 农作物分区种植情况

单位：hm²

区县	农作物播种面积			粮食作物			蔬菜及食用菌		
	2013	2012	增长速度 （%）	2013	2012	增长速度 （%）	2013	2012	增长速度 （%）
全市	242 458	282 715	−14.2	158 911	193 875	−18.0	61 985	64 090	−3.3
城市功能拓展区	2 549	3 049	−16.4	808	1 089	−25.8	1 400	1 402	−0.2
朝阳区	519	785	−33.9	90	266	−66.0	364	414	−12.0
丰台区	687	820	−16.2	250	307	−18.6	255	192	32.9
海淀区	1 343	1 444	−7.0	468	516	−9.4	781	797	−2.0
城市发展新区	163 513	196 430	−16.8	100 434	129 354	−22.4	47 968	49 142	−2.4
房山区	25 464	32 990	−22.8	18 938	26044	−27.3	4 787	4 957	−3.4
通州区	34 999	43 903	−20.3	19 692	28 025	−29.7	13 824	14 046	−1.6
顺义区	43 499	50 572	−14.0	29 184	34 931	−16.5	9 596	10 090	−4.9
昌平区	6 074	7 708	−21.2	3 284	4 560	−28.0	1 608	1 514	6.2
大兴区	53 477	61 258	−12.7	29 336	35 795	−18.0	18 153	18 534	−2.1

（续）

区县	农作物播种面积			粮食作物			蔬菜及食用菌		
	2013	2012	增长速度（%）	2013	2012	增长速度（%）	2013	2012	增长速度（%）
生态涵养发展区	76 397	83 236	−8.2	57 669	63 431	−9.1	12 617	13 546	−6.9
门头沟区	2 935	3 109	−5.6	1 543	1 631	−5.4	143	122	16.9
怀柔区	11 126	11 784	−5.6	9 442	10 055	−6.1	1 115	1 161	−3.9
平谷区	15 814	17 435	−9.3	10 406	11 909	−12.6	4 959	5 075	−2.3
密云县	23 037	25 022	−7.9	17 360	18 703	−7.2	4 098	4 644	−11.7
延庆县	23 485	25 886	−9.3	18 919	21 133	−10.5	2 302	2 544	−9.5

数据来源：《北京市统计年鉴 2014》

2013 年普通玉米春播面积共 6.29 万 hm²，占当年玉米总面积的 62.7%。"京科 968"和"郑单 958"为主栽品种，"农大 108""中单 28""联科 96""农华 101"等为主要搭配品种。夏播玉米种植面积为 3.48 万 hm²，占总面积的 34.1%，以"京单 28""纪元一号"为主栽品种，主要搭配"怀研 10 号""京科 25""京玉 11"等品种；饲用玉米种植面积为 0.236 万 hm²，比上年增加 26.1%，主栽品种包括"农大 108""京科青贮 516""三元青贮 2 号""北农青贮 316"等。鲜食玉米的种植面积略有增加，为 0.094 万 hm²。其中糯玉米的播种面积占到总面积的 75.5%，主栽品种仍为"京科糯 2000"搭配品种为"中糯 1 号"；甜玉米主栽品种为"京科甜 183"，搭配品种为"农大甜单 8 号""中农大甜 413"。

2013 年，小麦的收获面积为 3.787 万 hm²，主要集中在顺义、大兴、通州、房山四个主产区，占当年小麦总面积的 85.4%，其他区县种植面积较小。近几年我市实施小麦品种更新换代工程，小麦良种覆盖率不断提高，近年新审定的品种发展速度较快，已成为京郊小麦的主栽品种。主栽品种为"农大 211""中麦 175""京 9843"等丰产稳产品种，搭配品种为"轮选 987""京冬 8""京冬 17""农大 212""中优 206"等。

2013 年，北京市大豆种植面积为 0.392 万 hm²，怀柔的种植面积最大，占大豆总种植面积的 23.2%。春播大豆种植面积为 0.294 万 hm²，占总面积的 74.9%，集中分布在房山、密云、昌平等区县。主栽品种为"中黄 30"和"铁豆 37"，搭配品种为"冀豆 12"和"铁丰 31"。夏播大豆为 0.021 万 hm²，分布在房山、大兴、顺义、通州，主栽品种为"冀豆 12"和"科丰 14"。全市仅怀柔区套播种植大豆，面积为 1.16 万亩，占大豆总面积的 19.7%，主栽品种为"铁豆 37"和"铁丰 31"。

2013 年，北京市大白菜种植面积为 0.663 万 hm^2，比 2012 年减少 9.6%。其中通州、大兴、顺义、房山、密云的种植面积排在前五名，分别占大白菜总生产面积的 28.6%、20.6%、14.4%、10.3%、10.1%。北京市大白菜生产有春白菜、夏白菜、秋贩菜和冬储菜四种茬口，其中以冬储菜生产面积最大，占白菜生产总面积的 92.7%。在冬贮菜的生产中，大白菜品种"北京新 3 号"仍然占有绝对的优势，播种面积为 0.51 万 hm^2，主要搭配品种为"北京新 1号""北京新 2 号"等。

2013 年，北京市西瓜生产面积为 0.60 万 hm^2，主要集中在大兴、顺义，其中大兴区西瓜种植面积占总面积的 55.8%，顺义区种植面积占西瓜总面积的 40.1%。

北京市西瓜生产有春保护地、露地、秋保护地三种主要生产茬口，其中以春保护地为主，占西瓜总面积的 79.1%。春季主栽品种为"京欣 2 号""京欣 1 号"，搭配品种为"京欣 3 号"；小型西瓜主栽品种为"京秀""超越梦想""航兴天秀 2 号"；露地西瓜主栽品种为"京欣 2 号""京欣 1 号""暑宝"等。

3. 主要农作物生产情况预测

近些年，北京一直大力发展都市型现代农业，围绕着农业的基本功能，不断增强首都农业的应急保障、生态休闲、科技示范等功能。因此，为了满足都市型现农业的发展需求，品种应用方面在高产、稳产的基础上更加突出优质、高效、特色等特点。

在全市总体规划的影响下，2014 年小麦、玉米等粮食作物面积持续减少。根据北京市蔬菜产业发展规划的目标，2015 全市建设菜田面积 4.66 万 hm^2，其中设施菜田面积占 50%左右，菜田面积基本保持稳定。

三、京郊主要农作物品种发展布局

1. 推广丰产、稳产、节水、优质粮经作物品种

（1）玉米

普通春播玉米品种的选择仍以"丰产、稳产"为主要目标，以丰产、优质品种"郑单 958""联科 96""京科 968"为主栽品种，搭配种植稳产型老品种"中单 28"以及综合性状好的新品种"农锋 13 号""农华 101""辽单 565"等；普通夏播玉米品种的选择以"丰产、稳产"为主要目标的同时兼顾熟性，以丰产、稳产型品种"京单 28""纪元一号"为主栽品种，搭配种植高产、优质品种"京单 58""旺禾 8 号""京单 68""京科 528"以及早熟品种"京农科728"。

鲜食玉米品种的选择则要突出品质。甜玉米可选择口感较佳的"京科甜183""奥甜 8210""斯达 204"以及"京科甜 158"等品种。糯玉米可选择种植"京科糯 2000""斯达 22""京科糯 928""斯达 30"等品种。

青贮玉米品种，春播可选择种植"京科青贮 516""北农青贮 316"；夏播可选择种植"北农青贮 356"等。

（2）小麦

近几年，北京市通过开展小麦品种更新换代工程，已实现了京郊小麦品种第八次更新换代。高肥及中上等肥力地块以丰产型品种"京 9843""农大 211""中麦 175"等品种为主；节水品种面积将有所扩大，水浇条件较差的地块以节水型品种"农大 212""中麦 12""农大 3432"等为主。

（3）大豆

随着大豆种植面积的逐年减少，大豆种植应以特色、高效的专用品种的种植为主，进而提高大豆生产的效益和积极性。春播大豆重点推广"中黄 30""铁丰 31""铁豆 37 号"等品种，夏播大豆推广高蛋白型品种"科丰 14"、高油型品种"中黄 35"等。

2. 示范推广高效、特色瓜菜品种

为了满足设施农业发展的需求，实现不同种植茬口品种搭配，不同类型的品种搭配，促进蔬菜生产提质增效，大力推广高效、特色瓜菜品种。

（1）大白菜

各区县应根据气候特征、生产条件和市场需求推广适宜品种。目前秋播窖菜仍以"北京新 3 号"为主栽品种；春播适当推广"京春黄 2 号"以及"京春黄"等黄心白菜品种。为了提升种植效益，适当推广了高效、特色品种，如春播娃娃菜品种"京春娃 2 号""金娃娃"等。

（2）西瓜

适宜露地或保护地早熟栽培的西瓜品种重点推广"京欣 2 号""华欣"等；中晚熟西瓜选择应用"暑宝""暑宝 8 号"等无籽品种。保护地小型礼品西瓜应用"京秀""航兴天秀 1 号""超越梦想"等西瓜品种。

（3）设施蔬菜

为了满足设施蔬菜生产对品种抗逆性、抗病性、品质、商品性等方面的需求，依据近几年的生产示范情况，推荐部分设施蔬菜新品种如下：设施番茄可选用"硬粉 8 号""仙客 8 号"等品种，秋大棚番茄可选用高抗番茄黄化曲叶病毒病的"浙粉 702""瑞粉 882"；黄瓜可选用"京研 107""京研迷你 5 号""中农 26"等品种；茄子可选用"京茄 1 号""黑宝""京茄 20 号""布利塔"等品种；辣椒可选用"京椒 5 号""京椒 7 号""京甜 3 号"等品种；甘蓝可选用"中甘 21""中甘 22"等品种；西葫芦可选用"京葫 1 号"；

甜瓜可选用"京玉绿宝"等品种；萝卜可选用"京脆1号"。

为满足都市型现代农业发展对观光采摘生产的需求，推荐部分精品、特色瓜菜品种，如"春桃""京丹黄玉""京丹绿宝石2号"等樱桃番茄品种，"红太极"等彩椒品种，"京香蕉"等西葫芦品种。

第五章 北京地区肥料现状

肥料是农业生产中的基础性资料，在农业生产中发挥着重要作用。北京地区有着特殊的自然地理、环境生态要求，对肥料的要求也有其特殊性。近年来，随着肥料管理、肥料技术研究与推广、施肥技术研究与推广，肥料在北京沃土工程、土壤改良、高产田建设中发挥了重要的作用。本章首先介绍了北京地区肥料发展历程、北京肥料生产情况，然后逐项分析了化肥、有机肥和新型肥料的使用情况，以及设施农业中肥料使用情况，最后分析了北京肥料使用过程中存在的问题以及肥料在北京农业中发挥的作用。

第一节 北京地区肥料发展历程

北京地区农民种地，一直重视肥料的积造和施用，沿袭自积、自用肥料的传统习惯，不断扩大肥源，改进施肥技术，注意集中施肥。农谚云："庄稼一枝花，全靠粪当家""种地不上粪，等于瞎胡混""上粪一大片，不如一条线"。群众还从生产实践中总结出高秆粮食作物间作、混作豆科作物培肥地力的经验，并利用作物根系深浅和吸收养分种类的不同，进行轮作倒茬，维护地力的均衡延续。20世纪30年代以后，开始应用化学肥料，肥源进一步增加。中华人民共和国成立后的50年代、70年代和80年代，先后组织科技人员进行土壤普查，查清土壤类型及养分状况，根据不同地区的耕地情况提出合理施肥建议，氮、磷、钾、微肥、菌肥和生长调节剂广泛应用，施肥技术进一步提高。

一、北京市有机肥料发展历程

农家所用的有机肥料以人畜禽的粪便、农作物的破碎秸秆以及生活中的污水、污土为主。有机肥料的积造和施用，在20世纪50年代以前，变化改进不多。50年代以后，爱国卫生运动推动了积肥活动的开展，大力倡导，积极扶持，不断改进提高积肥造肥技术。1958年，组织群众大挖厕所土，拆火炕、清烟道，清挖猪圈、牲口棚、鸡窝，提出"亩施万斤肥"的号召。20世纪60年代，北京市推广房山县南韩继大队的专业积肥经验，大力提倡组织专业积肥队伍，并积极推行高温堆肥，夏季割杂草沤肥，利用小麦秸秆沤制肥料，肥源进一步增加。随着养猪事业的发展，有机肥料的亩施用量也有增长，一般在

1 000kg左右，多的达 2 500kg。20 世纪 70 年代，亩施用量在 1 500kg 左右。20 世纪 80 年代以来，农村劳力和运输呈现紧张，再加上化肥供应数量增加，秸秆直接还田面积扩大，有机肥料施用量大幅下降。人粪尿含氮、磷、钾等有效成分高，一般多做追肥或蔬菜、西瓜等经济作物生产用肥。城近郊菜区大多拉运城市的人粪尿，晒成粪干或利用粪尿混合的粪稀肥田。随着城市卫生运动的开展和城市环境的改善，逐步取消了粪干的晾晒和施用。20 世纪 70 年代以来，城区粪便全部改为水肥（即粪便加污水），环卫部门组织掏挖粪便，直接送到菜田粪池，经发酵后随浇水灌入菜田。农村厕所设置简陋，大多为露天，无覆盖、坑浅、口大，粪便暴露，氮素流失多，后虽多次推行深坑、小口厕所，但成效不大。

传统农业中，农民养猪主要为积肥。农谚说："养猪不赚钱，回头看看田。"养猪多采用坑圈式，圈深一般 1m 左右，经常垫土，泼入污水或杂物、草皮等，利用猪只的活动踩踏圈土，使猪粪尿与土、杂物充分混合。积沤 2～4 个月，起出堆积，腐熟后捣碎施用，每头猪每年可积优质圈肥 2 000～3 000kg。进入 20 世纪 80 年代以来，大规模集体猪场兴起，改为新式的平地猪舍，多采用罐车将猪粪尿抽走，与其他有机肥堆沤腐熟后施用。农户饲养的鸡鸭粪含养分高，多为单独收集、存放，经发酵腐熟多用于菜田、瓜地或稻田。80 年代以来，集体养鸡事业大发展，1995 年，全市共有鸡场 1 524 个，全年养鸡 4 000 多万只，年产鸡粪 50 多万 t。鸡场粪便露天贮存，养分流失多，且污染环境。后经改进，鸡粪先脱水干燥，掺入少量氮、磷、钾化肥制成颗粒肥后施用。

农作物秸秆肥的传统利用方法，是粉碎后在夏、秋季高温天气下，加土、水、人粪尿或棚圈肥混合后分层堆制，经高温发酵后做底肥施用。20 世纪 80 年代以来，随着农民生活水平的逐步提高，做饭、取暖不再单纯依靠农作物秸秆，秸秆剩余数量大幅度增加。在农田有机肥料减少、农业机械不断发展的情况下，开始推广秸秆还田，面积逐年扩大。1987 年，秸秆还田面积为 10 000hm²。1989 年，增加到 5.67 万 hm²。至 1995 年，已扩大到 12.6 万 hm²。秸秆还田的推广，有效增加了耕地的有机质，改善了土壤结构，同时减少了田间焚烧秸秆造成的大气污染。

北京地区很早就利用城市生活污水灌溉农田。20 世纪 50 年代以来，伴随城市建设的发展和污水管道系统的建设，利用污水灌田肥地的面积扩大。当时城市工厂不多，污水多为生活污水，养分含量较高，增产效果明显。20 世纪 50 年代末，全市利用污水灌溉的农田有 3 466.67hm²，污水利用量约 0.29 亿 m³。20 世纪 70 年代末，污水排量达 7.06 亿 m³，灌田面积略有增加。20 世纪进入 80 年代以来，年污水利用量约 2.56 亿 m³（本节以上资料来源于《北京志农业卷种植业志》，2001）。

二、北京市化肥发展历程

北京地区化学肥料的施用开始于 20 世纪 30 年代初期。当时施用的化肥为舶来品，和农家肥料相比，肥效快，农家称之为"肥田粉"。20 世纪 50 年代末，北京化工实验厂建成，开始生产碳酸氢铵，以后又有石景山钢铁厂生产硫铵。从 20 世纪 60 年代开始，化肥种类逐步增多。20 世纪 70 年代，随着县（区）办"五小工业"（小钢铁厂、小煤矿、小化肥厂、小水电站、小水泥厂）的发展，有 8 个县先后办起了小氮肥厂和 19 个小磷肥厂，年生产氮肥（碳铵）32 万 t、磷肥（过磷酸钙）19 万 t，供应北京地区施用。进入 20 世纪 80 年代以来，进口化学肥料增多（主要来自美国和苏联）。进口化肥有效成分高，多为复合肥，增产显著。与此同时，北京市各区生产的碳铵、过磷酸钙等小化肥则因竞争力差纷纷转产，也有的改进设备装置，转为生产尿素。到 20 世纪 90 年代初，北京每年自产尿素已达 20 万 t。

改革开放以后，北京地区的化肥生产出现了不同的发展特点，这些发展特点与北京社会经济的发展密切相关。1978—1983 年，北京地区对化肥的需求旺盛，促进了北京地区化肥厂的发展，化肥生产量保持高位发展态势，1983 年开始出现下降，1985—1990 年，北京地区化肥生产量基本平稳，20 世纪后期，北京地区的化肥生产量又出现走高的趋势，到 1997 年达到顶峰。进入 20 世纪末期，随着北京都市型现代农业和生态文明建设的提出，北京地区的环境保护要求不断提高，一些高耗能、高污染的企业逐渐搬离北京，北京地区的化肥企业数量减少，化肥的生产供应能力也逐年下降（图 5-1、表 5-1）。

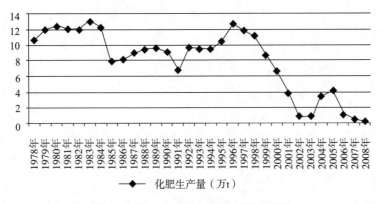

图 5-1　近 30 年北京地区化肥生产情况

数据来源：《中国经济与社会发展统计数据库》

表 5-1 1949—1995 年北京郊区化肥供应、施用情况

年份	化肥供应量（$\times 10^4$ kg）	其中氨水（$\times 10^4$ kg）	平均亩耕地施用化肥（kg）
1949	20		0.025
1950	23		0.030
1951	31		0.035
1952	43		0.045
1953	133		0.150
1954	348		0.45
1955	500		0.60
1956	1 039		1.25
1957	977		1.00
1958	1 720		2.35
1959	3 298		4.95
1960	4 869		7.45
1961	4 304		6.55
1962	6 512		9.75
1963	7 298		10.90
1964	8 274		12.35
1965	12 252		13.30
1966	20 968		23.95
1967	15 580		23.35
1968	15 209		23.60
1969	18 853		28.30
1970	24 045	415	36.35
1971	24 045	434	36.40
1972	31 080	623	47.00
1973	37 468	747	57.00
1974	43 296	1 079	61.50
1975	56 203	2 063	86.00
1976	56 782	2 075	87.00
1977	51 244	1 902	74.00
1978	64 012	2 130	99.50
1979	60 567	1 522	98.50
1980	58 805	1 050	92.00

（续）

年份	化肥供应量（$\times 10^4$ kg）	其中氨水（$\times 10^4$ kg）	平均亩耕地施用化肥（kg）
1981	54 013	773	84.80
1982	57 659	586	90.70
1983	57 622	301	89.50
1984	51 549	210	80.70
1985	41 679	63	65.30
1986	46 224	28	73.60
1987	48 826	11	77.90
1988	50 872	7	81.50
1989	45 090	3	72.50
1990	62 714	1	101.30
1991	59 949		97.19
1992	57 097		93.10
1993	58 065		95.46
1994	59 560		98.73
1995	58 649		99.14

数据来源：《北京志农业卷种植业志》（2001）

化肥开始多用于蔬菜和经济作物（棉花、瓜类）的追肥。1949 年，北京市全年供应化肥 205 万 t，按耕地平均每亩仅 0.025kg。20 世纪 50 年代后期，开始生产、供应碳铵，化肥用量明显增加。1959 年化肥的年供应量 3 298t，比 1949 年增加 160 多倍，平均每亩耕地施用 4.95kg。进入 20 世纪 60 年代，化肥的品种和施用量进一步增加，除大量供应碳酸氢铵和氨水外，还增加了硝酸铵和尿素，并开始施用磷肥（过磷酸钙）。到 1969 年，化肥供应量已达到 18.85 万 t，平均每亩耕地施用 28.3kg。20 世纪 70 年代，除氮素化肥大量增加外，由于小磷肥厂的普遍建立，磷肥的供应量和施肥量也明显增加。当时小磷肥厂生产的过磷酸钙含五氧化二磷 12％左右，而且是稠粥状、运输、施用不便。主要用做小麦底肥，亩均施用 30～40kg，多者达 50kg，对促进小麦增产有较好的效果。1979 年，全年施用化肥达 60.56 万 t（其中氨水占 15.22％万 t），平均每亩耕地施用 98.5kg。

20 世纪 80 年代以来，磷酸二铵（含五氧化二磷 46％，含氮 18％）大量进口，增产效果显著，深受农民欢迎。同时，还大量进口了二元复合肥和三元复合肥，基本上扭转了单纯施用氮素化肥的局面，注意了氮磷钾的配合施用。

1990 年，全年共施用化肥 62.7 万 t，其中氮素化肥点 77%，磷、钾肥占 23%。

1988—1992 年，北京市土肥工作站组织各县（区）进行小麦、夏玉米使用钾肥的试验研究，提出了小麦、夏玉米土壤速效钾的丰缺指标和钾肥推荐用量。1992 年，全市小麦、夏玉米土壤速效钾的丰缺指标和钾肥推荐用量。1992 年，全市小麦、玉米施钾肥面积分别达到 4.67 万 hm² 和 6.67 万 hm²（本节以上资料来源于《北京志农业卷种植业志》，2001）。

三、北京市新型肥料发展历程

1. 绿肥

以豆科作物和高秆的玉米、高粱间作、混作，利用豆科作物根瘤固氮作用增加土壤中的氮素，这一种植方式一直持续到 20 世纪 60 年代。在地多人少的沙荒滩地也有种植苜蓿、耕翻入土做底肥的习惯。还有的利用水稻插秧前的空隙，于早春（3 月初）播种箭舌豌豆、小油菜。待水稻插秧前（4 月下旬）油菜花盛开时，把正在生长的植株耕翻入土充作底肥。80 年代初，全市利用稻田前茬种植小油菜的面积曾超过 2 666.67hm²。

20 世纪 60 年代，在改造低洼盐碱地过程中，曾推广种植田菁。国营永乐店农场种田菁达 1 333.33hm²，割翻做肥料，对改良盐碱地有明显效果，土壤的含盐量由 0.8% 下降到 0.35%。朝阳区中阿友好人民公社沈家营在沙薄地种植田菁，种小麦前翻入土中，既改良土壤，又促进小麦增产 7%～21.6%。70 年代后期，推广间作套种"三种三收"制，通县、大兴县盐碱地多在麦收后利用畦心"三茬"套种田菁。1978 年种植面积达 8 000hm²，1980 年又扩大到 10 400hm²。此后，由于三种三收制面积减少，田菁种植面积也随之逐步减少。除田菁外，还有的种植柽麻和稻田放养绿萍，作为绿肥（本节以上资料来源于《北京志农业卷种植业志》，2001）。

2. 菌肥

20 世纪 50 年代初，北京近郊石景山区、海淀区、丰台区的花生生产地，曾推广使用花生根瘤菌拌种，面积近万亩。1972 年，通县小麦、玉米大面积应用"5406"抗生菌肥料拌种，平均增产 12.7%。1983 年秋，北京市植物保护站组织郊区各县（区）建立"5406"菌肥试验示范点，采用种子处理和叶面喷雾的办法在小麦、花生和瓜类上应用，面积共 4 000hm²，增产 10%～30%。1985 年，通县还专门建立了"5406"菌肥厂，年产达 120 多 t。此后，菌肥应用时起时落，未能延续形成规模。90 年代初，固氮菌肥、田力宝等菌肥制剂均有使用（本节以上资料来源于《北京志农业卷种植业志》，2001）。

四、北京地区施肥技术发展历程

自古以来，北京地区种植业生产极为重视肥料的积造与施用，但限于生产条件，施肥技术改进不多，提高不快。在以农家有机肥为主的时期，重视底肥的施用，并在肥料数量并不充裕的情况下注意集中使用。在努力施足底肥的基础上，根据肥源状况增施追肥，但数量有限。在20世纪50年代以前，肥料不足、使用不当一直是农作物增产的主要障碍。20世纪60年代初，随着化学肥料的不断增加，除以化肥作追肥外，还用化肥作"种肥"（即底肥）。1964年，通县种麦超过1.2万 hm^2，其中73%施用了"种肥"（施用碳酸氢铵75～150kg/hm^2），比不施用种肥的小麦增产5%～15%。随着耕作机械化程度的提高，机播面积扩大，颗粒复合化肥增加，粮食作物施种肥的面积也日益扩大，成为施用化肥的主要方式。此外，在各种农作物追肥方式、方法、时间的掌握上也都有很大的改进，促进了产量的增长。20世纪70年代以来，在化肥施用量逐年增加的情况下，对化肥施用技术的改进更加引起关注。20世纪70年代末，北京市农业科学院土壤肥料研究所与国营双桥农场科技站、朝阳区农机研究所协作研制出液氮施肥机，并确定了液氮肥料在小麦、玉米、水稻上施用的时期、数量、深度和增产效果。其中，小麦应用0.2万 hm^2，增产8%～10%。20世纪80年代，北京市农林科学院作物研究所开展"作物营养平衡诊断与调节系统"研究，研制了栽培作物养分动态模型，可迅速查明影响高产优质的主要限制因子，开列调控施肥配方，促进养分平衡，实现高产优质。该项技术在水稻、小麦、玉米、蔬菜生产上曾推广使用。

中国农业科学院土壤肥料研究所在顺义、昌平、房山地区进行"旱作碳铵深施机具及提高肥效技术措施的研究"，应用专用机具深施碳铵化肥，每千克氮素可分别增产3.9kg和4.7kg的粮食。先后推广应用碳铵深施机具1 700台，施用面积超过5.33万 hm^2。

北京市农林科学院土壤肥料研究所进行潮土类养分丰缺指标研究，提出了氮、磷丰缺指标和冬小麦的推荐施肥量。进而又把产前和产中调控结合起来，根据有机肥、化肥、种植密度、水分等多种因素的综合效应确定推荐配方施肥方案。1985年配方施肥面积达0.93万 hm^2，增产效果在20%左右。

20世纪80年代后期，北京市土壤肥料工作站组织郊区各县（区）进行小麦、夏玉米氮磷配方施肥试验，提出了不同土壤肥力水平、不同目标产量下氮、磷的合理施用量。同时还进行了番茄、大白菜配方施肥研究，采用肥料效应函数方程法进行试验，根据试验结果提出了推荐施肥量。其中，番茄配方施肥技术累计推广应用2 506.67hm^2，增产1.09万 kg/hm^2，增产率22.4%。1989年，全市粮、菜配方施肥面积共11.87万 hm^2。1995年，配方施肥面积进一步扩大到 30.3 万 hm^2。配方施肥在合理利用化肥、节约用肥、促进增产等方面显示了重要作用（本节以上资料来源于《北京志农业卷种植业志》，2001）。

2006 年开始北京市土肥工作站开始在全市开展测土肥配方施肥工作，2006—2011 年，北京市累计推广测土配方施肥等技术 148.05 万 hm^2，技术覆盖率 90％以上，农作物增产 97.89 万 t，共减少化肥投入 6.4 万 t 以上，相当于减少二氧化碳 23 万 t。截至目前，北京的 9 个远郊区均被列入全国测土配方施肥示范区，实现了全覆盖。多年的试验示范和生产实际表明，与常规施肥相比，测土配方施肥技术肥料利用率平均提高了 8.8～10.2 个百分点。小麦应用测土配方施肥技术每公顷节省肥料 26.55kg、增产 370.35kg，玉米每公顷节省肥料 31.8kg、增产 448.05kg，蔬菜平均每公顷节省肥料 79.65kg、增产 1 619.55kg，果品平均每公顷节省肥料 148.8kg、增产 898.65kg。测土配方施肥技术有效地减少了化肥投入，减少了对土壤和水的环境污染的潜在风险，是解决农业生产既要增产，又要保护环境"两难"问题的有效措施之一。

北京市紧紧围绕都市型现代农业发展，深入推进测土配方施肥，2006 年以来累计推广 133.33 万 hm^2，实现了测土配方施肥技术全覆盖，取得了明显的经济、社会和生态效益。

在服务粮食生产上，北京市在 5 个粮食主产区（县），筛选出 20 个千亩连片，按"四有"（有包片指导专家、有科技示范户、有示范对比田、有醒目标示牌）的建设标准和"五到位"（测土到位、配方到位、技术指导与培训到位、配方肥到位、效果评价到位）的服务标准建立高产创建示范区，以此向四周辐射。制定发布了冬小麦、夏玉米区域专用配方 10 个，推广配方肥 1.2 万 t，实现技术入户、配方肥下田。重点推广磷酸二氢钾叶面喷施攻穗技术，有效克服小麦前期不利天气影响。其中房山区高产创建示范片连续 4 年采用测土配方施肥技术，100hm^2 冬小麦产量均大于 8 100kg/hm^2，比项目实施前提高 50％以上，创造北京市小麦种植史上千亩连片高产纪录。

在服务都市农业上，结合设施农业快速发展的形势和菜篮子工程建设需要，逐渐扩大测土配方施肥的应用范围，将技术服务重点逐步向蔬菜、林果、草莓等高效经济作物倾斜，初步建立了大白菜、西瓜、甘蓝、番茄等 7 种主要蔬菜施肥指标体系。研发出 4 个蔬菜施肥配方和 4 个果树施肥配方并进行产业化生产。每年为农民提供果蔬生产专用配方肥 2 000t。对设施蔬菜标准园"测、配、产、供、施"全程跟踪指导，提高首都蔬菜应急保障能力，为实现都市型现代农业提供技术支撑。

在防治面源污染上，组织开展流域内农田土壤检测和施肥调查，在全面摸清面源污染基本情况基础上，提出《北京市农田化肥使用控制和管理意见》，制定氮、磷风险预警地方标准。综合运用耕地培肥、高产示范、市场监管、培训宣传等多项防治措施，开展北运河流域农业面源污染治理工作。2009 年以来，流域内 4.14 万 hm² 农田累计减少化肥（纯养分）投入 2 471t，其中冬小麦和夏玉米均减少化肥投入 47.1kg/hm² 和 62.4kg/hm²，有效促进首都农业生态改善。

在配方肥推广上，北京市土肥站与农资企业合作，按照统一标识、统一服务、统一供货、统一配送、统一价格及农民自由选购的要求，形成以政策补贴为先导、科学配方为支撑、市场化运作为纽带、严格监管为保障的配方肥推广模式，加快了物化技术推广入户的速度，起到了很好的示范带动作用。截至2010 年，共与 35 家企业建立合作关系，建成配方肥配送站点 101 家，推广补贴专用配方肥 4.46 万 t。

第二节　当前北京肥料生产与销售情况

一、生产与销售企业情况

北京市现有肥料生产企业近 160 家，年产肥料 140 万 t 以上，年产值达 30 亿元以上，90% 的肥料产品销往外埠或国外；有不少企业总部注册在我市，生产销售均在外埠，这类企业占到全市肥料企业数的 20% 左右。从生产产品的类别分类（存在同一企业可生产多类产品的情况），有复混肥生产企业 35 家，有机肥生产企业 28 家，水溶肥生产企业 78 家，生物肥料生产企业 38 家，其他产品生产企业 5 家。从产能讲，复混肥产能最大，在 100 万 t 左右，有机肥在 20 万 t 左右，微生物肥料 20 万 t，水溶肥在 1 万 t 以下。我市肥料产品在国内具有较好声誉，多家企业的特色产品畅销海内外。

全市肥料经销企业近 1 600 家，分散在全市 14 个郊区县百余个乡镇的近千个村庄，年肥料销售量在 40 万 t 左右。肥料销售主要有三种渠道，一是各级农业生产资料公司，二是农业三站，三是零散肥料经销户。全市年化肥实物用量在 30 万 t 左右，折纯量 13 万～14 万 t。目前，肥料销售的主渠道仍是各级农业生产资料公司，其掌握资源丰富，网点众多，仅市农资公司加盟店总数就达 210 家（不包括区县农资公司），年销售量 15 万～20 万 t，占全市总销售量的 40% 左右。农业三站随着事业单位改革，其经营行为正逐步减少，但由于部分农业三站仍施行差额拨款，销售肥料的行为仍个别存在。零散肥料经销户数量众多，占销售企业总数的 80% 左右，但其规模有限，销售量有限。全市肥料经销企业 1 600 余家，其中年销售量 1 000t 以上的企业 24 家。

二、肥料生产的特点

北京市肥料生产具有三个明显特点：

一是肥料产业总部经济特点明显，区位优势显著。首先，北京是全国肥料研发中心，中国农业大学、中国农科院等国内知名肥料科研机构均坐落在北京，肥料科研实力雄厚。其次，北京是全国肥料登记管理的中心，农业农村部、国家质检总局均在北京，负责全国肥料产品登记证及部分肥料产品生产许可证的颁发，负责全国的肥料管理工作。第三，多数企业的总部和经营在北京，肥料产品的销售和使用则在全国各地，对全国肥料市场的发展态势影响广泛而深远。

二是肥料生产主体多元化，经营网点分散化。一个产业的所有制结构，是由其客观经济规律所决定。肥料产业是一个具有重要地位的竞争性行业，在生产领域应以非公有制为主体。北京市肥料生产领域企业所有制形式多样，包括国有控股企业、合资企业、集体所有制企业及私有性质的民营企业，其中以民营企业数量最多，占总数量的近90%。

三是肥料产品结构多样化，具有较强的市场竞争力。目前，北京市除大化肥之外的各类肥料产品均有生产，生产的肥料产品涉及包括复混肥料、有机肥料、水溶肥料等在内的6大类11小类。其中复混肥料产能及产量均最大，现有生产企业35家，年生产能力100万t以上，占全国的4.5%，规模较大的复混肥生产企业有5家企业，其生产量占全市肥料产量的八成以上。

由于北京市耕地数量锐减，耕地质量的保护就显得尤为重要，有机肥料作为培肥地力的一项肥料重要的农资，其重要性显得更为突出。近年来，北京市有机肥料产业得到了一定的发展，截至2012年，北京市有机肥料生产企业共28家，年生产量25万t，占全国的2%，主要分布在养殖业相对集中和原料来源方便的怀柔、通州、大兴和房山四区县。

北京市有微生物肥料、水溶肥料、土壤调理剂及新型肥料等生产企业88家，在全国较有名气的肥料生产企业有5家，在各自细分产品领域具有较大优势。

三、肥料产业存在的问题

北京市肥料产业存在三个突出的问题。

一是产业结构布局不合理，设备闲置率高。我国肥料产业总体为高能耗高污染产业，技术含量偏低，核心技术缺乏，北京市肥料企业虽在国内具有较好的声誉及口碑，但存在同样的问题：北京市主导肥料产品为复混肥料，其产能占肥料总产能的80%以上，其他类型肥料产品产能均较小；在缓控释肥料研究方面虽有一定进展，但产业化尚不理想；在微生物肥料产业方面进展也不大，多数以生产微生物菌剂和微生物肥料的企业勉强维持生存，产品升级换代缓慢；水溶肥料企业则多为家庭作坊式企业，设备简单，产业化规模低。

由于肥料市场竞争激烈，肥料产能不能充分消化，肥料生产企业设备闲置率较高，小型复混肥料生产企业、水溶肥料生产企业和微生物肥料生产企业设备闲置现象均较突出，其中水溶肥料生产企业设备闲置率极高，每年用于生产的时间多数不超过一个月，造成了极大的浪费。

二是核心技术欠缺，龙头企业较少。北京市生产的肥料产品，除少数几个产品具有独立核心技术外，多数产品缺乏科技含量，同外埠肥料产品相比，由于缺乏价格竞争优势，很容易在激烈的竞争中被淘汰。目前市场上销售的高端肥料产品多为国外进口产品，主要集中在中微量元素肥料及微生物菌剂等几类产品上，这些产品的优势在于其生产工艺特殊，剂型便于作物吸收利用。

受自然资源和地理区位所限，北京市肥料产业缺少龙头企业带领。肥料企业多为小型企业，生产规模、营销网络和经营实力都不强，很难适应加入WTO后国内市场全面开放的竞争局面，极易在贸易全球化的大环境中失去竞争力。

三是肥料质量参差不齐，尤其是新型肥料问题严重。复混肥料、复合肥料等大肥料，经过20多年的工业化生产，生产工艺已相对成熟，产品质量也较有保障，连续多年监督抽查显示，复混肥料等产品的合格率在85％以上。有机肥料、水溶肥料等新型肥料产品由于产业化水平低，多数企业未实现规模化工业生产，同时由于管理依据非常不充分等原因，这些新型肥料产品的质量存在较多问题，如pH不合格、养分不达标、水分超标等，甚至部分产品有害成分超标，安全性无法保证。

第三节　近年来北京地区肥料投入情况

一、近年来主要肥料投入监测数据

1. 粮田肥料投入情况

粮田监测点以肥料形式投入的总养分为 544.5kg/hm²，其中氮 331.5kg/hm²，磷 132kg/hm²，钾 82.5kg/hm²，氮磷钾投入比例为 1：0.39：0.25。监测点有机肥年实物投入量为 3 070.5kg/hm²，折合纯养分 45kg/hm²；化肥年实物投入量为 1 102.5kg/hm²，折合纯养分为 501kg/hm²；有机肥料与化学肥料投入比例（按纯养分折算）为 1：11.13，粮田肥料投入结构有所改善。

2. 露地菜田肥料投入情况

露地菜田监测点以肥料形式投入的总养分为 1 258.5kg/hm²，其中氮 606kg/hm²，磷 264kg/hm²，钾 388.5kg/hm²，氮磷钾投入比例为 1：0.44：0.64。监测点有机肥年实物投入量为 40 605kg/hm²，折合纯养分 607.5kg/hm²；化肥年实物投入量为 1 605kg/hm²，折合纯养分为 651kg/hm²；有机肥料与化学肥料投入比例（按纯养分折算）为 1：1.07。

3. 设施菜田肥料投入情况

设施菜田监测点以肥料形式投入的总养分为 1 447.5kg/hm²，其中氮 735kg/hm²，磷 312kg/hm²，钾 406.5kg/hm²，氮磷钾投入比例为 1：0.42：0.57。监测点有机肥年实物投入量为 49 500kg/hm²，折合纯养分 84kg/hm²；化肥年实物投入量为 1 641kg/hm²，折合纯养分为 606kg/hm²；有机肥料与化学肥料投入比例（按纯养分折算）为 1：0.72。

4. 果园肥料投入情况

果园监测点以肥料形式投入的总养分为 1 144.5kg/hm²，其中氮 501kg/hm²，磷 243kg/hm²，钾 399kg/hm²，氮磷钾投入比例为 1：0.49：0.80。监测点有机肥年实物投入量为 45 060kg/hm²，折合纯养分 870kg/hm²；化肥年实物投入量为 700.5kg/hm²，折合纯养分为 273kg/hm²；有机肥料与化学肥料投入比例（按纯养分折算）为 1：0.31。果园监测点有机肥投入较上一年度增加明显，实物投入量是上一年度的 2.5 倍。

主要农作物肥料投入现状分析（2007 年监测结果）见表 5-2。

表 5-2　主要农作物肥料投入现状分析（2007 年监测结果）

	总养分（kg）	化肥 NPK 比例	有机无机比例
粮田	36.3	1：0.40：0.2	1：11.1
露地蔬菜	83.8	1：0.48：0.48	1：1.1
保护地	96.5	1：0.43：0.48	1：0.7
果园	76.3	1：0.67：0.48	1：0.3

二、近年来北京地区化肥使用情况

1. 北京地区化肥使用总体情况

根据《北京市统计年鉴 2014》，北京市全市施用化肥经历了一个变化的过程，1993—1998 年，全市的化肥施肥量呈逐年上升趋势，从 2000 年起，全市施用化肥问题基本稳定，呈小幅下降趋势（图 5-2）。出现这一趋势的主要原因是：第一，随着全市都市型现代农业建设和生态农业建设，节水、节肥等观念得到了普及；第二，人们对化肥的认识也得到了提高，化肥与其他肥料，特别是新型肥料配合使用，降低了肥料的利用率；第三，全市的耕地面积呈下降趋势（详见第四章第三节）。

与 2012 年相比，2013 年各区县化肥施用量各不相同（表 5-3），其中，城市功能拓展区的朝阳区、丰台区、海淀区化肥施用量增加；城市发展新区房山

图 5-2　北京市化肥施用量趋势

数据来源：中国经济与社会发展统计数据库

区、通州区、顺义区、昌平区、大兴区化肥施用量显著减少；生态涵养发展区化肥施用量总体减少，但门头沟区、怀柔区化肥施用量有所增加，延庆县化肥施用量明显减少。

表 5-3　各区县 2012—2013 年化肥施用量

区县	化肥施用量（折纯量）（t）		
	2013（年）	2012（年）	增长速度（%）
全市	127 808.9	136 707.0	−6.5
城市功能拓展区	1 691.2	1 563.7	8.2
朝阳区	332.8	319.3	4.2
丰台区	139.7	124.1	12.6
海淀区	1 218.7	1 120.3	8.8
城市发展新区	93 311.6	100 896.7	−7.5
房山区	11 947.8	13 374.1	−10.7
通州区	25 412.4	27 321.3	−7.0
顺义区	22 869.5	24 302.4	−5.9
昌平区	3 436.4	3 882.3	−11.5
大兴区	29 645.5	32 016.6	−7.4
生态涵养发展区	32 806.1	34 246.6	−4.2
门头沟区	140.3	132.7	5.7
怀柔区	5 020.1	4 846.8	3.6
平谷区	8 586.7	8 753.8	−1.9
密云县	6 933.8	7 203.4	−3.7
延庆县	12 125.2	13 309.9	−8.9

数据来源：《北京市统计年鉴 2014》

2. 氮肥施用情况

北京地区农用氮肥施用数据记录开始于1979年（表5-4），从氮肥施用量来看，北京地区的氮肥施用量总体保持下降趋势，这与人们对氮肥的认识不断提高有关。经过多年的肥料投入，人们发现，如果作物只施用氮肥，当氮肥施用量达到一定程度时，其对作物的增产作用开始下降。具体来看，1979—1993年，北京地区农用氮肥施用量出现了下降趋势，然而1993—1994年，北京地区农用氮肥施用量出现了大幅提高，后逐渐下降，经过近10年的发展，2001年北京地区农用氮肥施用量回到1993年的水平，1999—2003年北京地区农用氮肥施用量下降明显，2004年后，逐年下降，但下降趋势平缓（图5-3）。

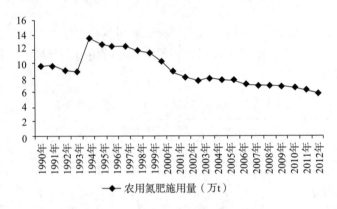

图5-3　北京地区农用氮肥施用量
数据来源：中国经济与社会发展统计数据库

3. 磷肥施用情况

北京地区农用磷肥施用数据（图5-4）开始于1979年，从磷肥的施用情况来看，北京地区的磷肥使用量经历了波动发展的过程。1990—2001年，基本重复上升、下降这一趋势，但总体的趋势仍处于上升状态。2001—2003年，北京地区农用磷肥施用量明显上升，到2003年达到最高。2003年以后，北京地区农用磷肥的施用量呈逐年下降趋势，到2012年，基本下降到20世纪90年代的水平。

4. 钾肥施用情况

北京地区农用钾肥施用数据（图5-5）开始于1982年，从钾肥的施用情况来看，北京地区的钾肥施用量呈梯形发展态势。1990—1991年，北京地区钾肥施用量增加，1991—1994年施用量基本保持不变；1994—1995年，钾肥施用量下降；1995—1998年，北京地区钾肥施用量明显增加；1998—2000年，钾肥施用量基本不变；2000—2002年又出现了明显增加的态势；2003—2006

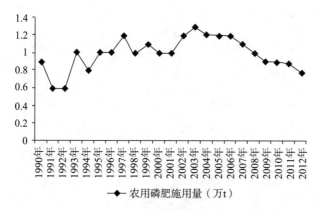

图 5-4　北京地区农用磷肥施用量

数据来源：中国经济与社会发展统计数据库

年基本平稳；2006—2007 年出现增长后，近几年北京地区钾肥施用量基本保持平稳。

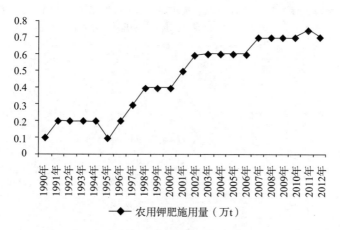

图 5-5　北京地区农用钾肥施用量

数据来源：中国经济与社会发展统计数据库

5. 复合肥施用情况

　　北京地区农用复合肥施用数据开始于 1982 年（表 5-4，图 5-6），从复合肥使用情况看，北京地区农用复合肥的使用出现了 3 次大发展，2 次下降。其中，1990—1994 年，北京地区农用复合肥的施用量明显提高，1994—1995 年出现短暂的下降后，1996—2000 年，北京地区农用复合肥的施用量进一步提高，经历了从 2001—2004 年的下降后，2005 年至今，北京地区农用复合肥的施用量保持着逐年增加的趋势。

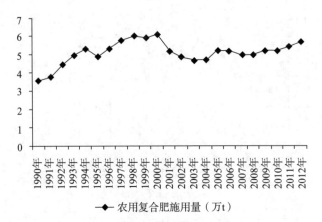

图 5-6　北京地区农用复合肥施用量
数据来源：中国经济与社会发展统计数据库

表 5-4　1949 年以来北京地区化肥生产与施用情况

年份	化学肥料产量（万 t）	化肥施用量（折纯）（万 t）	氮肥施用量（折纯）（t）	磷肥施用量（折纯）（t）	钾肥施用量（折纯）（t）	农用化肥施用量（万 t）	农用磷肥施用量（万 t）	农用复合肥施用量（万 t）	农用钾肥施用量（万 t）	农用氮肥施用量（万 t）
1949						0.004 1				
1950						0.004 6				
1951						0.006 2				
1952						0.008 64				
1953						0.026 68				
1954						0.075 72				
1955						0.100 9				
1956						0.21				
1957						0.195 38				
1958	0.01					0.344 42				
1959	0.19					0.66				
1960	0.4					0.974				
1961	0.6					0.860 9				
1962	0.76					1.302 4				
1963	1.16					1.459 7				
1964	1.7					1.654 9				

（续）

年份	化学肥料产量（万 t）	化肥施用量（折纯）（万 t）	氮肥施用量（折纯）（t）	磷肥施用量（折纯）（t）	钾肥施用量（折纯）（t）	农用化肥施用量（万 t）	农用磷肥施用量（万 t）	农用复合肥施用量（万 t）	农用钾肥施用量（万 t）	农用氮肥施用量（万 t）
1965	2.32					2.450 4				
1966	2.71					3.2				
1967	2.26					3.115 9				
1968	2.91					3.141 8				
1969	4.1					3.8				
1970	4.26					4.809				
1971	4.58					4.809 3				
1972	5.23					6.216				
1973	6.85					7.5				
1974	8.07					8.1				
1975	10.4					11.240 7				
1976	9.64					11.4				
1977	9.86					10.248 8				
1978	10.7					11.6				
1979	12.01					11.3	2.7			8.6
1980	12.41					12.3	2.8			8.2
1981	12.19					11.2	2.7			7.4
1982	12					12	2.9		0.1	7.8
1983	13.04					12	3	0.2		7.6
1984	12.36					10.7	2.3	0.4		7.1
1985	8.09					8.2	1.3	0.7	0.1	6.2
1986	8.26					9.1	1.6	0.7	0.1	6.7
1987	9.02					10	1.2	1.3	0.1	7.5
1988	9.53					10.608 2	1	1.5	0.1	8.1
1989	9.74	11.750 4	85 788	9 150		11.8	0.9	2.2	0.2	8.6
1990	9.22	14.444 1	97 864	8 790		14.444 1	0.9	3.6	0.1	9.8
1991	6.94	14.384	98 063	6 318		14.4	0.6	3.8	0.2	9.8
1992	9.7	14.428 2	91 559	6 431		14.428 2	0.6	4.5	0.2	9.1
1993	9.61	14.871 4	90 081	7 365		15	1	5	0.2	9
1994	9.57	19.791 1	135 058	8 097		19.8	0.8	5.3	0.2	13.5
1995	10.59	18.808 8	125 506	9 826		18.808 8	1	4.9	0.1	12.7
1996	12.72	18.886 8	123 662	10 181		18.9	1	5.3	0.2	12.4
1997	11.92	19.652 8	123 600	12 429		19.7	1.2	5.8	0.3	12.4
1998	11.25	19.287 1	119 056.9	10 181.1		19.3	1	6	0.4	11.9

（续）

年份	化学肥料产量（万t）	化肥施用量（折纯）（万t）	氮肥施用量（折纯）（t）	磷肥施用量（折纯）（t）	钾肥施用量（折纯）（t）	农用化肥施用量（万t）	农用磷肥施用量（万t）	农用复合肥施用量（万t）	农用钾肥施用量（万t）	农用氮肥施用量（万t）
1999	8.79	19.029 1	115 940	10 851		19	1.1	5.9	0.4	11.6
2000	6.79	17.928 2	104 518	10 335.3	3 625.8	17.9	1	6.1	0.4	10.4
2001	3.84	15.694	90 366	9 585	4 782	15.7	1	5.2	0.5	9
2002	1.02	14.876 4	83 093.1	11 579.1	5 474.3	14.94	1.2	4.9	0.6	8.3
2003	0.88	14.322 8	77 442	12 577	5 743	14.5	1.3	4.7	0.6	7.7
2004	3.6	14.462 6	78 830	12 327	6 090	14.5	1.2	4.7	0.6	7.9
2005	4.2	14.836 2	77 996	12 061	6 221	14.84	1.2	5.2	0.6	7.8
2006	1.11	14.841 7	78 025	12 066	6 223	14.84	1.2	5.2	0.6	7.8
2007	0.57	13.987 2	71 785	10 912	6 879	14	1.1	5	0.7	7.2
2008	0.25	13.631 8	69 682	10 222	6 817	13.6	1	5	0.7	7
2009		13.823 7	69 947	9 352	6 790	13.8	0.9	5.2	0.7	7
2010		13.665 8	68 691	8 790.2	7 179	13.7	0.9	5.2	0.7	6.9
2011		13.847 2	67 784	8 822	7 440	13.84	0.88	5.44	0.74	6.78
2012		13.670 7	64 858	7 825	7 102	13.7	0.78	5.7	0.7	6.5
2013		12.780 9	59 372.8	7 415	6 721.8	12.8				5.94

数据来源：《中国经济与社会发展统计数据库》

三、近年来北京地区有机肥使用情况

2007 年对北京 144 个生产基地有机肥使用情况的调查发现，使用的有机肥主要是鸡粪、猪粪、牛粪、农家肥及商品有机肥，其他有机肥比重很小。

有 32.54％的基地施用鸡粪，有 28.33％的基地施用牛粪，有 10.27％的基地施用猪粪，这三种粪肥占施用总量的 71.14％；有 19.85％的基地施用农家肥，只有 7.01％的基地施用商品有机肥；鸡粪＞牛粪＞农家肥＞猪粪＞商品有机肥。

粮田所施用肥料，主要以化学肥料为主，有机肥料施用较少。在经济作物的 250 个调查点中，有 158 个点施用了有机肥，占 63.2％；在粮田调查的 910 个样点中，施用有机肥的只有 64 个点，仅占调查样点 7.03％。

四、近年来北京地区新型肥料生产与应用情况

1. 北京市新型肥料应用的基本情况

北京市新型肥料应用的基本情况如下：

（1）专用复混肥料

现有年生产规模百万 t 以上的复混肥生产企业 38 家，2009 年专用复混肥施用面积达 13.2 万 hm²；2007—2009 年，施用专用肥增产 57.5 万 t 农产品，增收 9.35 亿元。

（2）商品有机肥料

现有生产企业 32 家，设计年生产能力为 40 万 t，实际年生产能力 20 万 t，年消纳农业废弃物 70 万 t；2010 年北京市施用 35 万 t 商品有机肥。

（3）水溶肥料

现有生产企业 75 家，年生产水溶肥料 5 000t，主要应用在蔬菜、草莓、西瓜、果树等高附加值作物上。

（4）微生物肥料

微生物肥料产业在北京市发展迅速，现有生产企业 43 家，年生产微生物肥料 10 万 t，北京市年施用量 5 万 t 以上。

（5）二氧化碳气体肥料

年均用 20 万袋二氧化碳气体肥料，应用面积 666.67hm²，主要用于设施蔬菜、草莓、西瓜等作物上，可以提高设施二氧化碳浓度，增加作物产量 10%～20%，有效改善作物品质。

（6）土壤调理剂

现有生产企业 3 家，年生产土壤调理剂近 5 000t，主要应用在荒漠化地区，改良土壤。

（7）缓控释肥料

现有生产企业 2 家，年生产缓控释肥料近万 t，主要应用在玉米等大田作物上。

2. 北京市新型肥料应用的主要特点

（1）技术先进，产品高端

北京科技资源丰厚，产学研联系紧密，新型肥料相关技术及工艺先进，产品国内领先。

（2）首都窗口示范效应明显

北京新型肥料应用面积小，但展示作用大，是高效、先进和安全的新型肥料宣传、展示的窗口，因此，很多企业在北京建立了总部，并在京郊开展其肥料产品示范试验。

（3）探索创新农化服务体系

北京市土肥工作站经过多年的探索创新，建立了较为完善的适应都市型现代农业的农化服务体系，充分发挥土肥推广部门与肥料企业双方的优势，加强合作，新型肥料的售前、售中和售后服务较好。

（4）政府重视，财政补贴政策促进产业发展

近年来，北京市实施《农业基础建设及综合开发规划》《北运河流域面源污染防控规划》和"测土配方施肥"等重点工程，对商品有机肥、配方肥料及二氧化碳等新型肥料给予政策补贴，通过政策引导积极推进北京新型肥料的产业发展与应用。

3. 新型肥料使用存在的主要问题

北京市新型肥料发展较快，但发展过程中也存在一些问题，主要表现在：农民对新型肥料缺乏认识；产品质量良莠不齐；价格相对偏高，农民较难接受；宣传不实，夸大产品功效；产品技术创新不够；企业规模相对偏小；推广机制方法相对落后。这些严重影响了新型肥料的推广应用和产业化发展。

五、近年来北京设施农业肥料使用情况

设施农业已成为北京都市型现代农业的主导产业，截至 2012 年年末，北京市设施蔬菜种植面积达 2.3 万 hm^2（34.5 万亩），其中春秋大棚蔬菜种植面积约占 40%。设施蔬菜由于其特殊的生产环境、较高的经济效益，大多走"高投入、高产出"的路线。

1. 京郊设施蔬菜施用肥料品种变化

（1）京郊设施蔬菜施用有机肥品种变化

1999 年农户施用有机肥品种主要有鸡粪、猪粪、农家土杂肥、商品有机肥和粗肥（图 5-7）。在调查的 116 个温室大棚中，选择施用鸡粪的农户最多，占 77.5%；其次是施用农家土杂肥，占 10.5%；施用猪粪的农户占 10.1%；少量农户施用商品有机肥和粗肥。

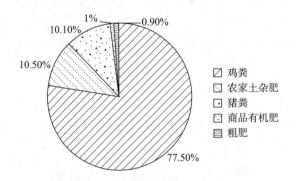

图 5-7　1999 年设施蔬菜有机肥不同品种施用比例

图来源：梁金凤等.2013.北京市设施蔬菜施肥状况变化分析［J］.中国蔬菜，2013（19）：18-22

　　2011 年农户施用有机肥品种主要有鸡粪、猪粪、牛粪、商品有机肥、羊粪、秸秆。在调查的 96 个温室大棚中，仍以施用鸡粪农户最多，占57.4%，但较 1999 年减少 20.5 个百分点；施用牛粪、商品有机肥农户增幅较大，施用牛粪农户占 19.2%，施用商品有机肥农户占 18.6%，其他品种只占 4.8%。有机肥施用品种逐渐丰富，但仍以施用鸡粪、牛粪和商品有机肥较多（图 5-8）。

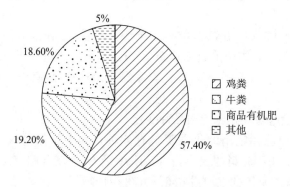

图 5-8　2011 年设施蔬菜有机肥不同品种施用比例

图来源：梁金凤等 .2013. 北京市设施蔬菜施肥状况变化分析［J］. 中国蔬菜，
2013（19）：18-22

　　其他有机肥成分：羊粪 1.60%、猪粪 1.60%、秸秆 0.80%、生物肥 0.8%。

　　有机肥施用习惯上，选择单独施用鸡粪的农户最多，占 48.94%；选择鸡粪与牛粪混合施用的农户占 15.95%；选择单独施用商品有机肥的农户占13.83%，选择单独施用牛粪的农户占 8.51%。以上这 4 种施用模式占 87.23%，

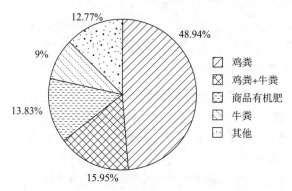

图 5-9　2011 年设施蔬菜有机肥不同施用方式所占比例

图来源：梁金凤等 .2013. 北京市设施蔬菜施肥状况变化分析［J］. 中国蔬菜，
2013（19）：18-22

其他施用模式占 12.77％（图 5-9）。由此可见，鸡粪是农户首选有机肥施用品种，其次为商品有机肥和牛粪；施用方式上以单施鸡粪最多，其次为鸡粪与牛粪混合施用。京郊菜农习惯施用鸡粪肥料，这与鸡粪养分特性有关，其速效性养分含量高，施用后能马上见效。速效鸡粪与缓效牛粪搭配施用，既能满足作物对速效养分的快速需求，又能全面、持续供应多种养分，培肥地力。这种方式是农民长期施肥经验的总结，而且能防止单独施用大量速效鸡粪而引发烧苗现象的发生。

其中有机肥成分：猪粪 1.06％、羊粪 1.06％、猪粪＋鸭粪 2.17％、鸡粪＋马粪 1.06％、鸡粪＋猪粪＋羊粪 1.06％、稻壳＋鸡粪 1.06％、鸡粪＋牛粪＋秸秆 1.06％、稻壳肥 1.06％、农家肥 1.06％、鸭粪＋牛粪 1.06％、鸭粪 1.06％。

（2）京郊设施蔬菜化肥施用品种变化

1999 年农户选择施用的化学肥料有 6 种，其中施用磷酸二铵、硫酸铵、硫酸钾、尿素这 4 种肥料的农户占 88.4％；而施用复合肥（蔬菜）的农户只占 6％，施用碳酸氢铵的农户占 5.6％（图 5-10）。

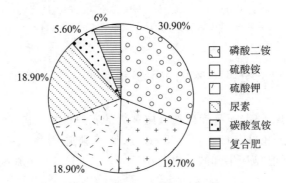

图 5-10　1999 年设施蔬菜化肥不同品种施用比例

图来源：梁金凤等 . 2013. 北京市设施蔬菜施肥状况变化分析［J］. 中国蔬菜，2013（19）：18-22

2011 年农户选择施用的化学肥料主要有复合肥、硫酸钾、磷酸二铵，施用这 3 种肥料的农户占 94.81％，施用其他品种的农户只占 5.19％（图 5-11）。

其他化肥包括：普钙 0.65％、钙肥 1.30％、尿素 1.95％、硫酸镁 0.65％、叶面肥 0.65％。

与 1999 年相比，选择施用复合肥的农户数量增幅较大；较 1999 年增加 47.9 个百分点；选择施用硫酸钾的农户增加 10.3 个百分点；施用尿素的农户降低了 17 个百分点；施用磷酸二铵的农户降低了 19.2 个百分点；碳酸氢铵、硫酸铵等化肥几乎不再有农户施用（图 5-12）。由此可见，目前设施蔬菜生产

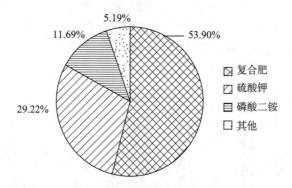

图 5-11　2011 年设施蔬菜化肥不同品种施用比例

图来源：梁金凤等 . 2013. 北京市设施蔬菜施肥状况变化分析［J］. 中国蔬菜，

2013（19）：18-22

中，农户选择施用的化肥品种仍以复合肥、硫酸钾、磷酸二铵为主，以中量元
素钙肥、镁肥及叶面肥为补充。

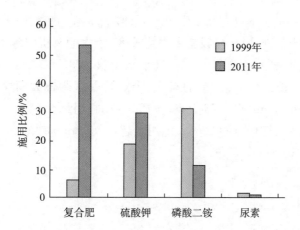

图 5-12　北京市设施蔬菜主要化肥品种施用比例变化

图来源：梁金凤等 . 2013. 北京市设施蔬菜施肥状况变化分析［J］. 中国蔬菜，

2013（19）：18-22

2. 京郊设施蔬菜施肥量的变化

（1）京郊设施蔬菜有机肥施用量变化

1999 年设施蔬菜有机肥平均施用量为 56t/hm^2，2011 年有机肥平均施
用量为 84t/hm^2，与 1999 年相比增加了 50%。其中，商品有机肥较 1999 年
增加了 11.6 倍；鸡粪施用量较 1999 年增加了 49.6%；猪粪施用量减少了
19.4%。2011 年有机肥施用量依次为：牛粪（78.7t/hm^2）＞商品有机肥

（66.7t/hm²）＞鸡粪（66.62t/hm²）＞羊粪（66.61t/hm²）＞鸭粪（58.8t/hm²）＞猪粪（51.4t/hm²）＞稻壳肥（21.1t/hm²）（图 5-13）。由此可见，京郊设施蔬菜有机肥施用量增幅较大，以商品有机肥和鸡粪施用量增幅最为明显。

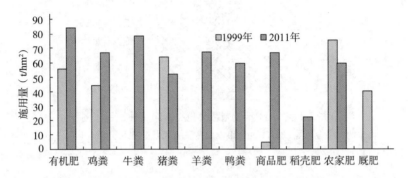

图 5-13　北京市设施蔬菜不同有机肥品种施用比例变化

图来源：梁金凤等.2013. 北京市设施蔬菜施肥状况变化分析［J］. 中国蔬菜，2013（19）：18-22

合理施用有机肥不仅有利于作物产量的提高，还可以培肥土壤，提高土壤的养分供应能力。对 2011 年设施果类蔬菜 87 个大棚有机肥施用量进行统计，最大有机肥施用量为 367.7t/hm²，最小施用量为 8.7t/hm²，平均施肥量为 84t/hm²。施用量小于 30t/hm² 的有 16 个点，占总调查大棚样点的 18.4％；施用量在 30~60t/hm² 的有 26 个点，占 30％；施用量在 60~90t/hm² 的有 19 个点，占总调查大棚样点的 22％；施用量超过 90t/hm² 的有 26 个点，占总调查大棚样点的 30％（图 5-14）。

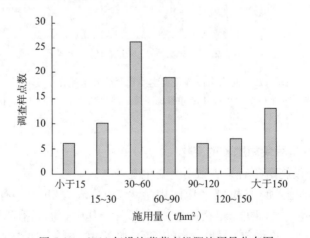

图 5-14　2011 年设施蔬菜有机肥施用量分布图

图来源：梁金凤等.2013. 北京市设施蔬菜施肥状况变化分析［J］. 中国蔬菜，2013（19）：18-22

结果表明，目前设施蔬菜有机肥用量普遍在30~90t/hm²。调查中有30%的地块有机肥用量超过了90t/hm²，过量施用有机肥的现象比较突出。盲目过量施用有机肥会影响土壤的理化性状，长期大量施用有机肥会引起土壤盐分和磷钾养分的累积，易发生土壤盐渍化、酸化、养分失衡，严重影响作物生长；另外，大量施肥还可能导致硝酸盐在蔬菜体内积累，影响人们的身体健康。因此，有机肥用量不是越多越好，用量要合理。

（2）京郊设施蔬菜有机肥养分投入量变化

对2011年果类蔬菜84个大棚有机肥养分投入量进行统计（表5-5）。有机肥养分投入量平均折合纯氮679.5kg/hm²、五氧化二磷580.5kg/hm²、氧化钾600.0kg/hm²。与1999年有机养分投入量相比，氮增加60%、五氧化二磷增加46%、氧化钾增加163.1%。按照华北地区设施蔬菜施肥指南，有机肥最高用量一般不应超过300kg/hm²（张福锁等，2009），说明目前京郊设施蔬菜机肥氮素投入明显偏高。

表5-5 2011年设施蔬菜有机肥递减量及氮磷钾养分占肥料总养分比

蔬菜种类	样本数	有机肥养分量（kg/hm²）			有机肥养分占肥料养分比（%）	有机肥提供氮占肥料总氮比（%）	有机肥提供五氧化二磷占肥料总五氧化二磷比（%）	有机肥提供氧化钾占肥料总氧化钾比（%）
		氮	五氧化二磷	氧化钾				
春番茄	22	427.5	384.0	358.5	59.54	67.38	70.33	45.70
越冬番茄	11	846.0	772.5	703.5	64.93	71.66	75.96	51.03
春黄瓜	19	787.5	687.0	640.5	53.55	52.71	56.47	51.69
越冬黄瓜	15	943.5	766.5	819.0	57.68	62.77	60.47	50.74
茄子	11	594.5	510.9	485.4	44.94	47.39	46.50	40.89
辣椒	6	479.3	359.9	594.3	61.15	60.60	72.21	56.33
平均		679.5	580.5	600.0	56.49	59.45	61.72	49.63

数据来源：梁金凤等.2013.北京市设施蔬菜施肥状况变化分析［J］.中国蔬菜，2013（19）：18-22

设施蔬菜以有机肥为主要的养分来源。2011年设施蔬菜施用有机肥氮磷钾养分占肥料提供氮磷钾总养分比例范围为44.94%~64.93%，加权平均为56.49%。其中，有机肥提供氮素比例范围为47.39%~71.66%，加权平均为59.45%；有机肥提供磷素比例范围为46.50%~75.96%，加权平均为61.72%，有机肥提供的钾素比例范围为40.89%~56.33%，加权平均为49.63%。与1999年相比，有机肥提供的氮磷钾总养分占肥料总养分比例有所下降，由1999年的70.3%下降至2011年的55.49%。其中，有机肥提供的氮素占肥料总氮素与1999年相当，提供的磷素、钾素均有所下降（表5-6）。

表 5-6 有机肥提供养分占肥料总养分比例的变化

年份	样本数	有机肥用量(t/hm²)	有机肥养分量(kg/hm²)			有机肥养分占肥料养分比(%)	有机肥提供氮占肥料总氮比(%)	有机肥提供五氧化二磷占肥料总五氧化二磷比(%)	有机肥提供氧化钾占肥料总氧化钾比(%)
			氮	五氧化二磷	氧化钾				
1999	116	56	424.5	397.5	228.0	70.30	56.30	80.30	93.30
2011	84	84	679.5	580.5	600.0	56.49	59.45	61.72	49.63

数据来源：梁金凤等.2013.北京市设施蔬菜施肥状况变化分析［J］.中国蔬菜,2013(19):18-22

（3）京郊设施蔬菜产量及耗肥量变化

随着品种更新换代、栽培技术的提高、肥料施用量的增加,京郊蔬菜产量也大幅度提高。1999 年设施蔬菜平均产量为 68t/hm²,2011 年平均产量为 145t/hm²,产量增加了 1.1 倍。1999 年每 kg 蔬菜产量消耗氮 11.0g、五氧化二磷 7.2g、氧化钾 3.6g,消耗氮磷钾总养分 21.8g;2011 年每 kg 蔬菜产量消耗氮 7.9g、五氧化二磷 6.5g、氧化钾 8.7g,消耗氮磷钾总养分 23.1g。每 kg 蔬菜消耗氮磷钾总养分较 1999 年增加 1.3g,单位养分生产效率有所降低。

（4）2011 年京郊设施蔬菜养分投入总量及养分比例分析

对 2011 年设施果类蔬菜 84 个大棚有机肥和化肥养分施用总量进行统计（表 5-7）。其中,平均氮投入 1 143kg/hm²、五氧化二磷投入 941kg/hm²、氧化钾投入 1 210kg/hm²。根据研究汇总结果表明,达到比较高产量的蔬菜平均养分吸收量为氮 322.5kg/hm²、五氧化二磷 156kg/hm²、氧化钾 271.5kg/hm²（李家康等,1997）。可见北京地区设施蔬菜养分投入量明显偏多,其中氮高出吸收量 2.5 倍,磷高出吸收量 5.0 倍,钾高出吸收量 3.5 倍。

表 5-7 2011 年设施蔬菜养分投入量及养分比

蔬菜	样本数	养分量(kg/hm²)			投入养分比	作物吸收养分比
		氮	五氧化二磷	氧化钾	氮：五氧化二磷：氧化钾	氮：五氧化二磷：氧化钾
春番茄	22	634	546	785	1：0.86：1.24	1：0.37：1.46
越冬番茄	11	1 181	1 017	1 379	1：0.86：1.17	1：0.37：1.46
春黄瓜	19	1 494	1 217	1 239	1：0.81：0.83	1：0.4：1.3
越冬黄瓜	15	1 503	1 268	1 614	1：0.84：1.07	1：0.4：1.3
茄子	11	1 254	1 099	1 187	1：0.88：0.95	1：0.29：1.41
辣椒	6	791	498	1 055	1：0.63：1.33	1：0.29：1.41
平均		1 493	1 077	1 438		

数据来源：梁金凤等.2013.北京市设施蔬菜施肥状况变化分析［J］.中国蔬菜,2013(19):18-22

参照华北地区设施番茄、黄瓜肥料荐施用量（表5-8），目前设施蔬菜养分施用量明显高于推荐施用量。进一步表明目前设施蔬菜养分投入偏高。不同蔬菜种类对养分的需求各异，作物吸收各养分比例与作物产量水平、土壤类型和肥力状况等有关。研究表明，番茄一般吸收氮磷钾比例为1：0.37：1.46左右，黄瓜吸收比例为1：0.4：1.3，而番茄实际施用氮磷钾比例为1：0.86：(1.17～1.24)，黄瓜实际施用氮磷钾比例为1：(0.81～0.84)：(0.83～1.07)，养分比例不协调；说明目前设施蔬菜生产中，不仅施肥量大，而且各养分比例不协调，明显存在氮、钾元素严重过量，磷使用比例过高的现象。

表5-8 华北地区设施番茄、黄瓜肥料推荐用量

作物	目标产量（t/hm²）	肥力等级	氮推荐量（kg/hm²）	五氧化二磷推荐量（kg/hm²）	氧化钾推荐量（kg/hm²）
番茄	160～200	极低	440～500	300～400	—
		低	400～440	200～300	750～800
		中	360～400	160～200	640～750
		高	320～360	100～160	400～640
		极高	0～320	60～100	240～400
黄瓜	>200	极低	700～750		
		低	650～700	—	—
		中	600～650	250～300	600～700
		高	550～600	200～250	420～600
		极高	450	150～200	150

数据来源：梁金凤等.2013.北京市设施蔬菜施肥状况变化分析［J］.中国蔬菜，2013（19）：18-22

第四节 北京地区主要肥料质量监测情况

肥料质量不仅影响农民增收，而且也直接影响农产品品质、土壤质量及生态环境安全。对于发展都市型现代农业的北京市而言，加强对肥料质量的监测监控是合理利用首都有限耕地资源、保护和提高耕地质量、促进城乡和谐与保障农产品质量安全的重要措施。由于复混肥料和有机肥料所占的市场比重较大，为此，北京市新型肥料质检站对其重点实施了质量监测调查，监测的基本结果如下。

一、复混肥料产品质量较好

北京市复混肥料相对于有机肥料而言，合格率较高，为 87.2%，略高于国家质检总局近年公布的全国复混肥产品质量国家和地方联动监督抽查合格率 86.1% 的结果。主要检测项目单项合格率基本均在 94.4% 以上。产品不合格率为 12.8%，不合格项以总养分和水分两项为多，养分不合格项测定值与标明值差别不大，一般负偏差为 1.9%～3.4%，抽检的不合格产品中，多为一个项次的监测指标不合格，多项次不合格的比例不大。

总体上来讲，复混肥料企业比较重视产品的质量，能够严格按照技术标准要求进行规范化生产，这与该类生产企业受到生产许可证管理和肥料登记管理制度双重制约有密切关系；当然，复混肥料生产所用原料质量控制相对容易，技术水平和技术装备相对较好也是重要原因。

二、有机肥料产品质量较差

北京市抽查结果显示，有机肥料产品质量较差，2006 年合格率仅为 2.3%，2007 年合格率为 12.7%。监测发现，有机质含量不达标的比例超过了一半，pH 超出上下限的比例也接近一半，总养分和水分的不达标比例占 1/4。相比复混肥料，有机肥料不合格产品同时多项次指标不合格的比例较大，有一半多的不合格品同时 2 项指标不达标；同时 3 项和同时 4 项指标不达标的比例也占到 37 个不合格产品的 27%；不合格指标项数最多的是 5 项，占到 6%。不合格产品中 1/4 是 pH 和有机质含量同时不合格；其次是总养分和有机质指标同时不合格，占 13.5%；总养分、pH 和有机质 3 项同时不合格的比例为 10.8%。

对于有机肥酸碱指标而言，一般的堆肥加工生产有机肥的初始阶段，由于有机酸的形成，pH 会下降（可降至 5.0），然后随着温度的上升，各种有机酸会挥发，同时含氮有机物分解产生的氨会使物料的 pH 升高（可升至 8.0～8.5，或者更高），当然，如果堆肥翻堆通气不够，在厌氧条件下，则 pH 会继续下降。

抽检发现不合格有机肥中水分含量比规定限值 20.0% 平均高出 42.4%。水分含量过高会导致肥料有效成分降低并影响肥料有效期从而影响肥料质量。水分不合格的原因主要是没有把握好原料水分的调配，一般堆肥所用的新鲜粪便原料含水量较高（如猪粪：70%～85%，牛粪：75%～90%，鸡粪：50%～87%），如果不注意用其他干性原料的调理搭配，则堆体通气性差，增温缓慢，水分蒸发少，不但会影响发酵质量，还会导致最终含水量偏高。

另外，抽检发现有机肥料不合格产品中有机质含量比规定限值 30.0% 平均要低 34.1%，总养分含量平均为 2.9%，比规定限值 4.0% 低 28.5%。有机质含量是有机肥料中重要的质量指标，不仅含有作物生长发育所需的养分，更在保持和改善土壤肥力方面起着重要作用，对提高土壤有机质含量、改良土壤结构和提高土壤保水、保肥能力具有重要意义，如果有机质含量达不到标准要求，就失去了有机肥的作用。据调研发现，该指标不达标主要是由多数生产厂家原料供应不稳定、技术工艺不到位所引起。目前不少生产企业，特别是一些小的企业，对产品质量不重视，技术工艺不到位，原料东拼西凑，要么采用低成本的畜禽粪便烘干法或晾晒法简单加工，要么原料配比不科学，导致有机质含量不稳定、产品合格率较低。总养分含量低，与氮素损失密切相关，Barrington 等总结了畜禽粪/秸秆、污泥/秸秆、畜禽粪/锯屑联合堆肥时，各组混合废物在堆肥过程中的氮损失量约为进料总氮的 16%～76%。林小凤等总结了堆肥化过程中氮素损失的程度，认为堆肥化过程氮素损失很大，不同堆肥处理 N 的损失量为 50%～77%。同时，抽检发现较少量样本（2 个）的有机肥料铬超标，与标准规定限值相比，超标 261.7%。调查发现该项指标超标与原料中重金属含量较高有关。刘荣乐等调查分析后也认为有机物料的安全性会直接影响到商品有机肥的重金属质量安全性。目前，我国商品有机肥中重金属限量尚无标准，且还不完全清楚有机肥料安全用量和土地年承载量，相应的长期监测信息还很缺乏。

综上所述，北京市有机肥料产品不达标比例较高、不达标项次多，部分不合格指标测定值偏离规定值程度较大，肥料质量堪忧。但随着技术的进步以及北京市土肥工作站加强肥料监管工作力度措施的加强，有机肥料合格率有了较大提升，不达标比例逐年下降，截至目前合格率维持在 90% 左右，能够有效地支持北京市都市型农业建设。

第五节　北京地区肥料使用存在的主要问题

随着农业种植结构的不断调整，种植作物以及耕作方式不断改变，尤其不少生产者过度追求经济目标，造成土壤投入不科学、耕作方式不合理，导致土壤健康状况下降，很多地方出现了土壤板结，土壤耕层变薄，适耕性下降，土壤微生态遭到破坏，土壤抗侵蚀能力、缓冲能力、分解有害物质能力等抗逆能力下降，如不加紧修复和治理，恶化到一定程度，这些土地将不可避免地失去耕种价值，面对首都都市型农业建设，北京市肥料使用过程中仍面临着诸多困难。

一、耕地质量不容乐观

1. 土壤肥力水平偏低

对北京市连续 20 多年的耕地质量长期定位监测结果表明，与第二次土壤普查相比，京郊耕地土壤有机质含量尽管提高了 2.28g/kg，但仍处于较低水平，平均含量仅为 15.58g/kg，与全国 2005 年的平均水平（23.5g/kg）相比，低 7.92g/kg，相差 33.7%。其中，耕层土壤有机质含量在 20g/kg 以上的耕地面积占总监测面积的 16.2%。在 15～20g/kg 的占 30.2%，15g/kg 以下的占 53.6%；特别是粮田，土壤有机质含量在 20g/kg 以上的高肥力地块仅占 8.7%。中低肥力比重高，比例达到 91.3%。郊区耕地土壤质量亟待提高。

2. 中低产田面积比例大

按照北京有关部门制定的耕地肥力分级标准，京郊耕地高肥力占 17.6%，中等肥力占 48.5%，低肥力占 33.9%，其中：中心城功能拓展区（5 333hm² 基本农田，8 000hm² 耕地）总体处于高水平；新城发展协调区（11.8×10⁴ hm²基本农田，13.6×10⁴hm² 耕地）总体为中等水平；山区生态涵养发展区（6.3×10⁴hm² 基本农田，7×10⁴hm² 耕地）总体为中等偏低水平。

3. 土壤污染存在安全隐患

通过对北京郊区耕地环境质量长期定位监测和 2006 年农业环境普查数据表明，与 1985 年耕地环境背景值相比，有 86.1% 的监测地块发现含有汞、镉、铅、砷和铬等重金属元素；依据土壤环境质量标准评价，全市耕地中清洁级占 97.8%、尚清洁级（警戒级，潜在污染）占 2.0%、已污染级占 0.2%。城市和农村生活垃圾、农业废弃物和建筑垃圾不仅对农田景观造成视觉污染，还会对耕地质量产生不良影响。

4. 土壤生态功能恶化

耕地在高度集约化利用下，随着化肥的长期超量施用，导致了土壤酸化和盐渍化等土壤障碍因子增多。土壤障碍因子的增多不仅使土壤板结，破坏土壤团粒结构，耕性恶化，土壤的蓄水、保墒、保肥、抗旱能力大大降低，导致土壤理化性质变坏；而且土壤酸化活化了有害重金属元素，如铝、锰等，导致有毒物质释放，使之毒性增强，对土壤生物造成危害，导致土壤有益微生物生物量降低、微生物种群功能多样性衰减、土壤的生物化学过程强度减弱，有机碳转化和养分供应的供应速率下降，最终使土壤微生态遭到破坏，土壤的抗侵蚀能力，缓冲能力、分解有害物质能力等抗逆能力下降。

5. 后备耕地资源质量较差

北京由于城市化进程不断加快，经济建设占地不可避免，且各种建设用地绝大部分占用的是城郊及平原地区的良田沃土，而开垦的耕地则大多是在山区、丘陵或沙荒地，开发潜力极为有限。

二、肥料施用不合理，障碍因子增多

1. 单位投入量高，肥料利用率低

北京市每年化肥施用量 13.43 万 t（氮磷钾纯量之和），平均超过 500kg/hm²，

高于国际公认的控制水体污染而确定的 $225kg/hm^2$ 化肥使用安全上限。根据对平谷区保护地蔬菜养分投入量调查，平均投入氮肥 1 451.9kg/hm²、磷肥 1 042.3kg/hm²、钾肥 901.5kg/hm²，氮、磷、钾素分别盈余 1 250.5kg/hm²、955.5kg/hm² 和 614.7kg/hm²，按平衡指数分析，投入量分别超过需求量的 7.21 倍、12.00 倍和 3.14 倍。我国的氮肥平均利用率约 35%，相当于发达国家的 1/2。北京市保护地菜田的氮肥利用率更低，仅为 20%～25%。

2. 氮素化肥用量超量

1996—2007 年，北京市耕地面积减少了 16.7 万 hm²，化肥施用量则由 1996 年的 473.7kg/hm² 增加到 2007 年的 603.0kg/hm²，出现化肥用量水平高、利用率低，耕地数量不断减少，单位面积耕地化肥投入量却在迅速增加的不合理现象。由于肥料投入多以氮磷肥为主，势必导致土壤氮、磷富集，影响肥力均衡，并加大农田面源污染风险。

3. 有机养分利用率低

目前，有机肥仅占全国肥料投入总量的 30% 左右。近 10 年，有机废弃物资源年平均增长 3 亿 t，2009 年总量达 40 亿 t，其中氮素 2 500 万 t，磷素 1 450 万 t，钾素 1 900 万 t。据统计，北京市年产秸秆 150 万 t，含有氮 9 300t、磷 3 750t 和钾 2.1 万 t，肥料利用率只有 30%，综合利用率只有 60%；畜禽粪便年产 700 万 t，含有氮 4.5 万 t、磷 3.7 万 t 和钾 3.2 万 t，肥料利用率不足 20%，平均回田率仅 43.6%。

4. 重氮磷肥施用，轻钾肥施用

从郊区肥料投入养分结构看，相对氮肥、磷肥的施用量，特别是粮食作物，钾肥施用水平低，投入量不足。

5. 重经济作物，轻粮食作物

根据土壤肥力监测结果，从主要农作物肥料投入水平看，主要作物的肥料养分投入量是：保护地菜田＞露地菜田＞果园＞粮食作物，在粮食作物比较效益相对较低，肥料投入相对较小。

6. 重常量元素，轻中微量元素

中微量元素肥料用量很少，只占化肥总用量的 0.7%。主要为钙、镁中量元素的肥料。使用的微量元素肥料主要为硫酸锌、硫酸锰和硫酸亚铁、硼砂等，施用面积很小。随着施肥技术水平的不断完善和提高，中微量元素将成为提高作物产量和品质的限制因素。

三、理论认识存在偏差

目前，植物矿物营养学说和以归还论为基础的施肥技术，在实践应用过程中出现了偏差。随着化肥工业，特别是合成氨工业的兴起，化肥作用被推到了"至高无上"的地位，土壤肥料学简单成了化学肥料学。过度依赖和滥用化肥造成的恶果，正是对植物营养理论理解存在大偏差引起的。其实植物以自养营养（光合作用和矿物营养）为主、异养营养（吸收利用其他生物产生的有机物）为辅的植物营养理论应当是比较科学的，所以有机肥绝不是简单的矿化材料，它对调节植物和土壤的辩证关系有多重意义和作用，尤其对改善土壤基础团粒结构和生态环境起着举足轻重的作用，是施肥工作所不可或缺的。另外，在耕地质量评价和建设上强调过多的是有机质含量和肥力，而严重忽视了土壤物理、化学、生物等结合因素的整体考量与建设，使土壤健康建设偏离了方向。

四、开垦历史悠久，利用强度大

我国人多地少，许多质量较低甚至不宜农用的土地都被开垦为耕地，这种现象在北京尤其突出，而这些低质土地在发达国家是不会被开垦的。并且由于耕种历史久远，集约化程度高，在长期利用过程中，虽然一些地方培育或是维持了部分耕地的土壤肥力，但是也有许多地方的耕地地力因产投不平衡而衰竭。

第六节　肥料在北京农业生产中的作用

农业的发展离不开肥料，北京市近年来结合沃土工程、土壤改良项目和高产田建设，充分利用、开发新型肥料和肥料使用技术，使得肥料在农业生产中发挥了重要作用。

一、肥料在北京沃土工程中的作用

沃土工程是通过实施耕地培肥措施和配套基础设施建设，对土、水、肥三个资源的优化配置，综合开发利用，实现农用土壤肥力的精培，水、肥调控的精准，从而提升耕地土壤基础地力，使农业投入和产出达到最佳效果，增强耕地持续高产稳产能力的项目。包括土壤肥力的培育、水资源的合理利用及肥料的科学使用等相关技术手段。北京市土肥站充分开展测土配方施肥技术以及肥料使用技术研究，使得肥料在北京沃土工程中发挥了重要主要。

第一，配方肥沃土作用明显。2006—2011 年，北京市累计推广测土配方施肥等技术 148.05 万 hm^2，技术覆盖率 90% 以上，农作物增产 97.89 万 t，共减少化肥投入 6.4 万 t 以上，相当于减少二氧化碳 23 万 t。截至目前，北京的 9 个远郊区均被列入全国测土配方施肥示范区，实现了全覆盖。多年的试验示范和生产实际表明，与常规施肥相比，测土配方施肥技术肥料利用率平均提高了 8.8～10.2 个百分点。小麦应用测土配方施肥技术每公顷节省肥料 26.55kg、增产 370.35kg，玉米每公顷节省肥料 31.8kg、增产 448.05kg，蔬菜平均每公顷节省肥料 79.65kg、增产 1 619.55kg，果品平均每公顷节省肥料 148.8kg、增产 898.65kg。测土配方施肥技术有效地减少了化肥投入，减少了对土壤和水的环境污染的潜在风险，是解决农业生产既要增产。又要保护环境"两难"问题的有效措施之一。

第二，优良培肥技术，使贫瘠土壤变沃土。在京承高速路走廊建设四季蔬菜、瓜类、玉米迷宫、奥运景观农业主题园等 10 多个基地，在超过 200hm² 的砂性贫瘠土壤推广培肥改良技术。两年后调查检测表明，土壤有机质提高 4.1g/kg，提高幅度 26%；土壤全氮、碱解氮、有效磁、速效钾含量分别提高 0.19g/kg、15.1mg/kg、27.1mg/kg、25mg/kg，养分指标提高幅度在 17.4%～47.8%；土壤 pH 降 0.14 个单位。平均增产幅度为 8.3%，每亩平均增收 454 元。

第三，利用石灰氮——日光土壤消毒与生物菌剂联合修复技术，克服连作土壤障碍。在昌平、顺义、怀柔等区县建立石灰氮——日光土壤消毒与生物菌剂联合修复技术示范基地超过 100hm²，连续两年修复治理使原本减产 50%～80% 的大棚蔬菜，恢复到原有的生产能力，为消除北京市设施蔬菜土壤连作障碍因子提供了技术支撑。

第四，研发推广治理土壤碱性障碍因子技术的效果良好。为了治理碱性土壤障碍因子，2008—2009 年，北京市土肥站与企业合作开发出酸性有机肥料，并在位于京承高速路走廊的昌平土沟四季蔬菜主题园和怀柔宽沟火龙果基地进行碱性障碍因子治理改良。通过两年的治理调低土壤 pH1 个单位，使土壤趋近中性。目前，土壤碱性障碍因子治理技术已在全市 10 多个大型南果北种基地推广应用，修复治理面积超过 40hm²。

第五，在果园推广生物覆盖培肥技术益处多多。为了对果树不能轮作而造成的果园土壤板结和肥力下降进行改良修复，北京市土肥站在密云、怀柔、顺义建立了超过 66.67hm² 的果园生物覆盖培肥技术示范基地，对果园土壤板结进行改良修复。两年表明，土壤容重降低 0.05～0.09g/cm，有机质提高了 0.8～2.4mg/kg、全氮提高 0.003～0.02g/kg、有效磷提高 1.2～4.4mg/kg、速效钾增加 4～6mg/kg。

二、肥料在北京土壤改良中的作用

培肥地力工程是提升耕地质量工作中的一项重要内容，是落实中央精神、建设社会主义新农村的重大战略举措，是发展首都绿色生态农业，推动农村经济迅速发展的一项基础性、公益性、长期性的工作。使用有机肥是培肥土壤的主要手段，有机肥不仅提供作物养分，而且能增加土壤有机质含量，改善土壤物理、化学、微生物性状，增加土壤保肥保水能力，从而有利提高土壤肥力，增强作物抵抗自然灾害的能力，提高耕地生产能力。为确保项目的顺利实施，北京市成立了由市、区县、乡镇有关部门领导组成的项目领导小组。项目负责人作为第一责任人，负责整体方案制定、协调和监督实施。在项目启动初期就制定了相关的管理办法和实施细则并在项目的执行过程中对上述办法和细则进行不断的完善。按政府采购程序公开招标，经专家评标，按综合得分的高低来确定肥料供应厂家资质。通过招投标来确定项目用肥，保证了项目用肥的质量和效果。完善补贴推广制度，规范质量管理。北京市土肥站出台了《北京市有机肥培肥地力示范工程项目实施细则》和《北京市有机肥培肥地力示范工程项目肥料质量管理办法》两个文件。上述文件中规定了统一的补贴标准，保证惠民政策入田到户；完善了北京市有机肥的推广网络；对肥料质量进行了规范化管理。项目实行"三统一、一集中、双审双核、企业凭票报销"的工作机制。"三统一、一集中"是指统一产品质量标准，统一包装质量要求和统一价格和肥料集中配送；"双审双核"是指市区两级对用户申请进行双重审查，同时对企业配送到位的肥料数量和质量进行双重核实；"企业凭票报销"是指中标企业凭经审核的肥料配送单和所对应的发票复印件直接到市土肥站领取补贴资金。上述工作机制，能较好地保证补贴资金的安全，确保项目的执行效果。为保证项目所用肥料的质量，北京市土肥站在项目初期就与中标企业签订了质量责任状；在项目的执行过程中不定期地对肥料质量进行抽查，对连续两次抽检不合格的企业停止其供肥资格。2007—2010 年，北京市财政共投入 6 700 万元资金开展《有机肥培肥地力示范工程》项目，推广补贴有机肥料 23.5 万 t，推广面积为 4.07 万 hm²。通过四年项目实施，成效显著，惠农政策受到百姓的欢迎，主要表现在以下几个方面：

1. 资源利用率得到提升，促进了循环经济发展，农村环境得到改善

通过项目实施，资源化利用畜禽粪便 45 万 m³ 和生产蘑菇用的废渣近 50 万 m³，不仅减轻了这些废弃物造成的环境污染，美化了生产、生活环境，同时也进一步带动了畜牧业的发展，促进了北京市生态型都市农业的建设和发展。

2. 惠农政策深入人心，促进了农业增效和农民增收

项目实施最直接的受益者就是广大农民百姓。补贴政策给农户带来的最直接利益就是降低生产成本，提高生产效益，增加农民收入。北京市参加项目的 61 万亩农田，平均每亩可降低肥料投入百元。昌平区兴寿镇香屯村草莓专业户陈庆金承包了 11 个大棚，过去每棚需用 8m³ 鸡粪（80 元/m³），现在用 3t 补贴有机肥，每棚肥料投入减少了 190 元，节省了一大笔开支。

3. 土壤养分含量提高趋势初显，耕地质量有望提升

项目实施效果监测结果表明，四年项目区土壤有机质含量总体大幅度增加，平均增加 1.46g/kg，增幅达 8.5%；土壤全氮含量总体增加，平均增加 5.33g/kg，增幅达到 7.7%；土壤碱解氮总体得到了提升，平均增加 12.18mg/kg，增幅达到 14.8%；土壤有效磷总体得到了提升，平均增加 9.56mg/kg，增幅达 11.1%；土壤有效钾总体得到了提升，平均增加 5.2mg/kg，增幅达 3.7%；土壤 pH 变化不大，平均为 7.62，较施肥之前仅下降 0.09，下降幅度为 1.2%，pH 呈中性。

4. 产品品质有所改善，食品安全得到保证

通过有机肥使用效果问卷调查，农民普遍反映使用有机肥可提高作物产量和品质，改善口感，增加甜度。密云大白菜有机肥试验结果表明，施用化肥与施用等氮量的有机肥相比，后者维生素 C 含量提高 11mg/kg，可溶性固形物提高 1.5%，而对人体有潜在威胁的硝酸盐含量降低了 19.07mg/kg。因此，施用有机肥在改善产品品质的同时，能降低有害物质的含量，产品食用更安全。

三、肥料在北京高产田建设中的作用

高产田的建设，就是通过各种土肥手段，进行试点示范，提高农产品的品质和产量。农业高产优质高效与肥料有着密切关系。土壤中营养元素的含量、肥料类型、结构和施肥技术，都对农产品产量和品质有很大的影响。肥料在北京高产田中的作用主要表现在以下几方面：

1. 科学使用肥料可以提高农产品品质

土壤对农产品品质的影响有几个方面，如综合地力的高低，营养元素的丰缺等，土肥工作的作用就是通过相关工作，使得这些影响因素向有利方面转化。如土壤中某一元素的含量对某些作物是适量的，对另一些作物则是不足的或是过剩的。可以通过采土化验，明确某种元素缺乏的具体原因，通过施肥调节营养元素的缺失；如果土壤中某元素含量过多，可以利用不同作物对各种元素的数量需求不同的基本原理，采用因土种植的方式加以解决。肥料的种类、结构和施肥技术对农产品的品质也有很大的影响。如施人粪尿的白菜比单施化肥的白菜适口和鲜甜；施饼肥的西瓜、草莓比单施化肥的西瓜、草莓红且甜；有机肥和化肥合理搭配施用的大桃、樱桃等水果比单施化肥的大桃、樱桃等水果香甜和耐储运等。

2. 科学使用肥料可以提高农产品产量

土壤是农作物赖以生存的基地，土壤结构的好坏，不仅影响农作物根系的生长，而且影响肥料在土壤中的转化和利用。结构不良的土壤，保水保肥能力差，根系生长不好，肥料施于土壤后，不能被作物迅速吸收，容易挥发或随水流失而污染环境，而且影响各项农业技术措施的作用与效益，最终影响农作物产量。因此，改良土壤是作物持续高产的重要农业生产环节。科学施肥是提高作物产量，改善农产品品质的重要技术措施，而科学施肥必须依据作物需肥规律、土壤供肥特性与肥料效应，在施用有机肥的基础上，合理确定氮、磷、钾和中、微量元素的适宜用量和比例，并采用相应的科学施用方法和技术。

3. 科学使用肥料可以提高农产品效用

高产、优质、高效，三者必须是统一的，农民种田积极性的高低主要取决于经济效益。高产优质是经济效益的主要构成因素，高产优质既与土肥有密切关系，那么，高效与土肥也息息相关。在高产、优质的情况下，是否能取得高的经济效益，主要取决于成本的高低。只有低成本，才能有高效益。土肥工作的核心是抓地力，因此土肥方面的因土种植、因地施肥、因土耕作、因土灌溉等土肥措施，对于增产优质措施是经济的。例如，种植绿肥既能解决有机肥源，提高土地有机质含量，改善土壤团粒结构，提高土壤保水保肥能力，减少化肥施用量，减少病虫害，也能节省化肥农药成本，改善生态环境，从而大促进"三高"农业的发展。

第六章　北京地区常用肥料施用技术

　　肥料的科学使用与土壤类型、土壤肥力、作物类型、气候因素等条件密切相关。北京地处北方，其气候特点和土壤特点决定了北京地区的作物类型，而这些作物在北京不同地区、不同土壤条件下，其所需肥料的种类、数量也不尽相同。近年来，北京提出了都市型现代农业和生态文明建设，生态文明理念下的肥料使用秉承着绿色、循环、低碳、精准、信息化发展的道路，要求改变传统的肥料施用技术，创新发展循环、减量、精准、绿色肥料使用技术。本章首先根据北京土壤供肥性能和肥料效应、作物需肥规律、肥料性能对全市施肥制定了相关措施，然后介绍了北京地区常用肥料的使用技术，以供农民施肥时参考。

第一节　北京地区总体施肥推荐

　　测土配方施肥技术的核心是个性化施肥，根据土壤供肥性能和肥料效应、作物需肥规律、肥料性能科学合理施肥，我们利用测土配方施肥技术根据北京地区的实际情况制定了不同的区域配肥原则，对北京市总体施肥推荐如下：

一、针对不同作物类型采用不同的配肥策略

　　对于小麦玉米等大田粮食作物，作物生长和产量对土壤养分的依赖极大，施肥推荐应充分考虑作物养分需求和土壤、环境养分供应，通过区域作物专用肥的施用，同步作物吸收、土壤（环境）养分供应和外源养分投入。

　　对于蔬菜作物，与大田作物不同，蔬菜具有种类繁多，养分需求强度大，作物根系浅、养分吸收能力差等特点，因此蔬菜的区域配肥首先要培肥地力，另外，受人为随机活动，特别是施肥的影响，蔬菜田土壤养分空间变异较大，很难准确获取一定区域范围内土壤养分空间变异状况。因此，蔬菜区域配肥应在土壤培肥的基础上，依据养分吸收规律进行区域配肥。为了便于操作，首先根据蔬菜氮磷钾养分需求比例的不同将蔬菜分为果菜类和叶菜类进行区域配肥。

　　对于果树作物，与一年生大田作物不同，绝大多数果树为多年生作物，周年养分的循环、吸收和利用是一个储存营养、再吸收利用的过程。因此，果树的区域配肥应根据不同树势不同营养阶段对养分的需求和养分在不同生育时期

的作用进行区域配肥。对于幼树来说，肥料的作用是扩大树冠、打好骨架和扩展根系，为开花结果打好基础，因此需要充足的氮磷肥，并配施适当的钾肥。对于成龄树来说，周年的养分吸收特点可分为三个阶段，结果初期施肥以促进花芽分化为目的，需重视磷肥，配施氮、钾肥；结果盛期施肥以优质丰产为目标，并确保来年稳产，施肥以氮磷钾配合施用为主，并适当提高钾肥比例；衰老期以促进更新复壮，延长结果期为目标，施肥应以氮为主，适当配施磷钾肥。

二、针对不同养分采用不同的管理策略

土壤氮素具有总体稳定性和局部变异的双重特点，据前者，可将一定区域范围内作物全生育期氮肥施用总量控制在一个合理的范围内；据后者，可以在这个范围的基础上，根据作物氮素吸收规律，对不同生育期的氮肥用量进行分配，如小麦、玉米等粮食作物可以考虑 $35\% \sim 40\%$ 基施，$60\% \sim 65\%$ 追施。与土壤氮素变异特征不同，土壤磷、钾具有连续变异的特点，这一变异的大小和方向由磷肥施用量和作物需求量之间的动态平衡决定。据此，可以根据一定区域范围内土壤有效磷、钾的监测和作物多年施肥的反应，确定较长时段（一般为 $3\sim5$ 年）。磷、钾肥的用量相对恒定，将作物根层土壤有效磷、钾水平构建或保持在一个适宜的水平上，该水平应既可以满足高产优质作物生产对磷、钾供应的需求，又可避免过量投入造成的资源浪费。因此，专用复合肥料中磷钾肥的设计应遵循恒量监控的原则，在土壤有效磷钾养分处于极高或较高水平时，采取控制策略，不施磷钾肥或施肥量等于作物带走量的 $50\% \sim 70\%$；在土壤有效磷钾养分处于适宜水平时，采取维持策略，施肥量等于作物带走量；在土壤有效磷钾养分处于较低或极低水平时，采取提高策略，施肥量等于作物带走量的 $130\% \sim 170\%$ 或等于吸收带走量的 200%。以 $3\sim5$ 年为一个周期，$3\sim5$ 年监测一次，调整磷钾肥的用量。

三、对于轮作周期的磷钾采用统筹管理

在小麦/玉米轮作体系内，小麦对磷肥反应敏感，可以考虑将小麦/玉米轮作周期内 2/3 的磷施在小麦季，1/3 施在玉米季；玉米对钾肥施用反应敏感，可以考虑将轮作周期内 2/3 的钾施在玉米季，1/3 的钾施在小麦季。

四、北京市区域作物专用肥分区标准

冬小麦以有效磷<30mg/kg，基肥配方 $N-P_2O_5-K_2O$ 为 16-20-9，有效磷≥30mg/kg，基肥配方 $N-P_2O_5-K_2O$ 为 20-14-11（图 6-1，表 6-1）。夏玉米以有效磷≥30mg/kg、速效钾<100mg/kg，基肥配方 $N-P_2O_5-K_2O$ 为 20-10-15；有效磷<30mg/kg、速效钾<100mg/kg，基肥配方 $N-P_2O_5-K_2O$ 为 20-5-

20；有效磷≥30mg/kg、速效钾≥100mg/kg，基肥配方 N-P$_2$O$_5$-K$_2$O 为 17-20-18；有效磷＜30mg/kg、速效钾≥100mg/kg，基肥配方 N-P$_2$O$_5$-K$_2$O 为 25-

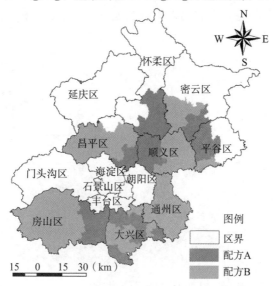

图 6-1　北京市冬小麦区域配方

注：配方 A，N-P$_2$O$_5$-K$_2$O＝16-20-9；配方 B，N-P$_2$O$_5$-K$_2$O＝20-14-11

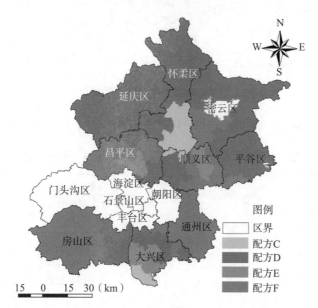

图 6-2　北京市夏玉米区域配方

注：配方 C，N-P$_2$O$_5$-K$_2$O＝25-10-10；配方 D，N-P$_2$O$_5$-K$_2$O＝25-15-5

配方 E，N- P$_2$O$_5$-K$_2$O＝25-5-15；配方 F，N- P$_2$O$_5$-K$_2$O＝16-20-9

5-15（图6-2，表6-1）。春玉米底肥配方分级标准同夏玉米，追肥配方统一为30-5-10（图6-3，表6-1）。蔬菜分为叶菜类和果菜类底追肥，为北京市通用配方。西瓜底肥一个配方，追肥同果类蔬菜配方。苹果、大桃均分为底追2个配方，为通用配方（表6-1）。

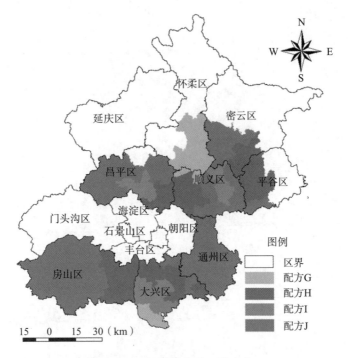

图 6-3　北京市春玉米区域配方

注：配方 G，N-P_2O_5-K_2O＝20-10-15；配方 H，N-P_2O_5-K_2O＝22-11-12

配方 I，N-P_2O_5-K_2O＝20-5-20；配方 J，N-P_2O_5-K_2O＝25-7-13

表 6-1　北京市区域作物专用肥配比、用量及适用区域

基肥配方		追肥配方		适用区域
N-P_2O_5-K_2O	用量（kg/亩）	配方	用量（kg/亩）	
粮食作物				
冬小麦	16-20-9	30～40	尿素	15～20	怀柔、昌平、顺义、密云、平谷、房山、大兴（P＜30mg/kg）
冬小麦	20-14-11	25～35	尿素	15～20	房山、通州、顺义、密云、昌平（P≥30mg/kg）
夏玉米	20-5-20	30～40	尿素	18～22	昌平、顺义、大兴（P≥30mg/kg，K＜100mg/kg）

（续）

基肥配方		追肥配方		适用区域
N-P$_2$O$_5$-K$_2$O	用量（kg/亩）	配方	用量（kg/亩）	
粮食作物				
夏玉米　20-10-15	25～35	尿素	18～22	大兴、顺义（P＜30mg/kg，K＜100mg/kg）
夏玉米　25-7-13	35～40	尿素	18～22	房山、大兴、通州、昌平、顺义、密云、平谷（P≥30mg/kg，K≥100mg/kg）
夏玉米　22-11-12	35～40	尿素	18～22	房山、大兴、怀柔、昌平、顺义、密云、平谷（P＜30mg/kg，K≥100mg/kg）
春玉米　25-10-10	30～40	30-5-10	30～40	北京地区（P＜30mg/kg，K＜100mg/kg）
春玉米　25-15-5	25～35	30-5-10	30～40	北京地区（P＜30mg/kg，K≥100mg/kg）
春玉米　25-5-15	25～35	30-5-10	30～40	北京地区（P≥30mg/kg，K＜100mg/kg）
春玉米　30-10-5	20～30	30-5-10	30～40	北京地区（P≥30mg/kg，K≥100mg/kg）
蔬菜作物				
叶菜类　25-10-10	25～35	24-8-11	30～40	北京地区通用，配方加 Ca
果菜类　20-10-15	30～40	20-5-20	40～50	北京地区通用，配方增加 Ca、Mg
西瓜　20-15-10	30～40	同果菜	40～50	大兴、顺义、通州，配方增加 Ca、Mg
果树				
桃　20-10-15	30～40	15-5-30	30～40	平谷、顺义、通州，配方增加 0.5（Zn）、0.5（B）
苹果　20-15-10	30～40	15-10-20	30～40	昌平、延庆，配方增加 Ca

第二节　有机肥生产与施用技术

一、有机肥的生产与加工

有机肥可以改良土壤结构，增强土壤肥力，并提供作物生长所需的养分，提高土壤生物活性，保证作物的生长；同时有机肥具有解毒效果，能够净化土壤环境，利于农业生态环境保护。科学施用有机肥是保障培肥土壤肥力、提高农产品产量、肥料资源化利用、缓解农业面源污染的主要措施。充分发挥有机肥的优势，必须合理加工有机肥和科学施用有机肥。有机肥加工不仅可以资源化废弃物，还可以保障和提高有机肥产品的质量和安全。

1. 有机肥加工方式

有机肥种类繁多，合成有机肥的原料也多种多样，目前主要以秸秆、粪便为原料加工有机肥。秸秆是作物收获后的副产品，我国秸秆的种类和数量丰富，是宝贵的有机质资源之一。粪便是人和畜禽的排泄物，粪便还田作为肥料，是我国农村处理粪便的传统做法，在改良土壤、提高农业产量方面取得了很好的效果。

（1）利用秸秆加工有机肥

秸秆加工有机肥就是秸秆在微生物作用下充分分解的过程，要生产加工出符合要求的有机肥，必须控制与调节秸秆分解过程中微生物活动所需要的条件，重点掌握好以下因素：水分含量一般控制至 $60\%\sim75\%$。水分是微生物生存的必要前提，秸秆吸水后有机质易于被分解，通过水来调节秸秆堆肥中的通气情况；通风状况直接影响秸秆分解过程中微生物的活动，分解前期保持通风状态，分解后期减少通风，以嫌气条件为主；温度控制在 $25\sim65℃$，通常采用接种纤维分解菌提高温度；碳氮比保持在 $25:1$ 左右最为适宜，微生物体成分有一定的碳氮比，一般为 $5:1$，微生物同化 1 份氮平均需要 4 份碳被氧化所提供的能量；中性和弱碱是微生物活动适宜的 pH 范围，适宜微生物活动，秸秆分解过程中产生大量有机酸，不利于微生物活动，可加入少量石灰或草木灰调节秸秆堆肥的酸碱度。

北方干旱地区多利用秸秆堆置有机肥，根据堆置温度的高低，堆置有机肥通常分普通堆肥和高温堆肥两种形式。普通堆肥是指堆体温度不超过 $50℃$，在自然状态下缓慢堆置的过程；高温堆肥一般采用接种高温纤维分解菌，并设置通气装置来提高堆体温度，腐熟较快，还可以杀灭病菌、虫卵、草籽等有害物质。我国南方地区多采用沤肥方式处理秸秆，是在嫌气条件下作物秸秆的腐解，要求堆置材料粉碎，表面保持浅水层，与堆肥相比，沤制过程中养分损失少，肥料质量高。随着现代科学技术的发展，可以采用现代技术工厂化处理作物秸秆加工有机肥，一般包括向堆体加入现代生物技术研制的微生物发酵菌剂，采用工程、机械措施为微生物活动提供所需的温度、空气和发酵条件，通过新工艺、新设备减少加工有机肥料的劳动强度等。

秸秆腐熟菌剂是采用现代化学、生物技术，经过特殊的生产工艺生产的微生物菌剂，是利用秸秆加工有机肥料的重要原料之一，秸秆腐熟菌剂由能够强烈分解纤维素、半纤维素以及木质素的嗜热、耐热的细菌、真菌和放线菌组成。目前秸秆腐熟菌剂执行的国家标准，对菌数、纤维素酶活都有具体要求。秸秆腐熟菌剂在适宜的条件下，微生物能迅速将秸秆堆料中的碳、氮、磷、硫等养分分解释放，将有机物质转化为简单物质，进一步将养分分解成为作物可利用状态。同时，秸秆在发酵过程中产生的热量可以消除秸秆堆料中的病虫害、杂草种子等有害物质。秸秆腐熟菌剂无污染，其中含有的一些功能性微生物兼有生物菌肥的功能，对作物生长十分有利。

（2）利用粪便加工有机肥

利用粪便加工有机肥主要有以下几种方式：第一，制作圈肥，根据养殖情况又分为固体圈肥和液体圈肥，圈肥具有可操作性强，可大面积示范推广等特点。在畜禽养殖的圈舍内，加入强吸附性的物质，吸附粪便中液体和挥发性物质，不仅能够改变圈舍卫生状况，也可以减少粪肥中养分损失。在规模化养殖场，采用新技术的圈肥制作方法是在畜禽进圈前，铺一层垫料，再向垫料上撒微生物制剂，粪便被垫料吸附后自然发酵而分解，可以达到一年至一年半棚内不清粪。第二，腐熟加工制作有机肥，通过原料堆置—微生物接种—通气增氧等操作流程对粪便进行腐熟处理，以达到杀灭大部分病原菌、杂草种子，以及大量活化养分的效果。一般有卧式翻抛、条垛式、发酵床、管理鼓气等有机肥发酵工艺。

①卧式翻抛。也叫槽式发酵，各地也还有其他的叫法，其建设过程与发酵方法如下：选择远离居民区、有水电条件的地方建立堆肥场。在场内建设发酵车间，发酵车间的顶为阳光板，屋架要进行防腐防锈处理，车间大小根据发酵槽的大小与多少而定，在北方寒冷地区，发酵车间走向一定为东西走向，在南方温暖地区则根据地面情况而定。在发酵车间内建发酵槽，先砌两个高 1.5m 左右，长 60～80m 的墙，两墙之间的距离 10m 左右，在墙上铺设导轨，再在导轨上架翻抛机。将畜禽粪便、调理剂和微生物菌剂按比例用进料车直接送入发酵车间，然后定期使用卧式移动翻抛机对物料进行翻抛搅拌。发酵槽的一端为腐熟物料出口，另一端是发酵原料的入口，与原料堆积场相接；发酵槽可为若干个，平行布置，在各发酵槽的端部横向装有导轨，通过导轨翻抛机可以在不同发酵槽间转换；各种发酵原料从车间进料口一端进去，从发酵车间的出料口一端出来，就发酵腐熟成有机肥。卧式发酵的核心设备是翻抛机。

②条垛式机械堆腐法。购买专门用于翻堆的机械，将畜禽粪便加入秸秆末或木屑及其他调节物质混合均匀，在大的厂房内或露天的水泥地面上，根据翻堆机的宽度与高度，把发酵原料堆成一定宽度与高度的长条形堆，当肥堆温度升到 55℃时，开动翻堆机从条垛头翻动到尾。定期翻动，使有机物料发酵腐熟成有机肥。

③发酵床法机械化堆腐。在加工有机肥料的厂房内的地面铺设支架，再在架上铺上木板，将畜禽粪便加入秸秆末或木屑及其他调节物质混合均匀，堆在木板上面，通过木板下面自然通风或者向木板下面鼓风，使有机物料自然发酵腐熟。中间如果温度过高，可以用铲车进行翻堆。

④管道鼓气。在地面或者发酵设施的底层铺设管道，管道上有通气孔，再在铺有管道地面上堆积畜禽粪、秸秆末或木屑及其他调节物质，每天用鼓风机向通气管道内鼓风，为有机物发酵供氧。可以在肥堆中插入探头，实时检测发酵物料的氧气含量，通过计算机可控制鼓风机开关，实现自动供氧，调控发酵进程。

（3）利用垃圾加工有机肥

垃圾是人们日常生活中的废弃物，主要有炉灰、碎砖瓦、废纸、动植物残体等，生活垃圾主要分布在各大中城市，按城市人均日产垃圾 0.84kg 计，城市每年垃圾产生数量达 9 100 万 t，而全国城市垃圾正以每年 10％的速度增加。不少废弃物中含有农作物可利用的营养物质，如氮、磷、钾以及钙、镁、硫、硅等，一般以鲜重计算，全氮 0.28％、全磷 0.12％、全钾 1.07％，同时还含有大量中微量元素，既可以用来制成有机肥料，提供作物养分，培肥地力，也可以防治有机废弃物污染环境。

垃圾由于含有一定的重金属、微生物病菌等成分，一般需要分选机、粉碎机等进行预处理，之后再进行堆置发酵腐熟等工艺。预处理就是把垃圾中的大量碎砖瓦、塑料制品、橡胶、金属、玻璃等物品分离出去。除去各种粗大杂物，通常使用干燥性密度风选机、多级密度分选机、半湿式分选破碎机、磁选机、铝选机等设备进行预处理。经过预处理的垃圾进行腐熟堆置，堆置方式可分为好气堆置和厌氧堆置，好气堆置由于腐熟周期短，无害化效果好，被广泛采用。

利用垃圾堆肥其基本腐熟条件如下：堆置材料中易降解有机物含量占50％以上，使微生物活动有充足的能源，为此，在堆置之前需要去除垃圾中的杂物和部分灰渣。堆置物料全碳和全氮之比尽量接近 25∶1。堆肥需要保持足够的水分，以促使物质溶解和移动，有利于微生物的生命活动，提供充足的蒸发水，调节湿度，维持堆体中的适当孔隙度，最大含水量控制在 60％～80％。堆体中保持适当的空气含量，有利于微生物活动，一般认为 10％是一个临界值。在实践中促进气体交换和补养的手段，除了翻堆、强制通风外，还可以调节紧实度、通过埋设通气管等。

垃圾堆肥生产有机肥工艺的关键环节是分选，小颗粒碎玻璃的处理、配料技术等。工艺流程主要是围绕解决这三个问题而制定的，分选过程由磁选、三级分选和粉碎而组成。每一级分选后输出粗、细、精肥是考虑到不同农田和作物对肥料的不同要求而制定的。例如旱田可施粗肥，水稻和蔬菜可施细、精肥。一级分选要求能分离占原料 25％的碎砖、石、瓦、塑料、破布、大块玻璃及废金属。这些杂物经挑选处理后回收再利用，主要的部分可根据需要作为粗肥出售，而另一部分进入下道工序进行二级分选，分选后粒度在 10mm 以上的物料可经静电分选粉碎或直接粉碎进入缓冲仓。粒度在 10mm 以下的可根据需要一部分作为细肥，另一部分进入三级分选，分选后粒度在 5mm 以上的通过静电分选粉碎或直接粉碎进入缓冲仓，而粒度在 5mm 以下可根据需要一部分作为精肥，主要的部分进入缓冲仓。而后再进行检测、配料、研磨、搅拌后制成散装复合肥。

小颗粒碎玻璃的处理是工艺流程中需要重点解决的问题之一。碎玻璃含量占原料的 0.12%，一级分选可分离出 0.05% 的较大的碎玻璃，二级和三级分选又可分离出 0.05% 的碎玻璃，剩下的 0.02% 的碎玻璃因含量少粒度小分离较难。二级和三级分选出物料碎玻璃含量较大，可根据肥料用途、成本、碎玻璃含量等因素选择采用静电分选还是直接粉碎的工艺过程。配料主要采用化工厂、油脂厂、造纸厂、食品厂、养殖场等下脚料，它们的下脚料大多含有氮、磷、钾及有机质微量元素等。

（4）利用污泥加工有机肥

污泥是指混入城市生活污水或工矿废水中的泥沙、纤维、动植物残体、其他固体颗粒机器凝结的絮状物，各种胶体、有机质、微生物、病菌等物质的综合固体物质，此外，经过污水渠道、库塘、湖泊、河流的停流、贮存过程而沉淀于底部的淤泥也称作为污泥。污泥含有大量的有机物和多重养分，也含有比污水更多的有害成分。在未经脱水干燥前均呈浊液，养分以干物质计算，氮磷钾含量一般在 4.17%、1.20%、0.45% 左右。污泥的氮以有机态为主，矿化速率比猪粪要快，供肥具有缓效性和速效性的双重特点。

含有污染物质过高的污泥是不适合作为农肥施用的，为此各国都制定了各自的污染物质控制标准，对于污泥本身的有害成分以及土壤中有害成分含量进行严格控制，以防农产品污染物残留超标，以及土壤形状、地下水、农田环境卫生发生污染和不良变化。

我国由于经济和技术上的原因，目前污泥尚无稳定合理的出路，主要以农肥形式用于农业。资料表明，采用现阶段常规污泥处理系统的大中型污水处理厂，污泥处理费用约占二级处理厂全部的 40%，而运转费用占全厂总运转费 20%。根据我国目前经济状况，把巨大的资金用于污泥处理工程建设及运行维护具有较大困难。全国污水处理厂中约有 90% 没有污泥处理配套设施，60%以上污泥未经任何处理就直接农用，而消化后污泥也未进行无害化处理而不符合污泥农用卫生标准。一些地方，由于不合理使用污泥造成重金属、有机物污染以及病虫害等，导致严重的食品污染问题，直接危及人体健康。

生态有机肥是一种很有应用前景的无污染生物肥料，是指城市污泥经过烘干、粉碎后加入氮、磷、钾等植物生长所需营养元素和菌粉，然后进行混合造粒，再经低温干燥冷却后，加入复合肥，提高污泥中有机废料的含量。其肥效对植物和土壤持续生产力提高是综合的，效益也是综合的。首先是城市污泥制作生态有机肥，可以明显减少污泥在填埋、焚烧中的费用，变废为宝，减少城市污泥造成的二次污染，同时解决一定的劳动力就业。其次是城市污泥制作生态有机肥，不仅直接施用对植物生产增产增收，发挥污泥中丰富的有机质（一般有机质含量 45%～60%）营养元素和微量元素（Ca、Mg、Zn、Cu、Fe）效应，还可以作为土壤改良剂改善土壤质量，促进土壤环境改善和产生持久的生态效益。最后是城市污泥制作生态有机肥，可以促进循环经济发展，加快节能降耗技术应用。

（5）利用粉煤灰加工有机肥

粉煤灰是火力发电厂排放的工业废渣，目前我国每年排放粉煤灰 3 千万 t 左右。粉煤灰是一种大小不等、形状不规则的粒状体，为多孔、粒细、颗粒呈蜂窝状结构的粉状废渣，pH8 左右，干灰 pH 可达 11。粉煤灰中碳含量 10%左右，氮磷钾含量很低，全氮 0.002%～0.20%、全磷 0.08%～0.17%、全钾 0.96%～1.82%、水解氮 15.3mg/kg、速效磷 17.5mg/kg、速效钾173mg/kg，同时含有铁锰铜锌等微量元素。我国粉煤灰用于农业已经有 20 多年的历史。当前主要应用有：用作土壤改良剂，改良黏质土壤、盐碱土、酸性土以及生土；用作肥料，粉煤灰制成硅钙肥和磁化粉煤灰，用于蔬菜等作物的种植。

粉煤灰的农用具有投资少、用量大、需求平稳、潜力大等特点，是适合我国国情的重要综合利用途径。粉煤灰的颗粒组成使它可用作土壤改良剂，粉煤灰中的硅酸盐矿物和碳粒具有多孔性，是土壤本身的硅酸盐类矿物所不具备的。将粉煤灰施入土壤，能进一步改善空气和溶液在土壤内的扩散，从而调节土壤的温度和湿度，有利于植物根部加速对营养物质的吸收和分泌物的排出，不仅能保证农作物的根系发育完整而且能防止或减少因土温低、湿度大引起的病虫害。粉煤灰掺入黏质土壤，可使土壤疏松，降低土壤容重，增加透气透水性，提高地温，缩小膨胀率；掺入盐碱土，除使土壤变得疏松外，还具有改良土壤盐碱性的功能。

粉煤灰磁化复合肥是利用粉煤灰为填充材料，加入适当比例的营养元素，经电磁场加工制成的，它不但保持了化肥原有的速效养分，还添加了剩磁，两者协同作用肥效更高。利用粉煤灰制作的磁化复合肥对蔬菜和各种农作物均有显著的增产作用，经济效益良好。粉煤灰具有一定的吸附性，可与城市污泥、粪尿或作物秸秆等有机物混合后进行高温堆肥，既可显著减少病原体数量，又可降低重金属的浓度和活性，创造有利于微生物生存的条件。生产无害全营养复合肥料，既能解决我国无机化肥和微肥品种少，营养不全，造成土壤板结、碱化、营养失调及农作物变异的矛盾，又能解决有机肥肥效低和造成环境污染的突出难题。

（6）利用糠醛渣加工有机肥

糠醛渣是以玉米穗轴经粉碎加入一定量的稀硫酸，在一定温度和压力作用下，发生一系列水解化学反应提取糠醛后排出的废渣，可做有机肥料。糠醛渣是一种黑褐色的固体碎渣，细度 3～4mm，较疏松。经取样分析，以干基计，粗有机物、全氮、全磷、全钾的平均含量分别为 78.3%、0.82%、0.25%、1.03%，pH 为 3 左右，呈强酸性，同时含有一定量的微量营养元素。

利用糠醛废渣堆制有机肥一般是将其与农业垃圾或人畜粪便混合堆置发酵，常见的堆肥方式主要有两种：一种是将糠醛渣和切碎的秸秆按 7∶3 的比例混合，再加入少量马粪和水，然后用土盖严，充分发酵后使用，一般用作底肥。第二种是将糠醛渣与人粪尿、厩肥制成堆肥，堆置后用作种肥。以上两种堆肥方式一般堆置后肥效较好，但只能用作底肥和种肥，一般不适于作为追肥，而且由于糠醛渣的 pH 较低，在无碱性废物中和其酸性的情况下，只能在北方的偏碱性土壤中使用，不能在南方酸性土壤中使用。

由于糠醛渣本身的 N、P、K 含量较低，所以将其与一定量的无机肥进行配比后可制成有机无机复合肥，既具有适量的肥效，又可避免单用无机肥造成土壤板结的问题。如将糠醛渣与尿素按 1∶1～1∶6 的比例配制复合肥，水浴 10min，反应产物的 pH 在 6.0～7.0，且含氮量高，肥效好，见效快，养地作用明显，可在各种土壤和作物上使用；将糠醛渣、尿素、磷酸二氢钾按照 1∶1∶（0.05～0.2）进行配比后，产物 pH 为 6.0，且 N、P、K 含量较高。将糠醛渣作为基础原料与各主、副肥料混配的复合肥混施后与对照相比，不仅水稻新根发育快，且返青期缩短 2～3d，单株有效分蘖增加 1.4 个，增产 22%～25%，可用作底肥或种肥。将糠醛渣、木糖、水、秸秆和速腐剂按一定比例混合，堆沤 1 个月左右，待木糖、糠醛渣完全分解后再加入一定量的棉饼、鸡粪、石灰，重新堆腐 60d，最后加入一定量的 N、P、K 及微量元素，经挤压成型，成为高效的颗粒状有机生物复合肥。

除了传统的将糠醛渣堆置成为有机肥和有机无机复合肥外，还出现了糠醛有机复合肥联合生产技术。施用联合生产后的糠醛渣，植株长势明显比单施化肥要好，其株高、叶宽、单株显重大、根系发达、整株颜色深绿，不易倒伏，保水抗旱效果比单施无机肥效果好，需水量仅为普通化肥量的一半。如以稻草、麦秆等植物秸秆为原料，采用硫酸作为催化剂同时添加过磷酸钙、重钙及其他助剂，常压水解生产糠醛，废渣 pH 近于 7，而有效磷、钾含量达到复合磷钾肥工业生产质量标准，可直接用作肥料。糠醛渣是酸性迟效性肥料，只能做底肥施用，条施、穴施均可，最好施于盐碱土、石灰性土与缺乏有机质的贫瘠地。据甘肃张掖地区研究表明，施用 22.5t/hm² 糠醛渣，改土增产效果明显，耕地土壤容重降低 0.14g/cm³，总孔隙度增加 4.7%，自然含水量增加 70.32g/kg，大于 0.25mm 的团聚体增加 23.14%，土壤有机质增加 0.66g/kg，磷的活性增加 1.85%；小麦、玉米产量分别增加 1 363kg/hm²，3 241kg/hm²。

2. 秸秆还田

（1）秸秆还田的主要类型

秸秆还田一般分为两大类，直接还田和间接还田。直接还田通常指作物收获后剩余的秸秆直接还田，包括翻压还田、覆盖还田和留茬还田。间接还田指秸秆作为其他用途后产生的废弃物继续还田，包括秸秆沼肥还田、秸秆过腹还田、秸秆堆沤还田。

①秸秆直接还田。秸秆作为有机肥直接还田，是普遍开展的一项工作。秸秆直接还田方式多种多样，成熟的技术模式有以下几种：机械粉碎还田，在收获的同时将秸秆粉碎，用机器均匀撒在田间。秸秆覆盖还田，作物收获后，将秸秆覆盖在田间，采取免耕措施，开挖或挖穴播种，秸秆在田间自然腐烂。但是直接还田也存在一些问题，农业机械和机具不配套，南方和华北地区茬口紧张等问题都是限制和制约秸秆还田的主要问题。

②秸秆过腹还田。秸秆作为畜禽的饲料，经过消化吸收后迅速形成粪便，然后以有机肥的形式归还土壤，秸秆作为饲料利用主要通过氨化、青贮、微生物处理等。

氨化处理指氨的水溶液对秸秆的碱化作用能破坏木质素和多糖之间的醋键结构，从而利于秸秆的分解。秸秆尿素氨化较为常用，一般建长、宽、高比为 4：3：2 的长方形氨化池，将秸秆切碎，置于氨化池中，将相当于秸秆干物重 5% 的尿素溶于水中，均匀喷洒在秸秆中，通常夏季 1 周，秋冬季 2～4 周即可。

③秸秆堆腐还田。作物收获后，将秸秆收集运出田间，在地头或村头，采取堆腐或者沤制过程，加工成有机肥，通过施肥措施，使秸秆还田。利用秸秆堆腐有机肥是我国农民的优良传统，为保持地力经久不衰做出了贡献，但传统堆置费工、费时，很多地区农民已放弃加工有机肥。采用现代技术，运用生物、工程、机械等措施利用秸秆加工有机肥省工、省时，可变废为宝，已开始被人们所采用，在经济作物种植较多的地区，有机肥需要量大，秸秆堆腐是加工有机肥的主要方式之一。

（2）秸秆还田的主要技术

我国主要粮食作物为水稻、小麦和玉米，科学的秸秆还田技术不仅利于秸秆资源的合理利用，同时提高土壤质量，提高资源利用效率，降低环境污染风险。

①玉米秸秆还田技术。玉米是我国主要粮食作物之一，各地在玉米生产中总结出大量的秸秆还田技术，主要有以下几种技术：玉米秸秆覆盖技术，玉米

收获后将玉米秸秆顺行铺在垄背上，后一铺的基部压住前一铺的梢部，依次盖一个垄背，空一个垄背。第二年在前一年空开垄背上用同样的方法覆盖，以后每年依次交替；玉米秸秆机械化还田技术，采用机械化手段对作物秸秆处理后还田的技术，包括秸秆粉碎还田、整秸还田、根茬还田等。机械化秸秆还田不仅合理、高效地利用了秸秆资源，防治秸秆焚烧或废弃带来的环境污染，提高作物产量；玉米秸秆整秸覆盖栽培技术，秋收后，不刨茬、不耕地，将新秸秆盖在原玉米种植行上过冬，第二年早春在旧秸秆行间用小型旋耕机整地，再施肥、播种，逐年轮换播种；玉米秸秆二元单覆盖栽培技术和玉米秸秆二元双覆盖栽培技术，需要有良好的田间配套措施，使用良种和肥料，增加种植密度和防治病虫害。

②小麦秸秆还田技术。小麦秸秆留高茬技术，在麦收前 10～15d，套种玉米或其他夏播作物，小麦收割时，提高机械收割活仍收割的留茬高度，一般为20～25cm，将麦秸、麦糠均匀覆盖在玉米行间，适用于华北、西北小麦收割前套种玉米或其他夏播作物，畜牧业较发达，玉米秸秆或其他夏播作物多作为饲料的地区。技术成熟，已在全国广泛地区大面积推广。

（3）北京地区秸秆还田的注意事项

使用秸秆还田技术，首先要做到合理、科学，因此，在北运河流域应用秸秆还田技术时，需要注意以下几个注意事项：

①秸秆还田数量。秸秆还田数量基于两方面考虑：一方面能够维持和逐步提高土壤肥力，另一方面不影响下季作物耕种。因此，从生产实际来说，以秸秆原位还田为宜。秸秆还田对土壤环境的影响是由土壤类型、气候、耕作管理等因素共同作用的结果，因此秸秆还田量主要由当地的作物产量、气候条件、耕作方式以及利用方式决定，而没有给出一个固定的还田量。国内研究表明，在免耕直播单季水稻上，油菜还田量在 1 800～5 400kg/hm² 时，水稻产量随秸秆用量而增加，但是用量达到 7 200kg/hm² 时产量不再增加。

总体来说小麦秸秆的适宜还田量以 3 000～4 500kg/hm² 为宜，玉米秸秆以 4 500～6 000kg/hm² 为宜。一年一作地块和肥力高的地块还田量可适当高些，在肥力低的地块还田量可低些。每年，秸秆一次还田 3 000～4 500kg/hm² 可使土壤有机质含量不会下降，并且程度逐年提高。果、桑、茶园等则需适当增加秸秆用量。此外，施入的秸秆量和方式应随作物及其种植地区的不同而有所改变。用量多了，不仅影响秸秆腐解速度，还会产生过多的有机酸，对作物的根系有损害作用，影响下茬的播种质量及出苗。

②秸秆还田时间。秸秆还田时机的选择在实际生产中至关重要，秸秆还田后在微生物作用下分解，与作物争夺氮源，同时产生大量的还原性物质，这些物质明显影响下季作物的生长。当前农业生产者主要在秋季还田，秋季秸秆还

田后经过一个冬季的冻融,使得碳氮比降低。因此,实际生产中要注意还田时间,结合作物需水规律协调好水分管理,充分发挥秸秆的优越性和环境效益。

秸秆还田的时期多种多样,无一定式。玉米、高粱等旱地作物的还田应是边还田边翻埋,以使高水分的秸秆迅速腐解。果园则以冬闲时还田较为适宜。要避开毒害物质高峰期以减少对作物的危害,提高还田效果。一般水田常在播前40d还田为好,而旱田应在播前30d还田为好。

③秸秆还田深度。水田栽秧前8~15d秸秆直接还田,浸泡3~4d后耕翻,5~6d后耙平、栽秧。施用深度一般以拖拉机耕翻18~22cm较好。稻区麦秸、油菜秸施入水田深度以10~13cm为好,做到泥草相混,加速分解。玉米秸秆还田时,耕作深度应不低于25cm,一般应埋入10cm以下的土层中,并耙平压实。秸秆还田后,使土壤变得过松、大孔隙过多,导致跑风跑墒,土壤与种子不能紧密接触,影响种子发芽生长,使小麦扎根不牢,甚至出现吊根死苗,应及时镇压灌水。秸秆直接翻压还田,应注意将秸秆铺匀,深翻入土,耙平压实,以防跑风漏气,伤害幼苗。

④土壤的含水量。秸秆还田后,进行矿质化和腐质化,其速度快慢主要决定于温度和土壤水分条件。秸秆和土壤的含水量较大时,秸秆腐解很快,从而减弱和消除了对作物和种子产生的不利影响。通常情况下,当温度在27℃左右,土壤持水量55%~75%时,秸秆腐化、分解速度最快;当温度过低,土壤持水量为20%时,分解几乎停滞。还田时秸秆含水量应不少于35%,过干不易分解,影响还田效果。

秸秆还田的地块,土壤容易架空,会影响秋播作物的正常生长。为踏实土壤,加速秸秆腐化,在整好地后一定要浇好塌墒水。如果怕影响秋播作物的适期播种,也要在播后及时浇水。土壤水分状况是决定秸秆腐解速度的重要因素,秸秆直接翻压还田的,需把秸秆切碎后翻埋土壤中,一定要覆土严密,防止跑墒。对土壤墒情差的,耕翻后应灌水;而墒情好的则应镇压保墒,促使土壤密实。以利于秸秆吸水分解。在水田水浆管理上应采取"干湿交替、浅水勤灌"的方法,以避免出现影响出苗,甚至烧苗的现象。并适时搁田,改善土壤通气性,因为秸秆还田后,在腐解过程中会产生许多有机酸,在水田中易累积,浓度大时会造成危害。

玉米秸秆还田时,应争取边收边耕埋,麦秸还田时应先用水浸泡1~3d,土壤含水量也应大于65%。小麦播种后,用石磙镇压,使土壤密实,消除大孔洞,大小孔隙比例合理,种子与土壤紧密接触,利于发芽扎根,可避免小麦吊根现象。秸秆粉碎和旋耕播种的麦田,整地质量较差,土壤疏松,通风透气,冬前要浇好冻水。

⑤肥料的搭配施用。由于秸秆中的碳氮比高,大小麦、玉米秸秆中的碳氮

比为（80～100）∶1，而微生物生长繁殖要求的适宜碳氮比为25∶1，在秸秆分解初期，需要吸收一定量的氮素营养，造成与作物争氮，结果秸秆分解缓慢，麦苗因缺氮而黄化、苗弱、生长不良。为了解决微生物与作物幼苗争夺养分的矛盾，在采用秸秆还田的同时，一般还需补充配施一定量的速效氮肥，以保证土壤全期的肥力。若采用覆盖法，则可在下一季作物播种前施用速效氮磷肥。

一般100kg秸秆加10kg碳酸氢铵，把碳氮比调节至30∶1左右。也可适当增施过磷酸钙，以增加养分，加速腐解，提高肥效。加入一些微生物菌剂，以调节碳氮平衡，促进秸秆分解、腐化。也可在秸秆还田时，加入一定量的氨水，以减少硝酸盐的积累和氮的损失，此外还可加入一定量石灰氮，以促进有机氮化物分解。

目前，高产土壤普遍存在着"缺磷、少氮、钾不足"的现象，按比例补施氮、磷、钾肥料，可满足作物生长的需要，提高作物产量。研究表明，每100kg秸秆应配施碳氨4.0～5.0kg，过磷酸钙7.0～8.0kg，硫酸钾2.0～3.5kg。同时结合浇水，有利于秸秆吸水腐解。玉米秸秆被翻入土壤中后，在分解为有机质的过程中要消耗一部分氮肥，如不及时进行补充，就会出现与麦苗或其他秋播作物争氮肥的矛盾，所以采用秸秆还田的地块，每亩要增施碳酸氢铵30～40kg。

⑥秸秆还田配套措施。为了克服秸秆还田的盲目性，提高效益，在秸秆还田时需要大量的配套措施（图6-4）。秸秆翻压深度能够影响作物苗期的生长情况，麦秸翻压深度大于20cm时，或者耙匀于20cm耕层中，对玉米苗期生长影响不大。翻压深度小于20cm，对苗期生长不利。从粉碎程度上看，秸秆小于10cm较好，秸秆翻压后，使土壤变得疏松，大孔隙增多，导致土壤与种子不能紧密接触，影响种子发芽生长，因此，秸秆还田后应该适时灌水、镇压，减少秸秆还田对作物的影响。秸秆还田时，秸秆应均匀平铺在田间，否则秸秆过于集中，容易导致作物局部出苗不齐。

3. 设施蔬菜残体资源化循环利用

设施生产中产生的蔬菜残体、秸秆等废弃物在田间随意堆放，不仅造成了蚊蝇滋生、臭气熏天和视觉污染，而且容易造成蔬菜病虫害的传播，不利于设施园区的清洁生产，在强降雨下会随着地表径流对北运河水体造成污染。为此，我们提出了一套涉及蔬菜残体、秸秆减量化、无害化、资源化利用的综合配套技术。

如图6-4所示，在设施内或设施外建设发酵池，将蔬菜园区产生的各种蔬菜残体、植株秸秆集中置于发酵池中进行好氧发酵，利用发酵产生的二氧化碳为作物提供二氧化碳施肥，发酵产物作为一种有机物资源还田，减少有机肥料用量，为作物生长提供营养。

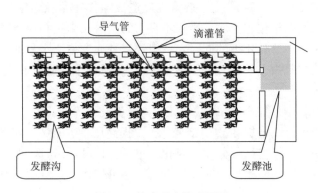

图 6-4　综合配套技术图示

（1）发酵池设计

在贴近温室一面侧墙的地上部建设发酵池，注意避开温室的灌溉系统，可利用温室侧墙，从而减少发酵池一面墙的材料，节约成本。发酵池体积设计为 4～6m³，沟体单砖砌垒，整个发酵池水泥抹面，发酵池底部建设宽×高＝20cm×30cm 的十字沟，作为二氧化碳通道。

（2）风机、气袋等辅助性装置

轴流风机：220V，150～200W，风量 1 500～2 000m³/h，采用微电脑自动控制开关，实现自动控制。

气袋安装：将直径 40cm 的气袋安装到风机上，气袋上每隔 1m，向下 45°打 2 个直径 0.5cm 的孔。

（3）物料配比

配料以作物鲜秸秆，酵素菌种，鲜秸秆加入菌种 1～2kg/m³。若发酵秸秆以豆类、茄果类，可以直接发酵，不需要调节 C/N 比；若发酵秸秆为瓜类、叶菜类秸秆，需要与玉米、小麦等 C/N 比高的作物秸秆按重量比 1：1 比例混合。另外，可以在 1t 秸秆中加入 5kg 过磷酸钙。

①选取铡草机或适合粉碎干湿作物秸秆的粉碎机，将作物秸秆粉碎为10～20mm 的小段，铡草机和粉碎机可以在底部安装 4 个轮子，便于在温室间移动。

②在将粉碎的秸秆填入发酵池前，需在底部铺上一层塑料布或硬质塑料板，每间隔 100mm 均匀打直径为 10mm 的孔，塑料布或硬质塑料板用来将发酵池底部十字沟隔空，作为二氧化碳通道。

③在发酵池中铺设秸秆，将不同作物秸秆、菌种及其他辅料混合均匀。待发酵池填满后，淋水湿透秸秆，水量以下部贮气池中见到积水为宜，发酵池盖

上一层塑料布。堆置一天后开启风机，发酵启动。3～5d 后，发酵秸秆下陷，继续按上述方法填料，一般 4m³ 大小的发酵池可以处理 1 亩的蔬菜秸秆。

（4）补气、补水

秸秆生物反应堆的发酵制剂是一种好氧菌。填料第二天开启，白天 9：00～17：00 每隔 1h 开机 1h，若阴天可调整为每 2h 开机 1h，晚上每隔 2h 开机 1h。产生的二氧化碳作为植物二氧化碳施肥，提高作物产量。

秸秆在发酵过程中，要保持 40%～60% 的湿度，一般发酵含水量高的作物或鲜秸秆不需补水，而发酵含水量低的秸秆，需要根据情况，一般每 10～15d 淋水 1 次，以湿润即可。

（5）发酵液及发酵残体的使用技术和施用量

发酵液在发酵进行 1 个月后可以使用，按 1 份发酵液兑水 2～3 倍，可进行叶面施肥、根部追肥，可有效减少化肥的施用，预防和防治作物缺素症状的发生，提高作物的抗逆性，改善作物品质，增加作物产量。

发酵残体是极好的有机肥料，可作为蔬菜生产底肥，1t 可替代 0.5t 的有机肥，而且秸秆疏松，施入土壤中可改善土壤的通气情况，提高土壤有机质含量，防止土壤板结，促进微生物活动，提高作物产量。

二、商品有机肥生产与加工

目前的商品有机肥是以工厂化生产为基础，以有机废弃物为主要原料，以固态发酵为核心工艺的集约化产品。快速连续发酵工艺和设备配套是工厂化处理有机废弃物生产商品有机肥的技术关键。商品有机肥的高温好氧堆肥发酵技术和设备在国内外已经日趋完善，随着技术的进步，目前已经出现一些值得关注的商品有机肥生产新模式。

1. 沼气工程耦合有机肥生产

沼气是公认的中国生态农业物质循环和能量多层利用的纽带。在能源、环境压力和政府的大力支持下，我国沼气产业的发展突飞猛进，成为世界上户用沼气规模最大、技术水平最高的国家。目前能够提供集中供气的大中型沼气工程是未来沼气产业化的趋势。发展以秸秆、畜禽粪便等废弃物为原料的大中型沼气工程，不但可获得规模化的生物天然气，还能使几乎全部的残留态氮、磷、钾以及部分有机质（木质素）生产有机肥，真正实现还田，有望解决石油农业和规模化畜牧养殖业生产的残余物污染问题，成为中国绿色农业、有机食品和能源农业可持续发展的基本方向。沼气的沼渣、沼液可以提高土壤肥力，改善土壤结构、提高蔬菜抗病防病能力等方面具有明显效果，对可以提高瓜果、蔬菜的品相及口感等有显著效果。因此在推进农村设施农业建设尤其是沼气建设对于大力推进新农村建设，促进农民增产增收具有很好推广应用前景。

2. 有机肥生产的产品多元化模式

有机肥生产的附加值不高，提高生物有机肥工厂化生产的经济效益，是有机肥产业化的关键因素之一。某公司将作物秸秆中的纤维提取后造纸，而其他剩余草浆造纸的副产品的有益成分，如：木质素、黄腐酸以及各种中微量元素等通过工艺改进制成了天然的有机肥，年生产各种绿色有机肥料 100 万 t，实现纸浆和有机肥的多联产，为有机肥生产企业提供了可借鉴的产品多元化的新发展模式。总之，通过加强对高效有益微生物菌株的筛选与驯化研究，深入探索微生物—有机物物料—土壤—农作物的相互关系，深入研发商品有机肥的加工工艺和生产模式，开发出可以基本替代无机肥料的有机专用肥，这是商品有机肥未来的发展趋势。

三、有机肥的施用

施用有机肥的最终目的是通过施肥改善土壤理化形状，协调作物生长环境条件，充分发挥肥料的增产作用。

1. 有机肥施用原则

（1）因土施肥

土壤肥力状况高低直接决定作物产量的高低，根据土壤肥力和目标产量的高低决定施肥量。对于高肥力地块，适当减少底肥所占全生育期肥料用量的比例，增加后期追肥的比例。对于低肥力地块，适当增加底肥所占全生育期肥料用量的比例，减少后期追肥的比例。一般以该地块前 3 年作物的平均产量增加10％作为目标产量。

根据土壤质地不同，结合不同有机肥的养分释放转化速度和土壤保肥性能，采取不同的施肥方案。砂土土壤肥力较低，有机质和各种养分的含量均较低，土壤保肥、保水能力差，养分容易流失。但砂土有良好的通透功能，有机质分解快，养分释放供应快。因此，砂土应该增加有机肥使用量，提高土壤有机质含量，改善土壤的理化性状，增强保肥、保水性能。但对于养分含量高的优质有机肥料，一次使用量不应太多，使用过量容易烧苗，转化的速效养分也容易流失，养分含量高的优质有机肥料可分底肥和追肥多次使用，也可深施大量堆腐秸秆和养分含量低、养分释放慢的粗杂有机肥料。

黏土保肥、保水性能好，养分不易流失，但是土壤供肥速度慢，土壤紧实，通透性差，有机成分在土壤中分解缓慢。黏土地施用的有机肥料必须充分腐熟，黏土养分供应慢，有机肥料应可早施，可接近作物根部。旱地土壤水分供应不足，阻碍养分在土壤溶液中向根表面迁移，影响作物对养分的吸收利用，应该大量增施有机肥料，增加土壤团粒体结构，改善土壤的通透性，增强土壤蓄水、保水能力。

（2）根据肥料特性施肥

不同有机肥因组分和性质区别很大，因此培肥土壤作用以及养分供应方式大不相同。施肥时应该根据肥料特性，采取相应的措施，提高作物对肥料的利用率。

秸秆类有机肥有机物含量较高，对增加土壤有机质含量，培肥地力有显著作用。秸秆在土壤中分解较慢，秸秆类有机肥适宜做底肥，用量可大一些，但是氮磷钾养分含量相对较低，微生物分解秸秆还需要消耗氮素，因此在施用秸秆有机肥时需要与氮磷钾化肥配合。

粪便类有机肥料的有机质含量中等，氮磷钾养分含量丰富，由于其来源广泛，使用量比较大。但是由于加工条件的差别，其成品肥的有机质和氮磷钾养分也存在差别，选购使用该类有机肥料时应该注意其质量的判别。以纯畜禽粪便工厂化快速腐熟加工的有机肥料，其养分含量高，应少施，集中使用，一般做底肥使用，也可做追肥。含有大量杂质，采取自然堆腐加工的有机肥料，有机质和养分含量均较低，应做底肥使用，量可以加大。另外，畜禽粪便类有机肥料一定要经过灭菌处理，否则容易向作物、人、畜传染疾病。

绿肥是经过人工种植的一种肥地作物，有机质和养分含量均较丰富。但种植、翻压绿肥一定要注意茬口的安排，不要影响主要作物的生长，绿肥大部分具有固氮能力，应注意补充磷钾肥。

垃圾类有机肥料的有机质和养分含量受原料的影响，极不稳定，每一批肥料的有机质和养分含量都不一样。大多数垃圾类有机肥料有机质含量不高，适宜做底肥使用。由于垃圾成分复杂，有时含有大量对人和作物有害的物质，如重金属、放射性物质等，使用垃圾肥时首先应了解加工肥料的垃圾来源，含有有害物质的垃圾肥严禁施用于蔬菜和粮食作物，但可用于人工绿地和绿化树木。

（3）根据作物需肥规律施肥

不同作物种类、同一作物的不同品种对养分的需求量及其比例、养分的需要时期、对肥料的忍耐程度均不相同，因此在施肥时应该充分考虑每一种作物的需肥规律，制定合理的施肥方案。

设施种植一般是生长周期长，需肥量大的作物，往往需要大量施用有机肥。此类作物施用有机肥时，作为基肥深施，施用在离根较远的位置。一般有机肥和磷钾做底肥施用，后期应该注意氮、钾追肥，以满足作物的需肥。由于设施处于相对封闭环境，应该施用充分腐熟的有机肥，防止在大棚里二次发酵，由于保护地没有雨水的淋洗，土壤中的养分容易在地表富集而产生盐害，因此肥料一次不易施用过多，并在施肥后配合浇水。

早发型作物需要在初期就开始迅速生长，像菠菜、生菜等生育期短，一次性收获的蔬菜就属于这个类型。这类蔬菜若后半期氮素肥料过大，则品质恶化，所以就要将有机肥作为基肥，施肥位置也要浅一些，离根近一些为好。白菜、圆白菜等结球蔬菜，既需要良好的初期生长，又需要后半期有一定的长势，保证结球紧实，因此在后半期应减少氮肥供应，保障后期生长。

2. 有机肥施用注意事项

（1）勿过量施用有机肥

有机肥料养分含量低，对作物生长影响不明显，不像化肥容易烧苗，而且土壤中积累的有机物有明显改良土壤作用，有些人认为有机肥料使用越多越好，实际上，过量使用有机肥料同化肥一样，也会产生危害。过量施用有机肥可导致烧苗；过量有机肥会导致土壤磷、钾养分含量大量聚集，造成土壤养分不平衡；过量有机肥施用，土壤硝酸根离子聚集，将导致作物硝酸盐含量超标。此外，由于准备时间不足、或者习惯等问题，直接施用未经处理的生粪，一方面会带入大量病虫菌，危害作物的生长；另一方面，生粪在土壤里进行二次发酵，产生氨气等有毒物质加重危害作物。

（2）有机无机搭配施用

在施肥时，如果单独施用化肥或有机肥或生物菌肥，均无法使作物长时间保持良好的生长状态，这是因为每种肥料都有各自的优点和不足：化肥养分集中，施入后见效快，但是长期大量施用会造成土壤板结、盐渍化等问题；有机肥养分全，可促进土壤团粒结构的形成，培肥土壤，但养分含量少，释放慢，在作物生长后期不能供应足够的养分；生物菌肥可活化土壤中被固定的营养元素，刺激根系的生长和吸收，但它不含任何营养元素，也不能长时间供应作物生长所需的营养。因此，化肥、有机肥、生物菌肥配合施用效果要好于单独施用，配合施用时应注意以下几个问题。

首先，注意施用时间。有机肥见效慢，应提早施用，一般在作物播前或定植前一次性基施，施用之前最好进行充分腐熟，后期追施效果不如做基肥明显。化肥见效快，做基肥时提前7d左右施入，做追肥时应在作物营养临界期或吸收营养高峰期前施入，以满足其所需。生物菌肥在土壤中经大量繁殖后才能发挥以菌抑菌的作用，故要在作物定植前提早施入，使其有繁殖壮大的时间。生物菌肥可随有机肥一起施入土壤，也可在定植前或定植时穴施。

其次，注意施用方法。有机肥主要作用是改良土壤，同时提供养分，一般作为基肥施入土壤，所以要结合深耕施入，使土壤与有机肥完全混匀，以达到改良土壤的目的。因为有机肥中的养分以氮为主，所以在施基肥时，与有机肥搭配的氮肥可少施，一般氮肥的30％做基肥，70％做追肥。钾肥可做基肥一次性施入。磷肥因移动性差，后期追施效果不好，也应做基肥施入土壤。追施的化肥最好施用全溶性速效肥，这样肥料分解后可被作物迅速吸收，对土壤影响较小。生物菌肥因其用量少可集中施在定植穴内或随有机肥基施，后期可多次追施同一种生物菌肥，以壮大菌群，增强其解磷解钾能力，提高防病效果。

最后，注意施用数量。不同作物、不同生育期，所需肥量不同，不能多施也不能少施。作物对营养元素的吸收具有一定的比例，如番茄所需要的氮、磷、钾比为 $1:0.23:1.52$，茄子为 $1:0.23:1.7$，辣椒为 $1:0.25:1.31$，黄瓜为 $1:0.3:1.5$。因此，施肥时，应根据作物的不同需肥比例进行。但是因土壤中已含有一些营养元素，所以最好进行测土，按测土配方施肥建议进行有针对性的施肥。

3. 生物有机肥的施用

畜禽粪便生物有机肥施入土壤后，肥料中的有益微生物迅速在土壤中繁殖、分解，调节了土壤 pH、增加了有益菌群的数量，能有效抑制有害病原菌生长。改善土壤中作物根系微生物平衡，促进作物对养分的吸收，使作物根系发达，根深叶茂，健壮植株，减轻病害的发生，提高作物产量。但使用时应注意在施用生物有机肥的前后 $2\sim3d$ 禁止使用各类杀菌剂，以避免杀菌剂杀死生物有机肥中的有益菌。

生物有机肥的使用方法有基肥和追肥两种。基肥：生物有机肥一般在粮食作物和蔬菜栽培以前做基肥使用。如在玉米地，每亩施用量为 100kg 左右；在蔬菜地，每亩施用量为 500kg 左右，撒后用犁把有机肥翻入地下，用耙将地耙平，然后进行播种。追肥也有两种方式。环施：环施一般在果树 3 年以上树龄施用，每株树用量为 $1.0\sim1.5kg$，围绕果树在滴水线处挖几个坑，深度在 $10\sim20cm$，施后用土覆盖。条施：条施一般在蔬菜根旁作追肥用，每亩撒施 30kg 左右，然后用耙将生物有机肥和泥土搅拌均匀，再用铁锹将它们覆盖在作物根旁。施用畜禽粪便生物有机肥，可以改变因施用化肥而产生的"瓜不香，果不甜，茶无味"的现状，使农产品各项指标达到绿色食品的标准，是生产无公害绿色农产品的首选肥料。特别是在我国烟草栽培地区，由于上茬是种植玉米，玉米根系残留物会抑制下茬作物烟草的生长，生物有机肥中的微生物，会分解土壤中玉米根系分泌出的对其他植物或微生物有害物质，很好地解决了在玉米茬地种植烟草的调茬问题，使烟株根系发达，提高了烟叶产量和品质。商品有机肥和生物有机肥是在农家肥和有机物料的基础上开发的，是常规有机肥的浓缩或升级，目前主要用于果树、蔬菜及高价值作物。它虽然具有农家肥和一般化肥所没有的优点，但其施用量较少，每亩地的施用量只有农家肥的 $3\%\sim5\%$，甚至更低，因此，在养分供应量和改土作用方面还不能完全取代农家肥和常规化肥。商品有机肥与农家肥和化肥要配合施用，建议每隔 $2\sim3$ 年或更短的时间施用 1 次农家肥。

第三节　二氧化碳肥料生产与施用技术

在温室内施用二氧化碳肥（CO_2）是设施栽培中的一项重要的管理措施，该技术始于瑞典、丹麦以及荷兰等国家。我国虽然起步比较晚，但随着近年来设施农业在我国的大力推广，CO_2施肥技术也已被广泛利用，增产效果十分显著。特别是在冬季，由于大棚薄膜经常处于密闭状态，使棚内的CO_2得不到外界大气的及时补偿，棚内蔬菜处于CO_2的饥饿状态，特别是晴天的 9～12 时，棚内的CO_2往往低于光合作用补充点，使光合作用无法进行，为了解决这一矛盾，就需要人为地补充CO_2，即CO_2施肥。一般黄瓜、番茄、辣椒等果蔬施CO_2肥的比没有施用的要平均增产 20%～30%，且能有效地提高果蔬的品质。现将CO_2施肥中的关键技术介绍如下。

一、CO_2施肥的正确时间

根据作物的生理特点，CO_2施肥应在作物的生长期中光合作用最旺盛的时期和一天中光照条件最好的时间进行。

从作物的生长周期来看，在苗期为了缩短苗龄，培育壮苗，施肥应及早进行；而在定植之后，CO_2的施肥时间由多种因素来控制，以蔬菜为例，一般来说，果菜类定植后到开花前一般不施肥，待开花坐果后开始施肥，这样做的主要原因是防止营养生长过旺和植株徒长；相反，叶菜类则在定植后立即施肥。

在一天中，CO_2的施肥时间应根据设施内CO_2的变化规律和植物光合作用的特点来安排。一般来说，CO_2施肥多从日出后 0.5～1h 开始，通风换气前 0.5h 结束。严寒季节或阴天不通风时，可一直到中午再停止施肥。

二、CO_2的肥源

1. 燃烧燃料

此种方法主要是利用CO_2发生机或中央锅炉系统来对低硫燃料如天然气、白煤油、石蜡、丙烷等进行燃烧来释放CO_2。此法应用简便，易于控制。

2. 液态CO_2

此种方法是将CO_2装在高压钢瓶内，借助管道疏散，因此可以有效地控制肥量和施肥时间。且使用安全，但是成本较高。

3. CO_2颗粒气肥

这种固体颗粒气肥是以碳酸钙为基料、有机酸做调理剂、无机酸做载体，在高温高压下挤压而成，施入土壤后使其缓慢释放CO_2。该类肥源方便、安全，但是释放 CO_2 的速度难以人为控制。

4. 化学反应

这种施肥方法是在设施内部分点放置塑料桶等容器，人工加入强酸（硫酸、盐酸）和碳酸盐（碳酸钙、碳酸铵、碳酸氢铵）后产气，这种方法费工、费料，操作不便，需注意安全。吊袋式发生剂是目前保护地 CO_2 增施技术中最先进、有效的手段。该技术利用发生剂在吊袋内反应，通过气孔向外释放 CO_2 方式，补充设施内的 CO_2。此外还能根据作物种类、生育阶段不同采用增减数量，调节气孔大小的办法控制气体通量，具有操作简便、使用安全、没有污染的特点，是实现蔬菜高产、优质、抗病的重要技术措施，越来越受到广大菜农的关注。

三、吊袋式发生剂使用技术要点

适宜在冬春茬使用，11 月至次年 4 月；大袋、小袋混合，大袋扎孔释放；每亩均匀吊挂 20 袋，吊挂在植物以上 50cm 处，之字形排列；可连续使用30～40d。叶菜类在起身发棵期、茄果类在开花坐果至果实膨大期为最佳使用时期。茄果类蔬菜连续施用 2 次，叶类蔬菜施用 1 次。

适宜区域：日光温室、大棚。

四、施肥时应注意的问题

施肥时应注意的问题包括几个方面：

1. 在作物定植后到生长旺盛期施用 CO_2 气肥

苗期一般不施 CO_2 气肥。如果是育苗移栽，在定植缓苗后可少量施用，可连续施用 40d 左右。在施肥期间，要注意加强田间管理，加大昼夜温差，有利于光合产物的积累，可有效防治作物早衰。

2. 注意 CO_2 气肥的施用量

影响 CO_2 吸收的因素很多，如水分的多少、光照的强弱、温度的高低等。在植物叶片含水量接近饱和时，最有利于光合作用的进行。影响植物吸收 CO_2 气肥的棚室地温阈值为 15℃，低于 15℃效果较差，低于 12℃气肥无效。地温在 15℃以上增加 CO_2 气肥效果较好。试验研究证明，地温在 15～25℃内，地温每增高 1℃，作物光合作用合成碳水化合物将增加 4%。因此，在冬季温室没有增温设施的情况下，地温在 15℃以下时，不宜施用气肥。

3. 加强水肥管理

在增施 CO_2 气肥之后，作物的光合强度显著提高，根系吸收能力增强，施肥浇水要跟上。施肥不能仅施氮肥，要根据作物的种类选用三元素的专用复合肥，可以有效地防治植株徒长，使蔬菜生长壮而不旺，稳而不衰，搭好丰产架势。

4. 控制 CO_2 的施肥浓度

从植物光合作用的角度来看，接近光合作用饱和点的 CO_2 浓度为最适施肥浓度。人工增施 CO_2 最适浓度与蔬菜种类、品种和光照条件有关。一般瓜类 CO_2 的最适浓度为 1 000~1 300mL/L，而其他蔬菜则为 600~800mL/L。CO_2 施肥时如果 CO_2 浓度过高也会造成叶片损伤。如西红柿叶缘和老叶的叶脉间出现透明斑点，部分或全部脱落死亡。黄瓜也有类似情况，因此，在进行 CO_2 施肥时一定要控制好 CO_2 浓度，避免对植株造成伤害。另外，高浓度 CO_2 的伤害与持续的时间有关，如果仅仅是很短时间，危害就轻得多，甚至不产生危害。

另外，还可通过通风换气、增加土壤有机质等方法来提高设施内 CO_2 的浓度。实践证明，在提高 CO_2 浓度的同时，通过改善群体受光条件、提高设施内的管理温度、适度增加水分和营养的供给，能更好地提高植物的光合作用率。

第四节　水溶肥生产与施用技术

随着京郊设施农业的发展，水溶肥料作为一种新型肥料应用逐渐普及。与传统肥料相比，水溶肥料配方多样，施用方法也非常灵活，可以土壤浇灌，让植物根部全面接触到肥料；可以叶面喷施，提高肥料吸收利用率；可以滴灌和无土栽培，节约灌溉水并提高生产效率。为使水溶肥料的使用获得最好效果，应把握以下事项。

一、选择效益较高的作物

目前，市场上销售的有蔬菜、果树、花卉、粮食、棉、油等各类作物的专用水溶肥料。但是，相对于固体肥料而言，水溶肥料价格要高出很多，因此在选择施用作物时，最好以草莓、蔬菜和水果等效益较高作物为对象，以便获得最佳效益；大田作物由于效益较低，一般不要施用水溶肥料（小麦上喷施磷酸二氢钾除外）。

二、选择适当的水溶肥

1. 水溶性肥料选择要有针对性

作物植株主要是从土壤中吸收营养元素的，土壤中元素的含量对植物体的生长起着决定性作用。因此在确定选择水溶性肥料种类前要先测定土壤中元素的含量及土壤酸碱性，有条件的也可以测定植物体中元素的存在情况，或根据缺素症的外部特征，确定水溶性肥料的种类及用量。一般认为，在基肥施用不足的情况下，可以选用氮、磷、钾为主的水溶性肥料；在基肥施用充足时，可以选用以微量元素为主的水溶性肥料。比如，棉花落蕾落铃与硼营养不足有关，所以一般在现蕾期施硼肥 2～3 次，并结合追施硼肥，可以取得保蕾保铃的效果；芹菜的"裂茎病"也是缺硼所引起的，可以喷施硼砂或硼酸以补充。

2. 水溶性肥料的溶解性要好

由于水溶性肥料是直接配成溶液进行喷施的，所以水溶性肥料必须溶于水。否则，水溶性肥料中的不溶物喷施到作物表面后，不仅不能被吸收，有时甚至还会造成叶片损伤。因此用于喷施的肥料纯度应该较高，杂质应该较少，一般肥料中水不溶物应不大于 5%。

3. 水溶性肥料的酸度要适宜

营养元素在不同的酸碱性下有不同的存在状态。要发挥肥料的最大效益，必须有一个合适的酸度范围，一般要求 pH 为 5～8。pH 过高或过低除营养元素的吸收受到影响外，还会对植株产生危害。

三、掌握施肥技巧

1. 少量多次施用

这是施用水溶肥料最为重要的原则，因为这种方法不仅符合植物根系不间断吸收养分的特点，也符合水溶肥料养分易流失的特点。少量多次施用，还可以大大提高水溶肥料的利用率。

2. 注意养分平衡

水溶肥料一般采取浇施、喷施或者将其混入水中，随同灌溉（滴灌、喷灌）施用。这里需要提醒的是，采用滴灌施肥时，由于根系生长密集、量大，这时对土壤的养分供应依赖性减小，更多依赖于通过滴灌提供的养分，对养分的合理比例和浓度有更高要求。如果配方不平衡，会影响作物生长。另外，水溶肥千万不要随大水漫灌或流水灌溉等传统灌溉方法施用，以避免肥料浪费和施用不均。

3. 安全施用，防止烧伤叶片和根系

水溶肥施用不当，特别是随同喷灌和微喷一同施用时，极容易出现烧叶、烧根的现象。根本原因，就是肥料溶度过高。因此，在调配肥料浓度时，要严格按照说明书的浓度进行调配。但是，由于不同地区的水源盐分不同，同样的浓度在个别地区会发生烧伤叶片和根系的现象。生产中最保险的办法，就是通过肥料浓度试验，找到本地区适宜的肥料浓度。

4. 切忌直接冲施，采取二次稀释法

由于水溶性肥料有别于一般的复合肥料，所以不要按照常规方法施用，以避免因施肥不均匀带来的烧苗伤根现象。二次稀释不仅利于肥料施用均匀，还可以提高肥料利用率。

5. 严格控制施肥量

水溶肥比一般复合肥养分含量高，用量相对较少。由于其速效性强，难以在土壤中长期存留，所以要严格控制施肥量，避免肥料流失。

6. 尽量单用或与非碱性农药混用

比如在蔬菜出现缺素症或根系生长不良时，不少农民多采用喷施水溶肥的方法加以缓解。在此提醒农民朋友，水溶肥要尽量单独施用或与非碱性农药混用，以免金属离子起反应产生沉淀，造成叶片肥害或药害。

7. 水溶性肥料的浓度要适当

由于水溶性肥料是直接喷施于作物地上部的表面，与根部施肥不同，土壤的缓冲作用没有了。因此一定要掌握好水溶性肥料的喷施浓度。浓度过低，作物接触的营养元素量小，使用效果不明显；浓度过高往往会灼伤叶片造成伤害。但同一种肥料在不同的作物上喷施浓度也不尽相同，应根据作物种类而定。如尿素，一般作物喷施浓度 1%～2%；露地蔬菜、瓜果等作物上喷施浓度一般为 0.5%～1%，温室蔬菜上喷施浓度 1%～2%；露地蔬菜、瓜果等作物上喷施浓度就要控制在 0.2%～0.4%，苗床育苗期的幼苗喷施浓度不能高于 0.2%。微量元素可以施也可以叶面喷施，但由于有些微量元素在土壤中很容易沉淀而失去有效性，所以生产中，最好采用叶面喷施。喷施浓度通常为 0.3%～0.5%水溶液。铜、钼的施用浓度应适当降低。再如磷酸二氢钾在粮食作物上的适宜浓度为 0.5%～1%，硼砂为 0.05%～0.1%。

8. 水溶性肥料要随配随用

肥料的理化性质决定了有些营养元素容易变质，所以有些水溶性肥料要随配随用，不能久存。如硫酸亚铁水溶性肥料，新配制的应为淡绿色、无沉淀，如果溶液变成赤褐色或产生赤褐色沉淀，说明低价铁已经被氧化成高价铁，肥料有效性已大大降低。如果配制硫酸亚铁溶液的水偏碱或钙含量偏高，形成沉淀和氧化的速度会加快。因此为了减少沉淀生成，减缓氧化速度，在配制硫酸亚铁溶液时，在每 100L 水中先加入 10mL 无机酸，也可加入食醋 100～200mL（100～200g）使水酸化后，再用已经酸化的水溶解硫酸亚铁。当然也可以使用一些有机螯合铁肥如黄腐酸铁、铁代聚黄酮类来代替硫酸亚铁。

9. 水溶性肥料喷施时间要合适

为了延长水溶性肥料被肥料溶液湿润的时间，有利于元素的被吸收，水溶性肥料的喷施时间最好选在风力不大的傍晚前后。这样可以延缓叶面雾滴的风干速度，有利于离子向叶片内渗透。喷施时要均匀，使叶片正面都潮湿。喷施水溶性肥料后如遇大雨，应重新再喷一次。

四、滴灌施用注意事项

水溶肥随同滴灌施用，是目前生产中最为常见的方法。

1. 掐头去尾

先滴清水，等管道充满水后加入肥料，以避免前段无肥；施肥结束后立刻滴清水 20～30min，将管道中残留的肥液全部排出（可用电导率仪监测是否彻底排出）；如不洗管，可能会在滴头处生长青苔、藻类等低等植物或微生物，堵塞滴头，损坏设备。

2. 防止地表盐分积累

大棚或温室长期用滴灌施肥，会造成地表盐分累积，影响根系生长。可采用膜下滴灌抑制盐分向表层迁移。

3. 做到均匀

在注意均匀性滴灌施肥的原则上施肥越慢越好。特别是对在土壤中移动性差的元素（如磷），延长施肥时间，可以极大地提高难移动养分的利用率。在旱季滴灌施肥，建议施肥时间 2～3h 完成。在土壤不缺水的情况下，在保证均匀度的前提下，越快越好。

4. 避免过量灌溉

以施肥为主要目的灌溉时，达到根层深度湿润即可。不同的作物根层深度差异很大，可以用铲随时挖开土壤了解根层的具体深度。过量灌溉不仅浪费水，还会使养分渗析到根层以下，作物不能吸收，浪费肥料；特别是尿素、硝态氮肥（如硝酸钾、硝酸铵钙、硝基磷肥及含有硝态氮的水溶性肥）极容易随水流失。

5. 配合施用

水溶肥料为速效肥料，只能作为追肥。特别是在常规的农业生产中，水溶肥是不能替代其他常规肥料的。因此，生产中要做基肥与追肥相结合，有机肥与无机肥相结合，水溶肥与常规肥相结合，以便降低成本，发挥各种肥料的优势。

五、叶面施肥技术

叶面施肥时应用注意以下问题。

1. 选择适宜的品种

在作物生长初期，为促进其生长发育，应选择调节型叶面肥。若作物营养缺乏或生长后期根系吸收能力衰退，应选用营养型叶面肥。生产上常用于叶面喷施的化肥品种主要有尿素、磷酸二氢钾、过磷酸钙、硫酸钾及各种微量元素肥料。

2. 喷施浓度要合适

在一定浓度范围内，养分进入叶片的速度和数量随溶液浓度的增加而增加。但浓度过高容易发生肥害，尤其是微量元素肥料，一般常量、中量元素（氮、磷、钾、钙、镁、硫）的使用浓度在 500～600 倍，微量元素铁、锰、锌浓度在 500～1 000 倍，硼浓度在 3 000 倍以上，铜、钼浓度在 6 000 倍以上。

3. 喷施时间要适宜

叶面施肥时，湿润时间越长，叶片吸收养分越多，效果越好。一般情况下，保持叶片湿润时间在 30～60min 为宜。因此，叶面施肥最好在傍晚无风的天气进行。在有露水的早晨喷肥，会降低溶液的浓度，影响施肥的效果。雨天或雨前也不能进行叶面追肥，因为养分易被淋失，达不到应有的效果。若喷后 3h 遇雨，待晴天时补喷 1 次，但浓度要适当降低。

4. 喷施要均匀、细致、周到

叶面施肥要求雾滴细小，喷施均匀，尤其要注意喷洒生长旺盛的上部叶片和叶的背面。

5. 喷施次数不应过少，应有间隔

作物叶面追肥的浓度一般都较低，每次的吸收量很少，与作物的需求量相比要低得多。因此，叶面施肥的次数一般不应少于 2～3 次。同时，间隔期至少应在 1 周以上，喷洒次数不宜过多，防止造成危害。

6. 叶面肥混用要得当

叶面追肥时，将两种或两种以上的叶面肥合理混用，可节省喷洒时间和用工，其增产效果也会更加显著。但肥料混合后必须无不良反应或不降低肥效，否则不宜混合使用。另外，肥料混合时要注意溶液的浓度和酸碱度，一般情况下溶液 pH 在 7 左右、中性条件下利于叶部吸收。

7. 在肥液中添加湿润剂

作物叶片上都有一层厚薄不一的角质层，溶液渗透比较困难。可在叶肥溶液中加入适量湿润剂，如中性肥皂、质量较好的洗涤剂等，以降低溶液的表面张力，增加与叶片的接触面积，提高叶面追肥的效果。

8. 适时喷施叶面肥

一是需要使用叶面肥的时期。例如：遭遇病虫害时，使用叶面肥有利于提高植株抗病性；土壤偏酸、偏碱或盐度过高，不利于植株吸收营养时需施肥增加营养；盛果期，喷施叶面肥可促进果实膨大；植株遭遇气害、热害或冻害以后，选择合适的时间使用叶面肥，有利于缓解症状。二是不宜使用叶面肥的时期。例如：花期，因花朵娇嫩，易受肥害；幼苗期；一天中的高温强光期。叶面肥施用量少，效果迅速明显，提高了肥料的利用率，是一种经济、有效的施肥措施，特别是一些叶面施用微量元素，可使作物均衡吸收营养。但在实际生产中，叶面施肥工作比较费时、费力。同时易受气候条件影响，也因作物种类和生育期不同，叶面施肥效果差异较大。因此，必须在根部施肥的基础上，正确应用叶面施肥技术，才能充分发挥叶面肥的增产、增收作用。

第五节　微生物肥的施用技术

微生物肥料是生物活性肥料，施用方法比化肥、有机肥严格，有特定的施用要求；使用时要注意施用条件，选择适宜于本地区相应作物的微生物肥料，因为微生物肥料中的活菌发挥作用是有条件的，某一种微生物肥料并非适用于所有地区、所有土壤和所有作物。

一、正确选择微生物肥料

1. 检验肥料是否获得农业部正式（或临时）登记许可证

目前市场上的微生物肥料产品种类繁多，有些不法厂家鱼目混珠、滥竽充数，有的从别处买来一些微生物菌胡乱加入有机肥料或有机无机肥料中，有的甚至根本什么菌也没有，就自称微生物肥料，最为严重的是有一些未经过国家登记注册批准的微生物肥料，其中的微生物菌种没有经过鉴定，如果含有传染病菌种的微生物肥料施入农田中，不仅会污染农田，而且还会污染农作物，从而将传染病菌带入人们的餐桌。如阴沟肠杆菌、肺炎克氏杆菌都具有固氮作用，但应用于农业生产中必须对该菌株做非病原鉴定，以确定其没有传染性。所以农民朋友在购买微生物肥时一定要慎重。

2. 选择适宜于本地区相应作物的微生物肥料

因为微生物肥料中的活菌发挥作用是有条件的，因此某一种微生物肥料并非适用于所有地区、所有土壤和所有作物。

3. 向专业机构咨询

向当地有关从事土壤肥料的机构（包括土壤肥料工作站、农科院或农科所等单位）进行咨询有关事宜。

二、合理使用微生物肥料

1. 严格按照使用说明书要求使用

微生物肥料的使用一般应注意避免与造成微生物死亡或降低作用的物质合

用、混用。如速效氮肥对根瘤菌固氮有抵制作用，在使用根瘤菌肥料时应根据作物特点少施或不施氮肥。

2. 应与有机肥和化肥配合使用

微生物肥料虽然能为作物生长提供养分并刺激和促进作物生长，但它的作用毕竟还是有限的，它不能完全代替有机肥和化肥在农业生产中的作用，所以在农业生产中还需要施用一定量的有机肥和化肥来提供作物生长所需的养分。

3. 选择合适的微生物肥

微生物肥料肥效的发挥既受其自身因素的影响，如肥料中所含有效菌数、活性大小等质量因素；又受到外界其他因子的制约，如土壤水分、有机质、pH、土壤温度、气象等生态因子影响。所以微生物肥料的选择和应用都应注意其合理性。

4. 要及时施用，一次用完

微生物肥料购买后，应尽快施到地里，并且开袋后要一次用完；微生物肥料可以单独施入土壤中，但最好是和有机肥料（如渣土）混合使用；微生物肥料要施入作物根正下方，不要离根太远，同时盖土，不要让阳光直射到菌肥上；微生物肥料主要做基肥使用，不宜叶面喷施；微生物肥料的使用，不能代替化肥的使用；微生物肥料的施用方法一般有拌种、浸种、蘸根、基施、追施、沟施和穴施，以拌种最为简便、经济、有效。拌种方法是先将固体菌肥加清水调至糊状，或液体菌剂加清水稀释，然后与种子充分拌匀，稍晾干后播种，并立即覆土。种子需要消毒时应选择对菌肥无害的消毒剂，同时做到种子先消毒后拌菌剂。

5. 微生物肥料对土壤条件要求相对比较严格

施入到土壤后，需要一个适应、生长、供养、繁殖的过程，一般15d后可以发挥作用，见到效果，而且可长期均衡地供给作物营养。

6. 微生物肥料适宜施用时间

清晨和傍晚或无雨阴天时施用，可以避免阳光中的紫外线将微生物杀死。

7. 微生物肥料应避免在高温干旱条件下使用

施用微生物肥料时要注意温、湿度的变化，在高温干旱条件下，微生物生存和繁殖会受到影响，不能充分发挥其作用。要结合盖土浇水等措施，避免微生物肥料受阳光直射或因水分不足而难以发挥作用。

8. 微生物肥料可以单独施用，也可以与其他肥料混合施用

微生物肥料应避免与未腐熟的农家肥混用。与未腐熟的农家肥混用，会因高温杀死微生物，影响肥效。同时也要注意避免与过酸过碱的肥料混合使用。

9. 微生物肥料应避免与农药同时使用

化学农药都会不同程度地抑制微生物的生长和繁殖，甚至杀死微生物，不能用拌过杀虫剂、杀菌剂的工具装微生物肥料。

10. 应注意微生物肥料的有效期

由于微生物肥料是由活的微生物起决定作用，所以必须在有效期内使用。

第六节 绿肥的种植技术

一、北京地区适宜的冬绿肥品种

选择适宜北京地区种植的冬绿肥品种，不仅需要考虑北方气候特点，农业种植结构，更需要突出都市型现代农业的生产、生活、生态、示范四大功能。通过对二月兰、冬小麦、冬油菜（陇油8号、陇油9号）4个品种越冬成活率、生物量、土壤覆盖率、植株养分含量以及田间展示效果，证明二月兰适应性强，对土壤、光照要求低，耐寒性强，北京冬季11月份，杂草已经枯黄，而二月兰仍然葱绿一片，越冬成活率高达99.6%，高于冬小麦（97.8%）和冬油菜（90.5%）。冬前土壤覆盖效果好，二月兰土壤覆盖率平均为88.5%，高于冬小麦（77.5%）和冬油菜（85.0%）。春季二月兰返青早，在气温5℃以上即可返青出苗，随气温升高迅速生长，4月进入旺长期，植株鲜重迅速增加，每天每株达到0.52g，土壤覆盖率达78.5%，而冬小麦只有54%，冬油菜只有67.5%。4月底至5月初二月兰生物量达到最高，平均为3.55万 kg/hm^2，较冬小麦高59%，较冬油菜高18.9%。二月兰花色淡雅，花期长，春季田园景观优美，是北方农田治裸、田园美化、发展休闲观光农业的首选冬绿肥品种。

二、适宜的播期和播量

通过试验，二月兰在北京地区最佳播期为9月上中旬，随播期延迟，生物量明显下降。播量为22.5kg/hm² 时，9月14日播种的春季生物量为2.1万 kg/hm²，9月22日、10月1日和10月8日播种的春季生物量分别降低20%、67.8%和75%，10月10日和10月17日播种的，出苗少且不能越冬。生物量随播期延后而降低；相同播期，随播量增加生物量提高，但以9月上中旬播种且播量为22.5kg/hm² 效果最好、最经济。

三、应用技术模式

1. 农田"二月兰—春玉米"技术模式

春玉米是北京地区主要粮食作物，每年播种面积在13.33万 hm² 左右，一年一熟制种植。一般5月播种9月收获，从收获到来年春季大约有6个月土壤裸露休闲期。裸露土壤遇大风易造成风沙扬尘、污染大气环境；裸露土壤易遭风沙侵蚀，破坏土壤结构。通过技术研究与示范，在春玉米田套种冬绿肥二月兰，有可利用的茬口、有发展的空间、有适宜的播种期，技术可行，操作简单。农田春玉米套种二月兰技术模式是指在春玉米收获后（9月中旬）翻耕土壤，播种二月兰种子；或在春玉米生长季的7、8月份雨季，随农事操作将二月兰种子撒播于玉米行间，二月兰与春玉米生长后期有一段共生时间。两种播种方式均可保证二月兰出苗率，且越冬成活率高。来年春玉米播前10天左右翻压二月兰做绿肥，即"春玉米—二月兰"粮肥周年生产模式。

2. 果园培肥、覆盖型技术模式

果园发展绿肥，要求绿肥品种根系浅，矮秆或匍匐生，草层在50cm以下，覆盖度大，保墒效果好，适应性强，耐阴耐践踏，耗水量较少。冬绿肥二月兰病虫害少，根系浅，株高在30～40cm，生物量大，土壤覆盖度好，花期长，花朵绚丽，适宜发展果园覆盖型绿肥模式。该模式是指在果树行间及树下适期播种二月兰，在春季二月兰生物量较大的4月底至5月初翻压做绿肥，或不翻压利用二月兰自播能力强的特点，夏季自然落籽，秋季自然生长，在春秋及冬前以绿色植物体覆盖地表，夏季以秸秆覆盖地表，达到常年覆盖的效果。果园绿肥模式方法简单，覆盖效果良好，且无需人工特殊管理。

四、主要技术措施

1. 抓好适期播种

9月上中旬足墒撒种，农田套种要在7～8月下雨前后足墒撒种，保障出苗率及越冬成活率。

2. 抓好冬前管理

一般正常播种的二月兰，在冬前肉质根能积累足够多的能量，均可以安全越冬；对于播种晚、苗弱的二月兰，可冬前灌防冻水保证安全越冬。

3. 抓好春季返青，保障苗齐、苗壮

对于春季土壤特别干旱的地块，可浇一次返青水，促进返青成活。

4. 抓好春季管理，保障较高生物量

二月兰返青后，一般均可正常生长。对于需要采食菜薹的地块可多浇水，促进菜薹鲜嫩，提高口感。

5. 抓好适期翻压，保障不误下茬农时

绿肥翻压过早生物量不足，翻压过晚，植株木质程度高不易腐烂，影响下茬播种质量。二月兰最佳翻压期是4月底至5月初，此时正值盛花期，生物量最大。翻压时要掌握"一深二严三及时"的原则。

第七节　腐殖酸肥料的施用技术

当前，腐殖酸类肥料还在不断开发之中，其产品质检多为行业和地方标准，施用方法也因产品而异。

一、腐殖酸钠

腐殖酸钠国家行业技术标准 ZBG21005—87 规定，一、二、三等产品的腐殖酸含量（干基）分别不低于 70%、55%、40%，pH 分别为 8.0～9.0、9.0～11.0、9.0～11.0，水不溶物含量（干基）分别不超过 10%、20%、25%。

施用方法主要是配成溶液后浇施、拌种和做叶面肥。其中，配成0.05%～0.1%浓度后做基肥，施 3 000～3 750kg/hm²，最好与农家肥拌施；做追肥施 2 250～3 000kg/hm²，随水施用或浇施作物根旁。种植前浸种或叶面喷施的浓度为 0.05%～0.5%，浸种时间一般为 5～10h，水稻、棉花为 24h；叶面喷施宜在开花后至灌浆初期进行，共喷 2～3 次。

二、腐殖酸铵

腐殖酸铵按化工行业标准 HG/T 3276—1978 的规定，一、二等产品的水溶性腐殖酸含量（干基）分别不低于 35% 和 25%，速效氮的含量（干基）分别不低于 4% 和 3%。施用方法和用量与腐殖酸铵相同，特别适宜盐碱地、涝洼地、沙性土和板结黏性土。

含腐殖酸水溶性肥料是腐殖酸添加适量氮磷钾，或微量元素制成的液体或固体肥料。行业技术标准（NY 1106—2010）规定，含大量元素腐殖酸肥的Ⅰ型和Ⅱ型固体产品的腐殖酸含量分别不低于 3% 和 4%，氮磷钾养分总含量分别不低于 35% 和 20%；液体产品的腐殖酸含量分别不低于 30g/L 和 40g/L，氮磷钾养分总含量分别不低于 350g/L 和 200g/L。微量元素型含腐殖酸肥料的腐殖酸和微量元素含量分别不低于 3% 和 6%。水不溶性物质含量较低，固体和液体产品的含量分别不得高于 5.0% 和 50g/L。

在施用方法上，水溶性固体或液体产品主要作叶面肥、种肥或浸种、浸根。具体方法可参照产品说明书，一般要稀释 800 倍左右。大量元素型含腐殖酸水溶性肥料也可以用于基肥或追肥，但由于成本较高，施用量有限，应与农家肥和常规化肥配合施用。

三、氨基酸肥料

氨基酸与钙、微量元素等制剂混合浓缩得到的水溶性肥料主要做氨基酸叶面肥。农业部技术标准（NY 1106—2010）规定，微量元素型含氨基酸水溶肥料的游离氨基酸含量，固体产品和液体产品分别不低于10%和100g/L；至少两种微量元素的总含量分别不低于2.0%和20g/L；水不溶物的含量分别不超过2.0%和50g/L。钙元素型含氨基酸水溶肥料也有固体产品和液体产品两种，各项指标与微量元素型相同，唯有钙元素含量，固体产品和液体产品分别不低于3.0%和30g/L。

氨基酸肥料在应用上主要做叶面肥，也可以用于浸种、拌种和蘸秧根。浸种一般在稀释液中浸泡6～8h，捞出晾干后播种；拌种是用稀释液喷施种子表面，放置6h后播种。

多肽类肥料肽是蛋白质降解成氨基酸，或有氨基酸合成蛋白质的中间产物，即是氨基酸的聚合体。例如，所谓多肽增效肥料就是通过特定工艺在肥料中添加水溶性多肽——聚天冬氨酸而制成的。聚天冬氨酸（SASP）可以人工合成，其天然物质存在于贝壳类海洋生物的黏液中。实践表明，多肽类肥料有显著增产作用。再如，由澳大利亚研发，国内已有厂家生产的多肽增效尿素，就是在现代尿素生产工艺中加入金属蛋白酶而制成的。金属蛋白酶是一种含有金属离子，并依靠这些离子催化肽键水解的蛋白水解酶，无毒、无污染、可降解，不但本身含氮，还可活化磷钾等养分，有助于破除土壤板结。

目前国内多肽类肥料正处于开发之中，尚无国家或行业技术标准，其施用方法要参阅产品说明书，效应大小应以实际效果为准。

第八节　缓控释肥的施用技术

目前缓控释肥根据不同控释时期和养分含量有多个种类，不同控释期主要对应于作物生育期的长短，不同养分含量主要对应不同作物的需肥量，因此施肥过程中一定要有针对性地选择施用，像玉米，一般选择控释期3个月的较为适宜，养分含量要因地制宜选择。

一、使用缓控释肥的原则

使用缓控释的原则是肥料的养分释放规律要与作物的养分需求规律同步。释放期太长，生长前期氮素供应不足，发苗差，影响后期生长和产量形成；释放期太短，氮素在生育前期释放量大，容易出现烧苗现象和加剧氮肥损失，而中后期氮素供应不足，最终影响产量。缓控释肥或含缓控释肥的复合肥一般作为基肥施用。

二、将缓控释肥与测土配方施肥相结合

选择相近的肥料配方，就能更有效地利用土壤养分，既减少缓控释肥料用

量，提高肥料利用率，又降低施肥成本。

三、根据作物生育期长短选择不同释放周期的缓控释肥

也可使用"种肥同播"技术，即在作物播种时一次性将缓控释肥施下去，解决了农民对作物需肥量把握不准的问题，同时又省工、省时、省力。市场上缓控释肥控释期有 70d、90d、120d，可根据作物生育期选择。如棉花选 90d 的，水稻选 70d。

四、施肥方法

对于水稻、小麦等根系密集且分布均匀的作物，可以在插秧或播种前按照推荐的专用包膜控释肥施用量一次性均匀撒施于地表，耕翻后种植，生长期内可以不再追肥。对于玉米、棉花等行距较大的作物，按照推荐的专用控释肥施用量一次性开沟基施于种子侧部，注意种肥隔离，以免烧种或烧苗。对于花生、大豆自身能够固氮的作物，缓控释肥配方以低氮高磷高钾型为好。作为基肥底施，施用量因产量、地力不同而异。

五、注意事项

一要注意种（苗）肥隔离，以防止烧种、烧苗，作为底肥施用，注意覆土，防止养分流失。

二要注意缓控释肥的养分释放速度和周期与土壤温度、湿度等因素有关，异常气候下出现脱肥时应及时追施速效氮肥，如尿素、硫铵等肥料。

第九节　复合肥料的施用技术

一、科学施用复混肥料

1. 施肥时期

做基肥施用要尽早，可结合耕耙施用。从而使复混肥料中的磷、钾（尤其是磷）充分发挥作用。复混肥料做追肥施用，可以与单一氮肥一起施用，或早期施用。

2. 施肥量

复混肥含有多种养分，大都属氮、磷、钾三元型。其施肥量以氮量作为计量依据。一般作物以氮为主要养分（豆科作物的专用肥除外），养分比例中均以氮为 1，配以相应的磷、钾养分。对一个地区的某种作物，实际计算施肥量时，可从当地习惯施用的单一氮肥用量换算。复混肥料施用量较单一氮肥大，因为其中含有磷、钾元素及许多副成分，一般大田作物施用量为 750kg/hm²，

经济作物施肥量为 1 500kg/hm²。

3. 施肥深度

施肥深度对肥效的影响很大,应将肥料施于作物根系分布的土层,使耕作层下部土壤的养分得到较多补充,以促进平衡供肥。随着作物的生长,根系将不断向下部土壤伸展。除少数生长期短的作物外,多数作物中晚期的吸收根系可分布至 30～50cm 的土层。早期作物以吸收上部耕层养分为主,中晚期从下层吸收较多。因此,对集中作基肥施用的复混肥分层施肥处理,较一层施用肥效可提高 4％～10％。

二、抓住复合肥的特点施用

1. 要与多种肥料配合施用

虽然现在大多数复合肥都是多元的,但仍然不能完全取代有机肥,有条件的地方应尽量增加腐熟有机肥的施用量。复合肥与有机肥配合施用,可提高肥效和养分的利用率。有机肥的施用,不仅改良土壤,活化土壤中的有益微生物,更重要的是节省能源,减轻环境的污染。使用一些生物有机肥,不但可免去传统制作有机肥的繁琐过程,而且可为土壤提供大量的有益微生物,活化土壤养分,减少连作障碍。某些专用复合肥虽然根据作物的需肥特点、土壤的供肥特性确定了适宜的养分配比,但也很难完全符合不同肥力水平土壤上作物实际生长的要求,因此有必要根据作物的实际生长情况,再配合使用一些单质肥。如在缺氮土壤上对需氮较多的叶菜类需使用一些氮肥,在缺钾土壤上对需钾较多的西瓜后期要使用一些钾肥。

2. 复合肥肥效长,宜做基肥

大量试验表明,不论是二元还是三元复合肥均以基施为好。这是因为复合肥中含有氮、磷、钾等多种养分,作物前期尤其对磷、钾极为敏感,要求磷、钾肥要做基肥早施。控释复合肥在生产过程中采用了包衣、造粒等工艺,肥效缓慢平稳,比单质化肥分解慢,养分淋失少,利用率高,适合于作基肥。一般每亩用量为 30～40kg。复合肥不宜用于苗期肥和中后期肥,以防贪青徒长。复合肥分解较慢,对播种时用复合肥做底肥的作物,应根据不同作物的需肥规律,在追肥时及时补充速效氮肥,以满足作物营养需要。

3. 复合肥浓度差异较大,应注意选择合适的浓度

目前,多数复合肥是按照某一区域土壤类型平均养分状况和大宗农作物需肥比例配置而成。市场上有高、中、低浓度系列复合,一般低浓度总养分为25％～30％,中浓度为 30％～40％,高浓度在 40％以上。要因地域、土壤、作物不同,选择使用经济、高效的复合肥。一般高浓度复合肥用在经济类作物上，品质优，残渣少，利用率高。复合肥浓度较高，要避免种子与肥料直接接触。复合肥养分含量高，若与种子或幼苗根系直接接触，会影响出苗甚至烧苗、烂根。播种时，种子要与穴施、条施复合肥相距5～10cm。

4. 复合肥配比原料不同，应注意养分成分的使用范围

不同品牌、不同浓度复合肥所使用原料不同，生产上要根据土壤类型和作物种类选择使用。含硝酸根的复合肥，不要在叶菜类和水田里使用；含铵离子的复合肥，不宜在盐碱地上施用；含氯化钾或氯离子的复合肥不要在忌氯作物或盐碱地上使用；含硫酸钾的复合肥，不宜在水田和酸性土壤中施用。否则，将降低肥效，甚至毒害作物。复合肥中含有两种或两种以上大量元素，氮素施易挥发损失或雨水流失，磷、钾易被土壤固定，特别是磷在土壤中移动性小，施于地表不易被作物根系吸收利用，也不利于根系深扎，遇干旱情况肥料无法溶解，肥效更差，所以复合肥应深施覆土。正确使用复合肥，会带来良好的收益。另外在选择复合肥时也要注意所含的养分情况以及包装和生产厂家，谨防受骗。

5. 复合肥料一般不宜做追肥或水冲施肥

其中的磷肥，即使是全水溶态，施在土表也很少向下移动，作物根系难以利用。尽管有的菜农朋友们习惯将进口的通用型45%（15%-15%-15%）含量的复合肥用水溶化后浇灌叶菜有明显肥效，但是其养分利用率较低，不仅浪费肥料，成本也不合算。

三、复合肥施用的注意事项

复合肥使用时应注意以下问题：

1. 铵态氮肥不宜与碱性肥料混用

铵态氮肥与碱性肥料混合施用会产生氨气挥发，造成氮素损失，降低肥效。常用的铵态氮肥有碳酸氢铵、硫酸铵、氯化铵、磷酸铵等，碱性肥料有钢渣磷肥、石灰氮、石灰、草木灰等。

2. 速效磷肥不宜与碱性肥料混用

速效磷肥如过磷酸钙、重过磷酸钙与碱性肥料混合后，会引起磷酸退化作用，减少水溶性磷的含量，降低磷肥的肥效。

3. 硝态氮肥不宜与有机肥混用

有机肥含有较多的有机物质，遇硝态氮肥会在反硝化细菌的作用下发生反硝化作用，使氮素损失。常用的硝态氮肥有硝酸铵、硝酸钠、硝酸铵钙等。

4. 腐熟的有机肥不宜与碱性肥料混用

各种腐熟程度高的有机肥料含有较多的速效养分，其中的氮多以铵态氮形式存在，若与碱性肥料混合，会造成氨的挥发，降低有机肥养分含量。

5. 矿质氮肥不宜与未腐熟的有机肥混用

未腐熟的有机肥含有大量纤维素，碳多氮少，微生物在分解纤维素的同时会吸收大量的矿质态氮，使无机氮转变成有机氮，延缓氮肥肥效。所以，含有较多纤维素的新鲜有机肥，最好不要与矿质氮肥直接混用。一般需先堆沤使其腐熟后再与矿质氮肥混合施用。

6. 锌肥不宜与磷肥混用

把硫酸锌等锌肥和磷肥混合在一起施用，会形成不易溶解于水的磷酸锌，农作物的根系对这种锌很难吸收利用。因此，施用硫酸锌时，一定要避免与过磷酸钙、重过磷酸钙、磷酸二铵和磷酸二氢钾等磷肥接触，更不能混合在一起施用。

7. 化学肥料不宜与细菌性肥料混用

化学肥料有较强的腐蚀性、挥发性和吸水性，若与根瘤菌等细菌性肥料混合施用，会杀伤或抑制活菌体使细菌性肥料失效。

第十节　沼肥的施用技术

2009 年 3 月，北京市新农村建设领导小组综合办公室提出《北京市新农村"三起来"工程建设规划（2009—2012 年)》，在京郊大力发展农村沼气集中供气工程，为京郊农民提供方便的同时，也产生了大量的沼渣沼液，据统计每年将集中产生 57 万 t 沼渣和 209 万 t 沼液。沼液和沼渣总称为沼肥，是生物质经过沼气池厌氧发酵的产物。沼液中含有丰富的氮、磷、钾、钠、钨等营养元素，可以作为农作物优质的肥料资源，但是沼液中含有病菌，甚至重金属，不能直接使用。如果每年产生的大量沼渣沼液找不到"出口"，而随意排放，不仅背离了"三起来"工程实施的初衷，也会造成环境污染，尤其是造成北运河流域内的水体污染。因此，北京市土肥工作站开展了沼肥农用技术的研究，针对京郊大型沼气站的发酵残留物沼渣和沼液的混合液作为农用肥料，与化肥配合施用，提出了一套京郊主栽作物综合配套施用技术。

一、施用基本原则

1. 底肥

沼渣沼液混合液可以作为底肥，直接泼洒田面，并立即翻耕。沼渣沼液直接施用，对当季作物有良好的增产效果；若连续施用，则能起到改良土壤、培肥地力的作用。

2. 根部追肥

可以直接开沟挖穴浇灌作物根部周围，并覆土以提高肥效。有水利条件的地方，可结合农田灌溉，把混合液加入水中，随水均匀施入田间。

3. 叶面追肥

取自正常产气 1 个月以上的沼气池，澄清、纱布过滤。幼苗、嫩叶期 1 份沼液加 1～2 份清水；夏季高温，1 份沼液加 1 份清水；气温较低，生长中后期，可不加清水。喷施时，以叶背面为主，以利吸收；喷施应在春、秋、冬季上午露水干后进行，夏季傍晚为好，中午高温及暴雨前不要喷施。

二、注意事项

1. 忌出发酵池后立即施用

沼肥的还原性强，出池后的沼肥立即施用，会与作物争夺土壤中的氧气，影响种子发芽和根系发育，导致作物叶片发黄、凋萎。因此，沼液从发酵塔出池后，应先在贮粪池中存放 5～7d 施用。

2. 忌过量施用

沼液施用也应考虑施用量，不能盲目大量施用，否则会导致作物徒长，行间荫蔽，造成减产。

3. 忌与草木灰、石灰等碱性肥料混施

草木灰、石灰等物质碱性较强，与沼液混合，会造成氮肥的损失，降低肥效。

4. 对于果树施肥，不同树龄应采用不同的施肥方法

幼树施用沼液应以树冠为直径向外环向开沟，开沟不宜太深，一般为10～35cm 深、20～30cm 宽，施后用土覆盖，以后每年施肥要错位开穴，并每年向外扩散，充分发挥其肥效。成龄树可成辐射状开沟，并轮换错位，开沟不宜太深，不要损伤根系，施肥后覆土。

5. 沼液宜与化肥配合施用

沼液中养分相对含量较低，因此，要达到合理、适用、经济的最佳效果，还要与化肥配合施用。

三、京郊主栽作物沼渣沼液混合体与化肥配合施用技术规程

通过 2009 年对京郊 46 个大型沼气站的取样调查结果，初步摸清了不同原料发酵残余物的养分情况，以等氮养分计算，$1m^3$ 牛粪的养分相当于 $0.71m^3$ 鸡粪或 $0.81m^3$ 猪粪（表 6-2）。在耕地肥力、产量水平中等条件下，以牛粪发酵所产生的沼渣、沼液混合液为例，提出如下主栽作物沼渣沼液混合体与化肥

配合施用技术规程。

表 6-2　京郊大型沼气站沼渣沼液混合液养分含量

发酵原料	牛粪	猪粪	鸡粪
沼渣沼液混合液全氮含量（％）	0.29	0.36	0.40

注：检测牛粪样品 16 个，猪粪样品 20 个，鸡粪样品 6 个。

1. 小麦

底肥每亩施沼渣沼液混合液 4～5m³ 后，翻地做畦，播种时亩施小麦专用复合肥（45％）15～20kg；在小麦返青期亩追施沼渣沼液混合液 2～3m³；分别在返青期、拔节期喷施浓度 50％沼液一次（表 6-3）。

表 6-3　冬小麦沼渣沼液混合液科学施用推荐卡

产量水平（kg/亩）	施用方式	施用时期	肥料名称	亩施用量
350～400	基施	播种前	沼渣沼液混合液	4～5m³
		种肥	小麦专用复合肥	15～20kg
	追施	返青期	沼渣沼液混合液	2～3m³
	叶面喷施	返青期	沼液	50％（浓度）
		拔节期	沼液	50％（浓度）

以牛粪发酵所产生的沼渣沼液混合液为例，以下同。

2. 春玉米

底肥推荐玉米专用复合肥（45％）35～40kg；在小喇叭口期追施沼渣沼液混合液 3～4m³；在小喇叭口期、大喇叭口期各喷施浓度 50％沼液各一次（表 6-4）。

表 6-4　玉米沼渣沼液混合液科学施用推荐卡

产量水平（kg/亩）	施用方式	施用时期	肥料名称	亩施用量
500～650	基施	种肥	玉米专用复合肥	30～35kg
	追肥	小喇叭口期	沼渣沼液混合液	3～4m³
	叶面喷施	小喇叭口期	沼液	50％（浓度）
		大喇叭口期	沼液	50％（浓度）

3. 夏玉米

底肥推荐玉米专用复合肥（45％）30～35kg；在小喇叭口期追施沼渣沼

液混合液 2～3m³；小喇叭口期、大喇叭口期各喷施浓度 50％沼液各一次（表 6-5）。

表 6-5　夏玉米沼渣沼液混合液科学施用推荐卡

产量水平（kg/亩）	施用方式	施用时期	肥料名称	亩施用量
400～450	基施	种肥	玉米专用复合肥	30～35kg
	追肥	小喇叭口期	沼渣沼液混合液	2～3m³
	叶面喷施	小喇叭口期	沼液	50％（浓度）
		大喇叭口期	沼液	50％（浓度）

4. 花生

底肥每亩施沼渣沼液混合液 3.5～4.5m³，花生专用复合肥（45％）10～15kg；生育期不再追肥，在结荚期喷施浓度 50％沼液一次（表 6-6）。

表 6-6　花生沼渣沼液混合液科学施用推荐卡

产量水平（kg/亩）	施用方式	施用时期	肥料名称	亩施用量
250～300	基施	播种前	沼渣沼液混合液	3.5～4.5m³
		种肥	花生专用复合肥	10～15kg
	叶面喷施	结荚期	沼液	50％（浓度）

5. 甘薯

底肥每亩施沼渣沼液混合液 4～5m³，尿素 4～5kg，磷酸二铵 13～17kg，硫酸钾 5～7kg；生育期不再追肥，在薯块膨大期喷施浓度 50％沼液一次（表 6-7）。

表 6-7　甘薯沼渣沼液混合液科学施用推荐卡

产量水平（kg/亩）	施用方式	施用时期	肥料名称	亩施用量
2 000～2 250	基施	定植前	沼渣沼液混合液	4～5m³
		种肥	尿素	4～5kg
			磷酸二铵	13～17kg
			硫酸钾	5～7kg
	叶面喷施	薯块膨大期	沼液	50％（浓度）

6. 菠菜

底肥每亩施沼渣沼液 3.5～4.5m³；在生长旺盛期追施尿素 10kg、硫酸钾

6kg；喷施浓度 50％沼液 1 次（表 6-8）。

表 6-8　菠菜沼渣沼液混合液科学施用推荐卡

产量水平（kg/亩）	施用方式	施用时期	肥料名称	亩施用量
2 000～2 500	基施	播种前	沼渣沼液混合液	3.5～4.5m³
	追肥	生长旺盛期	尿素	10kg
			硫酸钾	6kg
	叶面喷施	生长旺盛期	沼液	50％（浓度）

7. 番茄

底肥每亩施沼渣沼液混合液 6.5～7.5m³，45％低磷三元复合肥 25～30kg；在第一穗果膨大期追施尿素 12kg、硫酸钾 8kg，在第二穗果膨大期追施沼渣沼液混合液 2.5～3.5m³，在第三穗果膨大期分别追施尿素 10kg、硫酸钾 6kg；分别在第一、三穗果膨大期喷施浓度 50％沼液各一次（表 6-9）。

表 6-9　番茄沼渣沼液混合液科学施用推荐卡

产量水平（kg/亩）	施用方式	施用时期	肥料名称	亩施用量
	基施	定植前	沼渣沼液混合液	6.5～7.5m³
			45％低磷三元复合肥	25～30kg
		第一穗果膨大期	尿素	12kg
			硫酸钾	8kg
4 500～5 000	追施	第二穗果膨大期	沼渣沼液混合液	2.5～3.5m³
		第三穗果膨大期	尿素	10kg
			硫酸钾	6kg
	叶面喷施	第一穗果膨大期	沼液	50％（浓度）
		第三穗果膨大期	沼液	50％（浓度）

8. 黄瓜

底肥每亩施沼渣沼液混合液 7.5～8.5m³，45％低磷三元复合肥 30～35kg；在第一次根瓜收获后追施尿素 10kg、硫酸钾 8kg，以后每隔 15d 左右追肥一次，第二次追施沼渣沼液混合液 2.5～3.5m³，第三次追施尿素 8kg、硫酸钾 6kg，第四次追施沼渣沼液混合液 2.5～3.5m³；分别在第一、三次追肥喷施浓度 50％沼液各一次（表 6-10）。

表6-10　黄瓜沼渣沼液混合液科学施用推荐卡

产量水平（kg/亩）	施用方式	施用时期	肥料名称	亩施用量
3500～4500	基施	定植前	沼渣沼液混合液	7.5～8.5m³
			45％低磷三元复合肥	30～35kg
	追施	第一次追肥	尿素	10kg
			硫酸钾	8kg
		第二次追肥	沼渣沼液混合液	2.5～3.5m³
		第三次追肥	尿素	8kg
			硫酸钾	6kg
		第四次追肥	沼渣沼液混合液	2.5～3.5m³
	叶面喷施	第一次追肥	沼液	50％（浓度）
		第三次追肥	沼液	50％（浓度）

9. 大椒

底肥每亩施沼渣沼液混合液 4.5～5.5m³，45％低磷三元复合肥 20～25kg；在门椒膨大期追施尿素 15kg、硫酸钾 9kg，在对椒膨大期追施沼渣沼液混合液 1.5～2.5m³，在四母斗膨大期追施尿素 10kg、硫酸钾 6kg；分别在门椒膨大期、四母斗膨大期喷施浓度 50％沼液各一次（表6-11）。

表6-11　大椒沼渣沼液混合液科学施用推荐卡

产量水平（kg/亩）	施用方式	施用时期	肥料名称	亩施用量
3 000～4 000	基施	定植前	沼渣沼液混合液	4.5～5.5m³
			45％低磷三元复合肥	20～25kg
	追肥	门椒膨大期	尿素	15kg
			硫酸钾	9kg
		对椒膨大期	沼渣沼液混合液	1.5～2.5m³
		四母斗膨大期	尿素	10kg
			硫酸钾	6kg
	叶面喷施	门椒膨大期	沼液	50％（浓度）
		四母斗膨大期	沼液	50％（浓度）

10. 茄子

底肥每亩施沼渣沼液混合液 5.5～6.5m³，45％低磷三元复合肥 25～30kg；在门茄膨大期追施尿素 15kg、硫酸钾 10kg，在对茄膨大期追施沼渣沼液混合液 2.5～3.5m³，在四母斗膨大期追施尿素 10kg、硫酸钾 6kg；分别在门茄膨大期、四母斗膨大期喷施浓度 50％沼液各一次（表6-12）。

表 6-12　茄子沼渣沼液混合液科学施用推荐卡

产量水平（kg/亩）	施用方式	施用时期	肥料名称	亩施用量
3 500～4 500	基施	定植前	沼渣沼液混合液	5.5～6.5m³
			45％低磷三元复合肥	25～30kg
	追肥	门椒膨大期	尿素	15kg
			硫酸钾	10kg
		对椒膨大期	沼渣沼液混合液	2.5～3.5m³
		四母斗膨大期	尿素	10kg
			硫酸钾	6kg
	叶面喷施	门椒膨大期	沼液	50％（浓度）
		四母斗膨大期	沼液	50％（浓度）

11. 大白菜

底肥每亩施沼渣沼液混合液 3.5～4.5m³，45％高氮三元复合肥 20～25kg；在莲座期追施沼渣沼液混合液 2.5～3.5m³，结球初期追施尿素 14kg、硫酸钾 10kg，结球中期追施沼渣沼液混合液 2.5 到 3.5m³；在结球初期喷施浓度 50％沼液一次（表 6-13）。

表 6-13　大白菜沼渣沼液混合液科学施用推荐卡

产量水平（kg/亩）	施用方式	施用时期	肥料名称	亩施用量
5 000～6 000	基施	播种前	沼渣沼液混合液	3.5～4.5m³
			45％高氮三元复合肥	20～25kg
	追肥	莲座期	沼渣沼液混合液	2.5～3.5m³
		结球初期	尿素	14kg
			硫酸钾	10kg
		结球中期	沼渣沼液混合液	2.5～3.5m³
	叶面喷施	结球初期	沼液	50％（浓度）

12. 结球生菜

底肥每亩施沼渣沼液混合液 3.5～4.5m³，45％高氮三元复合肥 15～20kg；在莲座期追施沼液混合液 1.5～2.5m³，结球初期追施尿素 11kg、硫酸钾 7kg，结球中期追施尿素 9kg、硫酸钾 5kg；分别在结球初期、结球中期喷施浓度 50％沼液各一次（表 6-14）。

表6-14 结球生菜沼渣沼液混合液科学施用推荐卡

产量水平（kg/亩）	施用方式	施用时期	肥料名称	亩施用量
2 500～3 500	基施	播种前	沼渣沼液混合液	3.5～4.5m³
			45％高氮三元复合肥	15～20kg
	追肥	莲座期	沼渣沼液混合液	1.5～2.5m³
		结球初期	尿素	11kg
			硫酸钾	7kg
		结球中期	尿素	9kg
			硫酸钾	5kg
	叶面喷施	结球初期	沼液	50％（浓度）
		结球中期	沼液	50％（浓度）

13. 芹菜

底肥每亩施沼渣沼液混合液 3.5～4.5m³，45％高氮三元复合肥 20～25kg；在心叶生长期追施沼液混合液 2～3m³，旺盛生长前期追施尿素 12kg、硫酸钾 6kg，旺盛生长中期追施尿素 8kg、硫酸钾 5kg；分别在旺盛生长前期、旺盛生长中期喷施浓度 50％沼液各一次（表6-15）。

表6-15 芹菜沼渣沼液混合液科学施用推荐卡

产量水平（kg/亩）	施用方式	施用时期	肥料名称	亩施用量
4 000～5 000	基施	定植前	沼渣沼液混合液	3.5～4.5m³
			45％高氮三元复合肥	20～25kg
	追肥	心叶生长期	沼渣沼液混合液	2～3m³
		旺盛生长前期	尿素	12kg
			硫酸钾	6kg
		旺盛生长中期	尿素	8kg
			硫酸钾	5kg
	叶面喷施	旺盛生长前期	沼液	50％（浓度）
		旺盛生长中期	沼液	50％（浓度）

14. 花椰菜

底肥每亩施沼渣沼液 5.5～6.5m³，45％三元复合肥 25～30kg；在莲座期追施沼液混合液 2.5～3.5m³，花球初期追施尿素 16kg、硫酸钾 7kg，花球中期追施尿素 12kg、硫酸钾 6kg；分别在花球初期、花球中期喷施浓度 50％沼液各一次（表6-16）。

表 6-16   花椰菜沼渣沼液混合液科学施用推荐卡

产量水平（kg/亩）	施用方式	施用时期	肥料名称	亩施用量
2 000～2 500	基施	播种前	沼渣沼液混合液	5.6～6.5m³
			45％高氮三元复合肥	25～30kg
	追肥	莲座期	沼渣沼液混合液	2.5～3.5m³
		花球初期	尿素	16kg
			硫酸钾	7kg
		花球中期	尿素	12kg
			硫酸钾	6kg
	叶面喷施	花球初期	沼液	50％（浓度）
		结球中期	沼液	50％（浓度）

15. 大桃

底肥秋末每亩施沼渣沼液混合液 6.5～7.5m³；在萌芽期追施沼渣沼液混合液 2.5～3.5m³，硬核期追施尿素 12kg，硫酸钾 8kg；在硬核期喷施浓度 50％沼液一次（表 6-17）。

表 6-17   大桃沼渣沼液混合液科学施用推荐卡

产量水平（kg/亩）	施用方式	施用时期	肥料名称	亩施用量
3 000～3 500	基施	秋季大桃收获后	沼渣沼液混合液	6～7m³
	追肥	萌芽期	沼渣沼液混合液	2.5～3.5m³
		硬核期	尿素	12kg
			硫酸钾	8kg
	叶面喷施	硬核期	沼液	50％（浓度）

16. 苹果

底肥秋末每亩施沼渣沼液混合液 6.5～7.5m³；在萌芽期追施沼渣沼液混合液 3～4m³，幼果膨大期追施尿素 14kg，硫酸钾 8kg；幼果膨大期在喷施浓度 50％沼液一次（表 6-18）。

表 6-18   苹果沼渣沼液混合液科学施用推荐卡

产量水平（kg/亩）	施用方式	施用时期	肥料名称	亩施用量
3 500～4 000	基施	秋末苹果收获后	沼渣沼液混合液	6.5～7.5m³
	追肥	萌芽期	沼渣沼液混合液	3～4m³
		幼果膨大期	尿素	14kg
			硫酸钾	8kg
	叶面喷施	幼果膨大期	沼液	50％（浓度）

17. 葡萄

底肥秋末每亩施沼渣沼液混合液 6.5～7.5m³；在开花期追施沼渣沼液混合液 4～5m³，幼果膨大期追施尿素 12kg，硫酸钾 7kg；在幼果膨大期喷施浓度 50％沼液一次（表 6-19）。

表 6-19　葡萄沼渣沼液混合液科学施用推荐卡

产量水平（kg/亩）	施用方式	施用时期	肥料名称	亩施用量
3 500～4 000	基施	秋末葡萄收获后	沼渣沼液混合液	6.5～7.5m³
		开花期	沼渣沼液混合液	4～5m³
	追肥	幼果膨大期	尿素	12kg
			硫酸钾	7kg
	叶面喷施	幼果膨大期	沼液	50％（浓度）

第十一节　土壤调理剂的施用技术

针对我国大面积性状不良的中低产田和逆境土壤，除了通过合理施肥和耕作来提高土壤肥力外，科学使用土壤调理剂也是一项有效措施。它能够改良土壤，提高土壤肥力，虽然没有直接为作物提供养分，却为提高植物营养提供了有利条件。调理剂的选用主要看调理剂的改土目标、改土效果和材料特点等。具体要考虑以下几个方面。

一、根据调理剂的材料特点选择与使用调理剂

如果是天然资源调理剂，施用量可以大一些，而且适宜用量的范围较宽；而人工合成的调理剂，因效能和成本均较高，则用量要少得多。例如，风化煤加入适量氨水或与碳酸氢铵堆腐用于培肥改土，每亩施用量为 30～100kg，可撒施后耕翻入土或沟施、穴施；聚丙烯酰胺以增加土壤团粒结构为主要目的，适宜用量一般为 1.33～13.3kg，可液状喷施地表或干撒于表土，用圆盘耙翻土混匀。要注意调理剂用量少了不起作用，多了不但成本增加，还可能收到相反的效果。

二、根据调理剂的施用条件选择与施用调理剂

土壤条件对调理剂的施用效果影响较大。土壤墒情影响调理剂散布均匀性，土壤含水量过高，耕性较差，田间操作困难，而且难以混拌均匀；土壤质地影响调理剂对土粒的团聚性，黏土较砂土的团聚效果好，有机质含量高的较含量低的效果好。购买或施用土壤调理剂不仅要考虑改土需要，还要考

虑经济条件，量力而行。首先要充分利用廉价的天然资源，如草炭/秸秆、石灰、石膏等矿物质。但有机物料和天然矿物的用量较大，应就近开发，就近施用。

三、购买或施用土壤调理剂不仅要考虑改土需要，还要量力而行

首先要充分利用廉价的天然资源，如草炭、秸秆及石灰、石膏等矿物质。但有机物料和天然矿物的用量较大，应就近开发，就近施用。

第十二节　中微量元素的施用技术

在植物生长发育过程中，中量元素钙、镁、硫和微量元素硼、铁、锌、锰、铜、钼是植物正常生长所必需的，具有各自独特的生理功能，是不能被大量营养元素替代的。因此，在农业生产中，按平衡施肥技术的要求，正确分析不同作物需肥特性，掌握不同土壤供肥状况和肥料释放相关特点，科学合理施用中微量元素肥料。微量元素肥料的施用方法很多，可做基肥、种肥、追肥、施入土壤，但多做种子处理和根外喷施。

一、钙肥

因钙肥大部分为非水溶性的，通常用做基肥，撒施要力求均匀，防止局部土壤过碱或过酸，也可条施、穴施。钙肥不宜连续大量施用，施用过多会降低硼、锌等微量元素的有效性和造成土壤板结。石灰旱地基施以 $375\sim750kg/hm^2$ 为宜，稻田一般基施 $225\sim375kg/hm^2$，分蘖和幼穗分化始期再追施 $375kg/hm^2$，当土壤基施钙肥无效时，应叶面喷施水溶性钙肥，如硝酸钙、氯化钙、螯合钙，使用浓度因肥料、作物而异，果树、蔬菜上一般选用 $0.3\%\sim1.0\%$ 硝酸钙溶液。

二、镁肥

镁肥可做基肥、追肥或叶面喷施。施用镁肥时应根据土壤酸碱度选择适宜的镁肥品种，对中性和碱性土壤，宜选用速效的生理酸性镁肥，如硫酸镁；对酸性土壤以选用碳酸镁为好。硫酸镁作基肥用量为 $112.5kg/hm^2$ 左右，追肥用量为 $15\sim22.5kg/hm^2$。在作物生长前期、中期进行叶面喷施效果好，但不同作物及同一作物的不同生育时期要求喷施浓度不同，如大田作物（水稻、棉花、玉米）选用 $0.3\%\sim0.8\%$ 硫酸镁溶液；果树一般喷施 $0.5\%\sim2.0\%$ 硫酸镁溶液；蔬菜喷施 $0.5\%\sim1.5\%$ 硫酸镁溶液或 $0.5\%\sim1.0\%$ 硝酸镁溶液，叶面喷施镁肥时应连续喷施多次。

三、硫肥

硫肥一般做基肥施用，施用量因土壤、作物而异。旱地上可将石膏粉碎撒于地表，结合耕耙施入土中，基施 $225\sim375kg/hm^2$；稻田可将硫黄或石膏结合耕作基施或栽秧后撒施、塞秧根，用量 $75\sim150kg/hm^2$。对缺硫水稻用 $30\sim45kg/hm^2$ 蘸秧根。

四、硼肥

作物对硼的需要量和中毒量之间范围很窄，施硼肥必须谨慎。硼肥可以基施、追施、浸种、拌种和根外追施。基施硼砂用量为 $3.75\sim7.5kg/hm^2$，可与其他化肥或干土混匀施用，一定要施均匀，以免影响出苗；浸种用 $0.01\%\sim0.05\%$ 的硼砂或硼酸溶液，一般浸种 $6\sim12h$，拌种时 $1kg$ 种子用硼砂或硼酸 $0.4\sim1.0g$；土壤追施硼肥，在作物生长前期用 $3.75\sim7.5kg/hm^2$ 硼砂与氮肥均匀混合，在作物行间开沟条施或穴施。为防止土壤追施硼肥浓度过高而出现作物中毒，追肥通常采用根外追肥的方法，叶面喷施用 $0.05\%\sim0.2\%$ 硼砂溶液或 $0.02\%\sim0.1\%$ 硼酸溶液，喷液量为 $750\sim1\,125kg/hm^2$，应以多次喷施为好，一般喷 $2\sim3$ 次。

五、铁肥

可作基肥、种肥和叶面喷施。由于硫酸亚铁在土壤中会很快转化成难溶性高价铁而失效，果树缺铁时可以用 $75\sim150kg/hm^2$ 硫酸亚铁与 $10\sim20$ 倍有机肥混合均匀后基施；种肥常采用浸种或拌种的方法，一般浸种用 0.05% 硫酸亚铁溶液，浸泡 $18\sim24h$，拌种时 $1kg$ 种子用硫酸亚铁 $3\sim5g$；叶面喷施硫酸亚铁溶液浓度一般为 $0.1\%\sim0.2\%$，若在溶液中加配尿素和柠檬酸效果较好，连喷 $2\sim3$ 次，每隔 $5\sim7min$ 喷 1 次。

六、锌肥

硫酸锌可做基肥、种肥和叶面喷施。硫酸锌基施用量一般为 $15kg/hm^2$，先将 $1kg$ 硫酸锌与 $20\sim25kg$ 细干土或生理酸性肥料（但不能与磷肥混合）混合均匀，然后撒施后耕翻入土，也可条施、穴施；一般浸种用 $0.02\%\sim0.05\%$ 硫酸锌水溶液，浸 $12h$，拌种时硫酸锌用量通常为 $1kg$ 种子用硫酸锌 $2\sim6g$；叶面喷施硫酸锌时，一般作物喷施浓度为 $0.02\%\sim0.1\%$，玉米、水稻可用浓度为 $0.1\%\sim0.5\%$，配制硫酸锌溶液时若加入少量 0.2% 石灰水溶液以调节 pH，可避免伤害植株，提高应用效果。

七、锰肥

硫酸锰可以做基肥、浸种、拌种和叶面喷施。基施时用硫酸锰 $1\sim2kg/m^2$，与生理酸性肥料如硫酸铵、氯化钾混合均匀后条施或撒施；用于拌种时，一般禾本科作物 1kg 种子用硫酸锰 4g，豆作物 1kg 种子用硫酸锰 $8\sim12g$，甜菜 1kg 种子用硫酸锰 16g；硫酸锰溶液浸种浓度为 $0.1\%\sim0.2\%$，浸种时间为 $12\sim24h$；叶面喷施时，大田作物硫酸锰溶液浓度一般为 $0.05\%\sim0.1\%$，果树用 $0.3\%\sim0.4\%$，豆科作物以 0.03% 为好，水稻以 0.1% 为好，施用量为 $750\sim1\,200kg/hm^2$，一般喷 $1\sim2$ 次即可。

八、铜肥

硫酸铜可以做基肥、浸种、拌种和叶面喷施。作基肥一般用量为 $15\sim22.5kg/hm^2$，缺铜地区，可每隔 $3\sim5$ 年施用 1 次；浸种时用 $0.01\%\sim0.05\%$ 硫酸铜溶液浸 12h，拌种时 1kg 种子用硫酸铜 $0.3\sim0.6g$；叶面喷施一般作物常用浓度为 $0.02\%\sim0.04\%$，果树用 $0.2\%\sim0.4\%$，并加配硫酸铜用量的 $10\%\sim20\%$ 的熟石灰，以防毒害。

九、钼肥

由于钼肥较贵，作物需要量又少，很少用做基肥，一般都用做拌种、浸种和叶面喷施，既可节省用量，又有较好效果。拌种用量一般为 1kg 种子用钼酸铵 $2\sim6g$，浸种用 $0.05\%\sim0.1\%$ 的钼酸铵溶液浸 12h，浸过或拌过钼肥的种子，不能被人畜食用，以免中毒；叶面喷施钼酸铵溶液一般浓度为 $0.01\%\sim0.1\%$，喷施 $750\sim900kg/hm^2$，在作物苗期和蕾期喷施 $2\sim3$ 次，豆科作物配合根瘤菌剂施用效果更佳。

第七章 肥料的推广与管理

肥料的推广是科学使用肥料的基础性工作，特别是在我国，肥料推广尤其重要。与此同时，肥料的管理决定了肥料的质量和安全。本章首先讨论了肥料推广中的相关问题，并对北京市肥料推广的做法进行了总结。然后探讨了肥料管理中的相关问题，并介绍了北京市肥料管理体系的建设情况。

第一节 肥料推广

一、施肥技术推广及其发展

1. 我国农业技术推广服务体系的确立与发展历程

我国是有着五千年悠久农耕历史的农业大国，早在尧舜时代，后稷就从事"教民稼穑、树艺五谷"的农业技术推广工作，而周朝也开始设立专门的机构和官员进行"劝农""课桑""教稼"等工作，可以说政府介入、主导农业技术的推广应用在我国已经有很长的历史。

中华人民共和国成立以后，党和政府高度重视建设国家农业科技推广体系的问题。在1951年东北试办了农业技术推广站的基础上，于1953年由农业部颁布《农业技术推广方案》，要求各级政府设立专职的农业技术推广机构并配备专业人员；1954年，农业部正式颁布了《农业技术推广站工作条例》，明确规定农业技术推广站的机构性质、任务职责等，中央于1962年决定在县区级建立农业技术推广站，并在这一基础上逐渐发展起植保、畜牧、配种的专业技术站；1974年国务院号召建立从县办农科所、公社办农科站到大队办农科队、小队办实验小组的"四级农科网"，我国自上而下的、政府包办的、行政命令主导推动的公营性农业科技推广体系从此建立起来。"四级农科网"是建立在"党政合一、政社合一"的人民公社体制基础之上、通过自上而下的行政命令运行的，农民只能被动接受政府提供的农业技术推广内容和方式。

改革开放后，随着人民公社的撤销，"四级农科网"也相应解体了。为探索"四级农科网"解体后农业技术推广体系的运行模式，农业部于1979年开始在全国选取29个县试办农业技术推广中心，通过中心整合植保、配种、畜牧、土肥等专业技术站，将试验、示范、推广等职能结合起来；这一经验在1982年以中央1号文件的形式，在各地加强县级农业技术推广中心建设的要求下推广开来，加上"六五""七五"期间通过政府投资或农业项目开发等方式建立起一大批市县级农业技术推广中心和乡镇农业科技站，我国逐渐建立起了自上而下的公营性农业技术推广体系。我国公营性农业技术推广体系是包括种植业技术推广体系、畜牧业技术推广体系、水产业技术推广体系、农业机械化技术推广体系、林业技术推广体系、水利技术推广体系这六大体系在内的、以政府农业技术推广机构为主体的农业技术推广系统。

实践证明，由六大体系组成的农业技术推广系统为改革开放后我国的农业发展起到了重要的促进作用；但是这套政府包揽的、以行政命令推动的公营性农业技术推广体系与人民公社时期的"四级农科网"体系并没有本质的区别，并且这套体系是"'条块共管、以块为主、按专业行政区划层层设置'的纵横交错的农业推广体制"，运转中暴露出严重的相互分离、沟通缺乏、难成合力、争利推责等问题，逐渐不能适应农业发展和农民生产的需要了。为了增强公营性农业技术推广体系的工作效能，1998 年 6 月，中共中央办公厅和国务院办公厅联合发出 13 号文件，提出农业技术推广体系要解放思想，强化市场观念和服务意识，逐步完善市场经济条件下的运行机制，增强活力等要求，由此开始了农业技术推广和服务的市场化转型。

2002 年，中央又明确提出要将国家农业科技服务体系的经营性职能与公益性职能分开、分别建立经营性和公益性农业技术服务体系的基本原则；2003年，农业部、科技部等四部委共同下发了《关于印发基层农技推广体系改革试点工作意见的通知》，其中明确要求将公营性农业技术推广体系中的经营性职能全部剥离进入市场，而国家设立的农技推广机构的职能则专注于为农业生产经营提供公益性农业科技服务，从而推动了我国的公营性农业技术推广体系向公益性农业技术推广服务体系的转变。由此，我国逐步确立起由政府主导的公益性农业技术推广服务体系，将为农业生产经营提供基本的农业技术服务作为政府的一项基本职责；2013 年 1 月 1 日起施行的《中华人民共和国农业技术推广法》明确"农业技术推广，实行国家农业技术推广机构与农业科研单位、有关学校、农民专业合作社、涉农企业、群众性科技组织、农民技术人员等相结合的推广体系""各级国家农业技术推广机构属于公共服务机构，履行下列公益性职责""国家鼓励农场、林场、牧场、渔场、水利工程管理单位面向社会开展农业技术推广服务""国家鼓励和支持发展农村专业技术协会等群众性科技组织，发挥其在农业技术推广中的作用""国家引导农业科研单位和有关学校开展公益性农业技术推广服务""国家鼓励社会力量开展农业技术培训"。这标志着我国逐步形成并发展起来了市场化的农业技术推广服务体系。公益性农业技术推广服务体系与市场化农业技术推广服务共同构成了当前我国农业技术推广服务体系的两大支柱。

2. 施肥技术推广在我国农业技术推广服务体系中的地位

无论是"四级农科网"，还是公益性与市场化农业技术推广服务相结合的农业技术推广服务体系，施肥推广都是这一体系中最为重要的内容。如农业部于1979年开始在全国选取29个县试办农业技术推广中心，通过中心整合植保、配种、畜牧、土肥等专业技术站，形成新的公益性农业技术推广体系，土肥管理，特别是施肥管理成为其中的一套专业体系。1983年，时为农牧渔业部发布实施的《农业技术推广工作条例（试行）》明确"配合供销部门组织好农药、化肥、农用薄膜的供应和使用技术的指导"是技术推广的主要内容之一。第十一届全国人民代表大会常务委员会第二十八次会议决定对《中华人民共和国农业技术推广法》进行修订，并于2013年1月1日起施行，该法中明确"本法所称农业技术，是指应用于种植业、林业、畜牧业、渔业的科研成果和实用技术，包括：良种繁育、栽培、肥料施用和养殖技术"，肥料施用技术推广作为单独的内容通过法律明确。农业部《关于贯彻实施〈中华人民共和国农业技术推广法〉的意见》明确要求"根据农业生态条件、产业特色、生产规模、区域布局及农业技术推广工作需要，依法设立各级国家农业技术推广机构。县级以上机构要突出动植物良种繁育、作物栽培、土壤改良与肥料施用、植物保护、畜牧（草原）、水产、动物防疫、农业机械化等重点专业的技术推广工作，科学设置"，由此进一步明确了肥料施用技术推广的重要地位。

二、现代农业对施肥推广体系建设的要求

现代农业是环境友好型农业，环境友好型农业就是围绕转变农业发展方式，以提高资源利用效率和生态环境保护为核心，以节地、节水、节肥、节药、节种、节能、资源综合循环利用和农业生态环境建设保护为重点，推广应用节约型的耕作、播种、施肥、施药、灌溉与旱作农业、集约生态养殖、秸秆综合利用等节约型技术，推广应用减少农业面源污染、减少农业废弃物生成，注重水土保持和保护环境等环保型技术，大力培养农民和农业企业的资源节约和环境保护观念，大力发展循环农业、生态农业、集约农业等有利于节约资源和保护环境的农业形态，促进农业实现可持续发展。推广应用节约型的施肥技术成为土肥工作的重要内容。做好现代农业环境下的节约型的施肥技术推广工作，要从以下几个方面入手：

1. 开展环境友好型农业施肥技术宣传与技术培训

针对当前我国广大农民群众对环境友好型农业施肥技术认识严重不足的现状，各级政府有必要深入农村一线开展深入而细致的环境意识教育和环境友好型农业施肥知识的宣教活动。一方面，向农民普及宣传环境保护的基本知识与环境友好型农业生产知识，为环境友好型农业施肥技术的采用创造良好的意识

环境；另一方面，扩大环境友好型农业施肥知识的宣传幅度，通过现场咨询、定期开办环境友好型农业施肥技术培训班以及向农民发放环境友好型农业施肥技术简报、手册、图书、录像资料和入村入户宣传等方式，提高农民对环境友好型农业施肥技术和肥料的认识和了解，为环境友好型农业施肥技术的采用创造良好的技术环境。

2. 建立健全环境友好型农业施肥技术补贴体系

我国现行的环境友好型农业施肥技术补贴政策，虽然不同程度地改进了农民的农业施肥方式，但仍然存在着措施不到位、补贴不健全等问题，亟须建立一套完善的环境友好型农业施肥技术补贴体系，以鼓励农民积极主动地采用有利于提高资源利用率、环境保护和提升农产品安全的技术管理措施。

3. 加强环境友好型农产品的市场建设

首先，尽快普及农产品市场进入质量安全检测。该检测不仅仅是最终产品的检测，而且应该包括种子、农药、肥料等投入品以及土壤、水、大气等农产品产地环境的检测。为此，需要从多方面着手才能完善农产品市场的质量安全检测，如制定与国际接轨的农产品市场准入质量安全检测标准，研发经济实用准确、高效的检测仪器，培养高素质的检测人员，加强工商管理、环境保护、卫生防疫等部门间的协作。

其次，完善农产品的生态认证制度。该制度是一种市场支付的补贴模式，它一方面通过向消费者传递农产品的相关信息，引导消费者以较高的价格购买生态农产品，使得农产品生产者获得经济上的补偿；另一方面，可以通过市场价格的调节机制，引导农业生产者自觉采用环境友好型的农业施肥技术。要设定无公害农产品、有机农产品的标准，再根据标准对上市的农产品质量进行严格把关，坚持"优质优价、低质低价，严重超标者不予上市"的原则，使得农产品生产者意识到农业生产活动重点不仅仅是产品的数量，更在于产品品质的保障，但农产品质量等级认证的公正性、权威性是农产品生态认证制度公信力的基础。

最后，加大农产品市场建设补贴。随着农产品贸易全球化竞争的日益激烈，政府应该加大对生态农产品流通市场体制上的投入，为全国范围内标准化、规模化的生态农产品市场流通体系的形成创造条件。为了鼓励农民施用环境友好型肥料，可以通过市场补贴使商业性环境友好型肥料利用现有的肥料供销网络体系进入市场，以降低环境友好型肥料的销售价格，增强其市场竞争力。

4. 完善农业技术推广体系

使农民获得更多的合理施肥信息农业技术推广是合理引导农户施肥的重要环节，基层农业技术推广站对农户家庭化肥等农业生产资料施用以及其他生产技术问题有着重要的指导作用，对促进农业科技水平提高和农业发展做出了很大贡献。但我国的基层农业技术推广体系并不是很完善，在发展中存在较多的困难与问题，如农技推广机制不活、推广方式单一、推广手段落后、推广经费紧缺、人员素质不高、服务组织发育滞后，一直是个比较普遍的问题。因此应出台相关政策，加强基层农业推广站建设，加大对农业推广站的补贴力度，积极探索农技推广管理体制创新模式，选拔专业技术强的技术人员，以保障广大农村所需的技术指导。此外，基层农业推广站应采取灵活的方式，如以讲座、田间试验等方式，对户合理施肥、科学施肥进行宣传与引导。

5. 农业部门和厂商联合，加大推进"测土施肥"力度

在化肥需求中，最科学的办法是根据土壤的质量情况以及农作物对化肥养分的实际需求进行施肥，不同的区域及类型的土壤特性不同，不同作物需要的养分含量也不一样。根据相关文献的研究，发现在国外已经实行最佳养分管理，对农田轮作类型、施肥量、施肥时期、肥料品种、施肥方式的规定。近年来我国所进行的"测土施肥"力度虽大，但推行的范围却不广，这主要原因是这个方面的农业补贴比较少，地方性的土壤养分检测系统不完善。在这种情况下，为了解决经费问题，地方农业部门应该与化肥厂商合作，通过与化肥厂商"联姻"，让厂家参与，来检测当地的土壤特性，根据不同的作物开发不同配方的化肥，因地制宜，因作物而异，为当地的农作物开"药方"，实现与化肥生产企业共赢的模式。通过这种方式加速"测土施肥"的推行，以科学、合理的方法对作物进行施肥，在保障粮食产量的同时，又对环境的危害降低到最小程度，实现农业可持续发展。

6. 通过环境立法和经济手段来调控农民施肥行为

欧盟、加拿大等国家已经开始针对控制化肥施用进行立法。我国也应当借鉴国际上成功的做法，制定有效的法律，如制定化肥管理方面的政策、法规，鼓励能够减少面源污染的化肥和有机肥的生产和使用，包括制定化肥和有机肥的质量标准和建立农业优良耕作技术体系，针对农作物确定化肥、农药和有机肥的施用量。另外，由于过量施用化肥具有外部性，控制污染者污染性生产投入（例如化肥、农药）是一种间接防治面源污染的措施。因为无法精确地监测到排放量，执行不同的税收和数量标准很困难的。于是采用统一的税收和数量标准被许多经济学家提议并认可，对于生产中使用化肥农药这些具有负外部性的投入征收统一的氮税、磷税等；对购买污染控制设备、施用有机肥等具有正外部性的投入实施补贴。通过经济手段，也是调控化肥施用的一个重要手段，这样不但可以弥补环境立法的不足，同时还可以弥补发展中国家环境保护资金的不足。

三、当前施肥推广体系建设的现状及存在的问题

为实现农业增效，令广大农民经济收入全面扩充，做好土肥技术推广应用

尤为重要。然而实践工作中却包含一些不足问题，主要表现在：

1. 以土肥部门为主的被动推广模式

传统上，科学施肥推广工作中的做法是，土肥部门推广什么，农民及农业生产就用什么，而在农民对技术的接受、利用程度和效果上，有关部门和人员则关注较少，造成了技术推而不实，技术应用的科技含量低，技术对农业生产的贡献率低，农民真正掌握的程度低等一系列弊端。社会主义市场经济体制和农村双层经营责任制的建立，给广大农民发展农业生产注入了新的动力和活力，农业经营者改变观念，适应市场需求，讲求效益和经济利益是时代发展的必然。特别是现代农业的发展，为农民带来了新的机遇和挑战，农民不单单是土肥部门推广什么技术，就用什么技术，而是根据市场来确定自身的利益依托，市场需要什么，农民就千方百计生产什么。因此，土肥工作者也要不断更新观念，按照市场规律和农民需求，尽快做到根据农业和农民的需求搞推广，农业高产高效和农民需要什么技术就研究推广什么技术。农民对施肥技术的需求不仅是土肥工作者从事技术研究推广的出发点和前提，也是科学施肥的生命和目的所在，这样不仅农民得到了满足，土肥工作者也有了用武之地。

2. 农民科学施肥思想认识有待提高

由于广大农民在施肥上存在一定随意性，受传统模式的影响，没能重视做好合理、科学的施肥，为此农民思想认识应进一步提升。由于我国农民的综合素养普遍不高，依赖性相对较强，往往是上级部门要求是用什么，他们就使用什么，至于是否是符合当地土地需求的，他们很少考虑。这样很有可能无法达到预期的目标。

3. 施肥推广力量薄弱

当前，从事土肥工作的人员较少，早期经验丰富的工作人员相继退休，而年轻人员却欠缺田间工作经验，针对农作物的生长习性没能进行感性了解。土肥站之中的工作人员承担了艰巨的推广任务，通常由于人手有限而精力不足。土肥实验室为进行土肥工作的重要场所，然而当前一些地区没能重视实验室的建设投入，呈现出设施健全、仪器老化陈旧的问题，无法满足实际需要，为此，应不断地更新并增加更多新型设施用具。从事化验工作的人员不充足，对化验工作总量以及质量形成了负面影响。使之无法符合实验室资质标准，令土壤监测仅仅止于较少定点推广工作中。基于推广机构无法提供明确系统的土壤养分量信息，导致一些农民针对自身土壤含有怎样的营养成分无法全面掌握。施肥工作更是存在盲目性，令生产成本不良增加，增收效果并不明显。当前技术推广仍旧停留在技术示范以及行政干预的层面，不符合市场经济状况下农民经营建设的综合需要。

4. 土肥技术的推广体系不够完善，缺乏必要的制度保障

基于土肥技术对于农业发展的重要作用和积极意义，我们必须要大力推广土肥技术。但是，从目前来看，技术的推广虽然取得了一定的成效，但是与既定的目标相比，依然存在着非常大的差距，其中最为重要的原因之一就是土肥技术的推广缺乏必要的制度保障。我国虽然已经完成了由计划经济体制到市场经济体制的转变，但却依然处于市场经济体系的初级阶段。因此，土肥技术推广所必要的相关投资项目数量相对较小、资金短缺较为严重，目前尚且没有形成较为完善的推广体系，相关的法律、法规体系等都不尽完善。

为此，在今后的相当长一段时间内，我们要尽快实现推广推广体系的建设工作，并且制定并出台一系列与此相关的政策、制度、规定等，让土肥技术的推广有章可循。

四、北京市科学施肥推广体系建设内容

为了让科学施肥技术服务更加贴近农户，做好北京都市农业中土肥技术支撑工作，北京市土肥工作站结合自身实际情况采取多项措施，确保土肥技术零距离、零费用走进京郊大地。通过大量宣传培训，有效地促进了农民生产观念意识的转变，节本增效意识、农产品优质安全意识、生态环保意识明显增强；通过技术创新与推广机制创新，有效地促进了农民应用科学施肥技术等综合素质的提高；通过政策引导扶持，区县土肥推广体系进一步完善，队伍建设和基础条件建设进一步加强，提高了区县技术能力和综合服务水平；通过项目实施，探索和建立了新型农化服务体系，促进了肥料产业健康发展，建立了长效机制、带动全社会共同参与，社会效益显著。为建设人文北京、科技北京、绿色北京和世界城市，发展低碳农业奠定了坚实基础并做出了突出的贡献。

1. 加强宣传与培训

一是举办科普讲座和各级培训观摩活动。通过借助农业在社区、农民田间学校、农业科技小院、三下乡等一列活动平台，组织土肥专家队伍开展科普讲座和各级培训观摩活动发放土肥宣传资料培训农民。二是新闻宣传报道推动土肥技术普及。全站通过广播、电视、报刊、网络开展土肥科技宣传活动，以更加贴近都市农业需求的土肥科普来提升土肥科技宣传的社会影响力。三是及时宣传贯彻新出台的肥料标准和相关法律法规，同过强化宣传培训，引导企业树立"质量第一"的生产经营意识，充分认识到质量是企业发展壮大的生命，严格依法、依标生产，主动严把质量关，不断树立良好的企业品牌形象。

2. 开展肥料技术创新

技术创新是北京市土肥工作生命力之所在。开展技术创新就要加强无公害农产品生产土肥关键技术、有机蔬菜生产中土肥关键技术、观光休闲农业土肥

服务技术、循环农业土肥关键技术、新型肥料关键技术的创新与推广应用。

（1）无公害农产品生产土肥关键技术

重点在安全农产品生产基地、农业标准化示范基地，推广测土配方施肥技术、有机肥培肥提升地力技术，推广使用专用配方肥料，节约肥料，提高效益，保证质量，降低污染，保障农产品质量安全。

（2）有机蔬菜生产中土肥关键技术

总结出有机栽培中主要蔬菜品种肥料使用技术规程；试验总结出有机栽培基地废弃资源化循环利用的技术模式。并在有机蔬菜生产基地进行示范推广，为全市有机蔬菜栽培提供技术支持。

（3）观光休闲农业土肥服务技术

结合观光休闲农业，示范推广观赏型植物水肥调控栽培技术。

（4）循环农业土肥关键技术

结合设施农业，示范日光温室、作物栽培和生物反应堆有机结合的三位一体的种植模式，实现农业废弃物、畜禽粪便的综合与循环利用的有机立体栽培技术，积极探索低碳农业的发展模式。

①种养结合的模式。种植业的发展和优质农产品的产出，最大的要求是良好的耕地环境，而单一的化肥不能保证健康的土壤质量，需要有机肥料和无机肥料的结合，而有机肥料的重要来源是养殖业的畜禽粪便，这既为种植业提供了肥料资源保证，也为养殖业提供了更大生存发展空间。

②循环利用模式。2009年北京市有机废弃物总量达2 000万t，其中，人粪尿和畜禽粪便量占有机废弃物总量的60%，达到1 180多万t；生活垃圾其次，占总量的16%，达326万t；第3位是秸秆产生量为152万t。据估计，农作物秸秆只有30%得到了再利用，家畜粪尿平均回田率仅为43.6%。20世纪90年代中期，北京市开始示范推广农作物秸秆还田技术，2000年全市小麦机械作业区全部实现了秸秆还田，玉米秸秆还田也开始大面积实施，对提高土壤有机质含量起到了很大作用。为了进一步加大秸秆还田工作力度。北京市新农村建设领导小组决定，2009—2012年推广玉米秸秆还田10.51万hm²。

③高效模式。也就是要尽量减少资源的投入，提高资源利用效率，测土配方施肥就是高效模式的典型。近些年北京市已经探索了多种良好的低碳节水模式，如采用抗旱品种、等雨播种等技术，实现玉米免灌或少灌；在设施蔬菜地推广滴灌施肥、随机灌溉，提高滴灌使用率；利用温室大棚膜面、园区屋顶路面等良好的集雨条件，修建集雨窖、配置提水泵等，补充灌溉用水，减少地下水开采等。

④生态模式。比如采用间作套种、立体栽培及休闲期种植绿肥等方法，实现一举多得，既可以减少扬尘，绿色培肥，又可提高土地利用率，同时可以起

到美化环境的功效。

（5）新型肥料示范推广及应用

通过试验示范，选择、推广出一批适合郊区需要的生态、安全、高效的新型肥料。让农业走进城市，走进家庭。

3. 探索肥料推广模式

通过土肥示范推广体系建设。开展新型农化服务体系的探索与有益尝试，包括农资参与农化服务、企业参与农化服务等。健全土肥推广网络和土肥示范基地建设，加速新技术、新产品、新成果的推广直用。逐步形成政府推动、政策引导的，推广部门提供技术支撑的，社会积极参与、全社会关注的，农民成为主体、自觉发挥主体效能动性的新模式。

（1）一条龙式

对规模化生产的农户，采取统一测土、统一配方、委托企业统一生产和配送专用配方肥及技术指导的一条龙式服务。项目区县土肥部门取土样之后集中进行测试分析，市土肥站根据土壤测试结果和作物需肥规律提出适合该区域应用的肥料配方，区县土肥部门组织肥料生产企业按照配方生产与配送专用配方肥料，实现精确精量、站对户、点对点的全程式技术跟踪服务。

（2）推广部门与企业合作式

通过社会公开招标确定配方肥生产企业，中标企业按照土肥部门制定的肥料配方和产品质量标准生产配方肥，配合土肥技术部门对每个配方、每个批次的肥料产品进行检测，对所服务的农户进行测土配方施肥技术指导、宣传与培训，做好售后服务工作。将技术部门与肥料生产企业的资源整合在一起，为农民提供质量优良、配方科学、价格合理的配方肥料。

（3）连锁配送式

土肥技术部门对农户进行测土，制定配方，委托企业生产配方肥，根据需求选择具有较好信誉的肥料经销店挂牌确定为"配方肥料连锁配送店"，配送店按照统一标识、统一服务、统一供货、统一配送、统一价格、农民自由购买的要求经销配方肥料，实现了配方肥的企业优化生产、市场化运作，缩短了技术推广与广大农民的距离，大大加快了技术物化与人户的速度。目前，配方肥料连锁配送店已发展到101家。

（4）农资加盟式

区县土肥技术部门牵头成立测土配方施肥技术服务总站，以大型农资经营企业为龙头成立测土配方施肥技术服务站。双方签订连锁服务协议书。土肥技术部门提供技术培训，确定本区县主要区域、主要农作物的施肥配方；农资经销企业按照配方对每一个购买肥料的农户提供合理的肥料套餐和相关技术服务，对社会资源进行整合，参与直接送肥、送技术到农户的活动中，基层推广机构与企业优势互补，促进了农业技术推广工作的开展。

（5）科技入户式

以推广测土配方施肥技术为核心，以科技示范户建设为重点，采取培训班、田间学校、现场观摩、科普赶集等多种形式，以及科技人员进村入户，将田间地头作为课堂，对农民进行面对面。手把手的技术指导，提高示范户的科学施肥水平和综合素质，培养出一批掌握测土配方施肥技术的农民土专家，带动更多的农户。

4. 加强政策引导扶持，创新长效机制

（1）规范配方肥补贴程序

在北京市财政局和农业局的指导下，北京市土肥工作站（以下简称市土肥站）确定了配方肥补贴的"五定"原则，即定配方、定企业、定经销商、定销售区域、定指导价格，制定规范统一的补贴发放流程，确保财政资金全部用于配方肥补贴。主要有以下5个步骤。

第一步制定配方。市土肥站统一规划，组织优势作物的肥料田间试验。摸清不同土壤条件下作物需肥规律。最终确定各作物的施肥配方，面向社会和肥料生产企业公开发布。第二步掌握数量。各区（县）土肥部门及时了解示范户、种植大户、普通农户及标准化生产基地等配方肥用户当年需求数量，统计汇总审核后上报市土肥站审定。第三步下达指标。市土肥站对上报配方肥的需求数量、种类、应用作物等严格审核后，根据当年补贴资金额度确定并下达各区（县）年度配方肥补贴指标。第四步配送到户。通过公开招标确定配方肥生产企业，中标企业负责配方肥生产，并向农户配送。农民接到配方肥后按补贴后的价差支付肥料款，同时填写配方肥的配送单。第五步补贴到位。企业完成配方肥料配送后，将农民填写的配送单交区县和市土肥站进行两级审核。配方肥的价格、数量、养分含量等信息与指标计划准确无误后，市土肥站向市财政局提出补贴款拨付申请，市财政局将补贴款直接拨付给企业。

（2）立多项管理制度

保证配方肥质量在配方肥生产流通环节建立多项管理制度，保证配方肥的优质优价，保证农民利益。

①质量追溯制度。要求中标企业在配方肥的生产过程中，从原料采购到每个生产工序都要有完整的档案，记录质量状态。便于出现质量问题时查找原因，提高了企业质量意识，也从源头上把关，确保配方肥质量。

②监督抽查制度。一是每批配方肥送达应用现场，企业、用户、推广部门三方在场，共同抽取样品并封存，进行肥料质量检测，不合格的全部退回，对生产企业发出警告，提出整改要求，同时记录在案。二是市土肥站会同质检、工商等有关部门，通过不定期抽查加盟商销售的配方肥质量，检查产品的登记

证、养分含量、包装、标识、宣传是否符合要求，及时查处违规违法行为。

③信誉评级制度。鼓励守法经营，对积极参与配方肥推广，产品质量有保证，技术服务到位的中标生产企业建立信誉档案，采取增加配送指标等办法鼓励。帮助中标企业在群众中树立良好的口碑。对连续 2 次检测有不合格产品的中标企业则撤销企业中标资格。

5. 创新服务内容与服务方式

（1）构建农、科、教、推、企多元化服务体系

为了搞好"三农"服务这个共同目标，农业行政部门、科研部门、教育部门、推广部门、农业企业不仅要建设多元化农化服务体系，还必须建立起"整合资源、合作联动、协同推进、共同发展"的多赢合作机制。在合作过程中要提高认识，树立"讲职责、讲服务，讲合作、讲信任，讲原则、讲诚信，进实效、讲长效"的思想观念，搭建工作、政策、交流等多个合作平台，实现整个工作的协同推进。

（2）创新服务方式

加强技术服务手段创新与开发，通过物联网、手机 APP、触摸屏、短信等现代信息技术开展产需对接，实现土肥技术服务的快捷、方便、准确、及时。

（3）开展定制化服务

北京市 2006 年启动测土配方施肥工程，借助多种模式推进测土配方施肥技术推广。借助全市农资体系推广技术。虽然全市的农资供销社体系已经解散或转制，但各区县的农资体系还在发挥作用，这些区县的农资店基本覆盖了各区县的主要农业乡镇，加强区县土肥技术部门与其合作，确定各区县主要区域、主要农作物的施肥配方，农资经销企业按照配方对购买肥料的农户提供合理的肥料套餐和技术服务，参与直接送肥、送技术到农户的活动。根据种植的作物品种、种植方式、土壤类型、土壤养分供应情况等基础信息，市土肥站为用户量身定制，开发"定制式"配方肥，实现了配方肥使用"私人定制"。

一是"定制式"开发专用配方。为满足特定用户的配方肥需求，市土肥站结合实地调研分析土壤、作物种类、设施情况及作物生产不同生育期开发对应的专用肥料配方，可以在提高产量的同时，每亩肥料用量减少 10 多 kg 左右。

二是"定制式"生产，适应小面积作物应用。市土肥站建立全市首个水溶肥配肥站，探索出小面积作物应用测土配方施肥技术推广模式，配方肥生产最小批次从 50t 降至 25kg，针对一亩面积作物生产配方肥不到 5min，农民立等可取。

三是"定制式"土肥技术服务。除了应对一家一户的肥料"私人定制"需求，我站还针对苹果、樱桃、黄桃等果品及草莓等特色作物开展"定制式"土

肥水技术服务工作，提供"定制式"配方肥。如为了保证世界葡萄大会圆满成功，市土肥站围绕葡萄园区科学施肥、水肥一体化、土壤质量提升、土传病害治理、土壤障碍因素修复、有机葡萄生产等方面提供"定制式"技术服务。目前，已为葡萄博览园、设施葡萄基地配送 900t"定制式"肥料。

（4）探索智能配肥站建设，打造都市精准农业

北京市土肥工作站在平谷区夏各庄镇益达丰果蔬产销专业合作社建成全市首家智能配肥站，该配肥站集成了计算机土壤数据管理系统、专家施肥推进系统和智能配肥机械，可以为一家一户分散经营的农户提供不同地块、不同作物的专用配方肥，是测土配方施肥技术物化"区域大配方肥"的有益补充，目前已为合作社 30 户农户生产 4t 配方肥，涉及的作物包括番茄、设施油桃、黄瓜等，通过示范，这些经济作物在底肥配方上得到优化，磷肥用量大大降低，每亩节省纯养分 3.5kg。

第二节　肥料使用管理

一、肥料使用管理制度的演变与发展

我国肥料管理制度在向市场经济转变的过程中已经走过了近 30 年的艰难历程，管理重心主要在促进肥料产业发展、保障肥料数量安全方面，肥料产品质量管理、肥料使用和环境管理相对薄弱，问题突出（王雁峰等，2011）。

伴随着我国经济体制转变，肥料管理从计划经济管理模式逐步走向市场经济管理模式，形成了以国家发展与改革委员会、财政部、农业部、国家质量监督检验检疫总局、国家工业与信息化部、国家工商行政管理局、商务部、环境保护部、中国海关总署等国家部委为管理主体，以相关法律法规及政策文件为管理依据，覆盖肥料生产、流通、使用等环节的管理制度，如图 7-1 所示（注：此图以肥料生产经营的主体为主线，描述了生产企业、经销商和农户所接受到的管理办法和负责管理的责任单位以及各个办法间的逻辑关系）。

二、现代农业对肥料使用管理的要求

1. 政府监管和市场监管相互补充

肥料是商品，又是特殊的商品，主要表现为质量隐性、效果滞后、损失难补等方面，即使肥料专家也不能通过肉眼判断肥料质量的好坏，假冒伪劣产品所带来的危害又难以弥补。所以政府对它的质量监管是应该的。在全世界范围内，肥料质量的监管可分为两种模式，即政府监管和市场监管两种，我国采用的是前者，它对稳定肥料质量、防止坑农害农现象起到了不可替代的作用。

但是，随着肥料产业的不断发展，新的肥料品种层出不穷，这给单纯的政

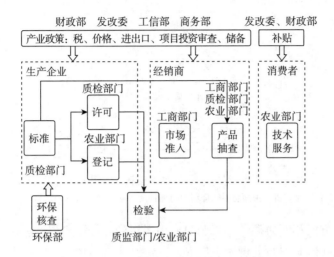

图 7-1　我国肥料管理制度框架

图中线框内表示主要的管理制度，线框外是管理主体及管理对象

图来源：王雁峰等. 中国肥料管理制度的现状及展望［J］. 管理，2011（3）：6-12

府监管带来了极大的困难，过去肥料品种单一，氮肥只有碳酸氢铵、尿素和硫酸铵等，例如，在尿素的监管上，只分出一级品、二级品、三级品即可，现在的复（混）合肥料，养分含量和比例十分灵活，加之肥料中养分的形态和助剂，会出现千变万化的肥料，如果政府对肥料中的养分含量、养分比例、养分形态、肥料助剂等均进行监管，则会付出巨大的成本，同时，也会给肥料生产企业带来很大的麻烦，有时一个肥料生产企业仅肥料登记证就有 400 多个。根据目前肥料发展的现状和我国市场经济的发展，对我国肥料可采用政府监管与市场监管相结合的模式，肥料的养分含量由政府监管，肥料的效果由市场监管。具体在肥料生产过程中，肥料中的养分含量必须按目前国际通用的标识方法进行登记管理，但肥料中养分的形态、肥料生产过程中为了提高效果使用的助剂可以通过市场监管，这一方面能有效避免不良厂商的造假，另一方面也激励了肥料企业的创新和品牌意识。

2. 完善我国肥料管理制度

如图 7-2 所示，应加强我国肥料管理制度完善工作，形成科学化的肥料管理制度体系。

（1）加快推进肥料法制化进程

形成以肥料基本法为依据的管理制度，从根本上保证肥料管理有法可依。

（2）转变管理思路

将重心从促进肥料工业发展调整到肥料产品质量、科学使用及环境综合管

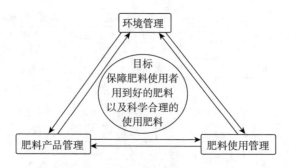

图 7-2　我国肥料管理制度展望

图来源：王雁峰等．中国肥料管理制度的现状及展望［J］．管理，2011（3）：6-12

理，实现三方面相互协调，保障肥料使用者用到好的肥料以及科学合理的使用
肥料，促进我国肥料行业健康发展。

（3）转变管理方式

肥料管理应以立法为基础，结合行政推动（政策措施）、经济手段、教育
和技术推广服务。对于肥料供应的管理应以市场为导向，优胜劣汰，对产品质
量的管理要发动消费者的力量，减少政府管理的成本并提高效率，这就要求提
高农户的知识水平。

（4）完善管理体制

肥料管理主体包括立法主体、执法主体和监督主体。其中立法主体负责起
草肥料相关法律和政策，应广泛反映工业和农业管理部门、科研部门、企业和
农户的意见，实现科学立法；执法主体是政府及其委托授权的组织或机构，权
利应该相对集中，减少多头管理；监督机构负责监督执法主体是否按照相关法
律或规范进行管理，同时接受被管理人的申诉请求。

三、当前施肥管理存在的问题

国家对肥料的管理度重视，形成了多部门、多环节的管理模式，但目前肥
料市场、产业发展及使用等环节却面临着种种问题，这些问题的产生除了一些
客观因素外（如企业数量较多，农业经营规模小、农户庞大而分散等），更主
要是管理制度存在诸多不完善之处。

1. 肥料法缺失

在农业生产资料中，肥料的市场价值要远高于种子、农药，中华人民共和
国成立以来即开始使用化肥，肥料占农户粮食生产现金投入的 37%，对农业
生产的影响巨大，而且关乎资源、环境、粮食安全和农民利益，《种子法》和
《农药管理条例》于 2000 年和 2001 年已相继颁布实施，但肥料基本法却是一

片空白，肥料管理制度的法律依据分散在十几种其他法律法规中，这与我国作为世界最大的肥料生产国和消费国的地位极不相称。肥料管理工作无法可依，是多年来肥料生产、销售、使用等环节问题层出不穷的根源所在。

2. 相关基本法律、法规及政策中涉及肥料管理存在问题

在无肥料专门法律的情况下，相关的法律法规、政策及部门规章等对肥料的管理尚不完善，主要表现在：

（1）现行标准存在弊端

涉及肥料标准制定和监管的标准法中，没有体现出肥料不同于一般工业产品的特殊性，没有明确农业部门在标准制定及监管中应发挥的作用。现行的肥料标准制定主要由非农行业甚至是企业主导（如建设、轻工部门制定的有机肥料标准，企业主导制定的复混肥国标等），因此标准更注重于满足工业需求，往往忽视使用层面的安全性、有效性，极易引发生产中的系列问题。而且标准制定已经被企业当作制约行业其他企业发展的利器。目前肥料行业中流行着"一流企业做标准，二流企业做品牌，三流企业做产品"的说法，真实反映出标准制定中的弊端。

（2）肥料是否应实行生产许可或登记制度在基本法中界定不清楚

按照《行政许可法》中对需要设定行政许可及可以不设置许可的产品的规定，大部分化肥产品不需要设定生产许可，依据此法制定的《工业产品生产许可证管理条例》中第 2 条列举的 5 类产品也没有涉及肥料，但在随后出台的《实行许可证管理的工业产品目录》中却将化肥列入；《农业法》中提出依据相关法律和行政法规的规定实行登记管理，但目前没有相关的法律和行政法规对肥料登记做出明确规定，然而国务院批准的农业部的"三定"方案中，却提及由农业部承担肥料登记相关工作。

（3）相关法规对肥料管理部门的市场监督权分工不清，造成管理混乱

《农产品质量安全法》和"国务院三定方案"及《国务院关于进一步深化化肥流通体制改革的决定》（国发〔2009〕31 号文）都赋予农业部门对肥料市场监管的权力，而 2009 年《国务院关于进一步深化化肥流通体制改革的决定》中放开化肥经营主体所有制限制，可以理解为认可了由农业"三站"从事肥料经销的事实。因此导致农业"三站"部分人员既是管理者，又是经营者，扰乱了市场秩序。同时，《决定》中规定了化肥经营者应主动向肥料购买者提供肥料基本知识及使用技术指导，但化肥经营者的专业资质审核制度缺失，其专业知识和技术水平缺乏有效监督。

（4）相关基本法决定了肥料管理主体的多元化格局，造成目前政出多门

《产品质量法》《标准化法》及《标准化法实施条例》等赋予工商部门和质检部门具有产品质量市场抽查、检验的权利，《农产品质量安全法》等赋

予农业部门肥料市场抽查权力，基本法律法规决定了肥料市场监管和检测检验机构政出多门，市场交叉重复管理和漏管现象严重，各部门认定的检验机构身份不一，设置无序，检验水平参差不齐，相互之间信息封锁，难以形成有效配合，不仅大幅增加行政成本，而且导致管理效果大打折扣，造成市场秩序混乱。

（5）市场违法处罚力度不够，肥害鉴定、申述机制缺失，农民维权困难

目前有关部门在肥料市场监管中，多注重抽查和检查环节，令守法企业苦不堪言，而对违法的处罚过轻，难以发挥处罚的震慑作用。农民因肥料质量等问题产生的损害在鉴定上存在困难，而肥害鉴定以临时性管理为主，缺乏长效机制。同时，农民因肥害受损开展申诉往往面临力量单一、程序复杂等问题，缺乏专门受理机构和保障措施。

（6）肥料产业政策导向不明，工业和农业之间配合不够

一方面国家对化肥产业以支持政策为主，不仅放开项目投资审批，而且给予大量补贴优惠政策，加之产品管理上的漏洞，导致化肥产业发展过热，氮肥、磷肥及复合肥产能严重过剩，产品发展盲目；另一方面农业部门在肥料合理需求评估和预警方面的工作难以有效影响工业部门也是导致问题出现的原因之一。

（7）肥料登记管理制度不完善，成为争议的焦点

自 2000 年农业部发布的《肥料登记管理办法》实施以来，制度本身还存在着不完善、执行不规范等问题，在化肥行业尤其是复混肥行业里饱受争议。问题突出表现在登记的收费、备案制度、登记证的注销问题，高浓度复合肥等免于登记产品的界定不够明确，省级农业部门登记管理方式不统一，部分地方管理不够规范，登记证发证后的监管力度不够等方面。为此，农业部相继下发文件不断规范肥料登记管理，但其中关于复混肥等产品实行"一品一证"管理与测土配方施肥项目发展的配合问题，以及"一品一证"是否增加管理成本及企业负担，备案制度的必要性等方面尚需实践验证。

（8）肥料生产许可和登记之间的关系没有理顺

目前我国肥料行业的市场准入制度包括磷复肥的生产许可制度和肥料登记制度，这种监管体制受到了复混肥料生产企业的强烈反对，对两者的认识存在争议，关系尚未理顺。从制度设计上看，两者在发挥监管作用方面各有所长，不应简单地废除某一制度。实行生产许可制度的根本是将危害国家和人体安全的行为予以规范，这对于一些具有危险性的肥料产品生产具有约束性，例如液氨等。而通过肥料产品检测、田间试验等环节对肥料实行登记制度，是证明肥料对农作物适用性、安全性和有效性以及对土壤、水等是否有污染的重要手段。两者的目标、许可事项、范围、对象各不相同。

（9）相关基本法对肥料的使用和环境管理重视不够

《农业法》《基本农田保护条例》《农产品质量安全法》《农业技术推广法》等基本法中涉及肥料使用管理，仅提出了农业生产者应合理施用肥料的义务，没有明确不合理施肥应承担的责任；提出了农业部门具有制定技术规程、推广科学施肥方法对农业投入品使用进行管理和指导的职责，没有赋予有效开展工作应具备的手段及保障措施，是导致基层农业技术推广体系在体制、机制、人员、服务方式等多方面出现问题的根本原因。在此情况下，农业技术推广依靠项目和行政推动，而农民采取科学技术既没有经济动力也没有法律约束，最终成为政府一厢情愿的推广行为。

四、北京市施肥管理体系的构建

为了更好地推进施肥管理，促进肥料合理、科学地生产、使用，北京市土肥工作站从管理机制和制度、自身基础能力、管理体系、监测体系以用信息化体系等方面入手，开展北京市施肥管理体系建设，取得了初步成效。

1. 建立健全施肥管理机制和制度

（1）物化补贴机制

①政策引导用有机肥替代部分化肥，减少有机废弃物与化肥污染环境。我国几千年农业生产实践证明使用有机肥有利于培肥土壤，改善作物品质，但在目前市场经济条件下，农民不愿使用有机肥有其深层次原因，一方面，农民自制有机肥，费工费时，劳动条件差。另一方面，商品有机肥虽然使用方便，但厂家加工有机肥需要发酵、烘干等工序才能完成，生产成本每吨在 400 元。据本项研究在平谷区的调查结果，用等氮量的商品有机肥代替等氮量的化肥，农民每使用 1t 有机肥多投入 257.47 元（表 7-1），加大了农民的负担。

表 7-1　各种作物应用有机肥补贴核算

种类	种植模式	纯氮 N（kg/hm²）	折合有机肥量（kg/hm²）	肥料投入（元/hm²）			有机肥补贴（元/t）
				有机肥	化肥	差额	
粮田	冬小麦＋夏玉米	407.55	22 641.60	9 056.70	2 741.85	6 344.85	280.23
保护地蔬菜	黄瓜＋番茄	490.35	27 241.65	10 896.60	3 369.60	7 527.00	276.30
露地蔬菜	西瓜＋白菜	652.80	36 266.70	14 506.65	4 428.90	10 077.75	277.88
果树	葡萄	492.30	27 349.95	10 939.95	3 906.75	7 033.20	257.16
	大桃	368.10	20 449.95	81 79.95	3 853.50	4 326.45	211.56
	苹果	262.50	14 583.30	5 833.35	2 177.55	3 655.80	250.68
	梨	247.50	13 750.05	5 500.05	2 083.20	3 416.85	248.50
加权平均							257.47

注：纯氮用量根据北京市土肥工作站 2005 年土壤肥力长期定位监测数据获得。

②化学肥料根据 N、P_2O_5、K_2O 含量折合为尿素（N，46%）、普钙（P_2O_5，16%）、硫酸钾（K_2O，50%）进行费用计算，其中，尿素价格按照 1 960 元/t，普钙价格 650 元/t，硫酸钾价格 2 230 元/t。

③有机肥含氮量以 1.8%、价格为 400 元/t 计算。根据监测点肥料投入调查结果，北京市农业局提出京郊农民每使用 1t 有机肥，财政补贴 250 元的建议。建议被有关部门批准，从 2007 年开始在北京实施。在过去的三年间，共补贴推广有机肥 21 万 t，推广面积 3.8 万 hm^2；处理畜禽粪便、蘑菇渣和树枝等有机肥废弃物 73.5 万 m^3，有力地带动了畜禽粪便等有机废弃物的无害化、资源利用，防止其污染环境。

由于补贴推广有机肥深受京郊农民、畜牧业和食用菌业的欢迎，北京市农业局在调研基础上，提出了"北京都市型现代农业基础建设及其综合开发规划"，已被市政府批准。2009—2012 年，市政府拿出 14.6 亿元补贴用于推广有机肥和专用肥。

（2）构建肥料补贴政策实施运行基本流程

①组织申报。工程项目负责单位向所在区县土肥站（农科所、推广站）领取并填写补贴肥申请表，并在汇总列出明细后报所在区县土肥站（农科所、推广站）。

②办理审核。区县土肥站（农科所、推广站）核实申请表，签字盖章，并汇总上报区县种植业服务中心，同时上报北京市土肥工作站备案。

③建立档案。区县种植业服务中心确认，并建立工程区用肥信息库。

④肥料配送。依照就近原则，区县土肥站选定企业，并发送《肥料配送清单》至用肥单位及肥料生产企业；配送企业按清单填写《肥料配送及用户联系卡》，联系肥料使用单位，确定配送时间、地点、运输办法及价格。

⑤资金结算。用户核实肥料数量与质量，在《肥料配送及用户联系卡》签字，向企业支付货款。支付货款金额＝［（肥料市场价格－补贴金额）＋运输价格］×配送数量，用户支付货款，企业开具发票，企业将签字后的《肥料配送及用户联系卡》集中报送各区县土肥站（农科所、推广站）。

⑥资金核算。各区县土肥站（农科所、推广站）核实肥料配送数量和用户使用情况，签字盖章《肥料配送及用户联系卡》集中报送各区县种植业服务中心审核确认；企业每季度凭审核后的肥料配送及联系卡和发票复印件办理肥料补贴结算；有关手续核实无误后，补贴资金依不同渠道拨付肥料配送企业；肥料企业在收到补贴资金后开具正式发票，时间不超过一周。

⑦效果监测。按照代表性、准确性、稳定性、标准化的建设原则，设定一定数量的监测点，由专业人员负责每年监测基础情况、土壤肥力、肥料投入产出、作物品质等信息，监测评价项目实施效果。

（3）建立肥料投入品监测制度

建立肥料投入品监测制度，首先要明确监管目标、确定监管重点内容、监管依据，然后制定监管措施和保障措施。

①监管目标。通过对补贴肥料产品质量的监督检测及对不合格肥料企业的严格管理，确保北运河流域范围内的农民不仅能用上安全、放心、高效的补贴肥料，而且能够发现和处理该区域内不合格的水溶性肥料，确保规划期结束时北运河流域内耕地质量得到显著提升。

②监管重点。如下三点：

第一，重点产品。重点对本项目招标确定的有机肥料及配方肥料定点生产企业及其产品进行监管，同时兼顾其他类型的水溶肥料肥料产品的质量。

第二，重点环节。肥料质量的重点控制环节为生产环节和使用环节，把握好这两个环节就能对肥料质量进行有效控制。

第三，生产环节监管。定期、不定期地对中标企业生产及自检情况进行检查，查看企业生产台账，原材料、成品检验记录以及出厂检验记录。对中标企业生产的肥料产品进行不定期抽检，肥料使用高峰期重点抽查，抽样标准参照标准执行。对于非招标肥料产品的水溶肥料，主要采取生产季节对水溶肥料销售点进行抽检并绘制采样抽检表（表7-2）。

表7-2 采样抽检表

总包装袋数	采样袋数	总包装袋数	采样袋数
1~10	全部采样	182~216	18
11~49	11	217~254	19
50~64	12	255~296	20
65~81	13	297~343	21
82~101	14	344~394	22
102~125	15	395~450	23
126~151	16	451~512	24
152~181	17		

超过512袋时，按式计算采样袋数，如遇小数，进为整数。

$$采样袋数 = 3 \times \sqrt[3]{N}$$

式中：N 为每批肥料总袋数。

按表或公式计算结果，抽出样品袋数，从每袋最长对角线插入取样器（采用 GB 6679 附录 A 中末端封闭的采样探子）至袋 3/4 处，取出不少于 100g 的样品，每批采样总量不得少于 2kg。散装采样时，按《GB/T 6679—2003 固体化工产品采样通则》规定进行采样。

样品缩分：将选取的样品迅速混匀，然后用缩分器或四分法将样品缩分至不少于 500g，分装在两个清洁、干燥并具有磨口塞的广口瓶或带盖聚乙烯瓶中，贴上标签，注明生产厂名、产品名称、批号、取样日期、取样人姓名。一瓶供试样制备，一瓶密封保存 2 个月以备查用。

使用环节监管。根据肥料抽样标准和本项目的具体情况，对该项目补贴肥料的抽样制定以下三个原则：

一是配送有机肥料及配方肥料肥料每 100t 取样 1 个肥料样品；二是要求对不同肥料生产企业不同批次全覆盖；三是要求对具有一定规模的生产基地全覆盖。

在此环节中的抽样遵循相关抽样标准的规定。

③监管依据。依据《农业法》《农产品质量安全法》和《肥料登记管理办法》进行监管。有机肥料依据《NY 525—2002 有机肥料》和各产品肥料登记证进行检测和判定；配方肥料依据《GB 15063—2001 复混肥料（复合肥料）》和各产品肥料登记证进行检测和判定。

④监管措施。项目通过构建招标制、承诺制、服务制、自检制、抽查制、追溯制和淘汰制，确保农民用上"安全、放心、高效"补贴肥料，推动肥料生产的标准化和供肥质量的优质化。

第一，招标制。项目执行施行招标制，即委托中介机构，依照"公开、公正、公平"的原则，每年面向全国实行统一招标，对投标企业进行生产能力、产品类型和质量等资质进行审核，根据企业投标、中标情况，向区县推荐有机肥的定点企业。

第二，承诺制。为确保中标企业的产品质量及服务水平，推行中标企业承诺制，要求中标企业公开承诺。首先是承诺供肥质量，供给的肥料各项指标符合相关标准和各自肥料登记指标的要求，做到检测不合格的产品不出厂；其次是承诺服务质量，能够及时按照用户要求提供肥料并将肥料运输到位，同时积极向用户宣传相关肥料知识。

第三，服务制。项目实施培训学习制度，督促各参与方树立服务思想。要求推广部门树立服务农民和服务企业的意识，通过优质服务体现自身价值，实现履职义务；要求肥料企业依照承诺事项，开展肥料运输、施用技术和质量控制等全方位的售后服务。

第四，自检制。要求肥料企业成立专门自检小组，建立自检机制，对生产各个环节进行抽查检查，按照生产技术规范控制肥料质量符合国家标准。

第五，抽查制。加强对中标企业及所供肥料产品的监管，不定期检查企业生产台账，原材料及成品检验记录；对其生产的补贴肥料做到批批检测，原则上每100t取样1个，检测结果以适当方式进行公布，对一次检测不合格企业进行警告，责令其立即进行整改；对两次检验不合格的企业，终止其供肥资格，并依据《肥料登记管理办法》进行处罚。

第六，追溯制。肥料企业必须建立材料来源、生产台账、成品检验记录等信息档案，同时对用肥农户或经营个体基本情况、用肥信息等进行记录登记，实现补贴产品信息的可追溯性，为质量监管提供必要信息支持。

第七，淘汰制。建立投诉举报热线，对六类违规行为，取消其中标企业生产资格。六类违规为包括：弄虚作假，骗取补贴资金的；企业资质或经营范围发生变化，不符合生产条件的；连续两次质量抽检不合格的；违法违规或销售假冒伪劣产品的；连续两次未在规定时间内生产、配送肥料的；从事违法经营活动，哄抬价格，欺骗消费者。

⑤保障措施。如下五点：

第一，法律法规保障。《农业法》和《基本农田农田保护条例》明确要求：合理使用化肥、增加使用有机肥料，采用先进技术，保护和提高地力，防止农用地的污染、破坏和地力衰退。《农产品质量安全法》和《肥料登记管理办法》明确要求要确保农田用肥安全，加大对假劣肥料的处罚力度。以上相关法律法规将确保本项目顺利实施。

第二，组织保障。为加强农田肥料投入控制和管理工作，成立领导小组，负责工作的整体协调和监督指导。下设办公室具体负责工作的落实与实施；组织北京农林科学院等科研单位的专家成立技术专家组，负责技术指导、技术培训；各区县成立相应机构，责任到人，层层落实，构建保障体系。

第三，机制保障。肥料产品招标管理机制。采用公开招标的方式确定有机肥、配方肥、缓释肥生产企业，制定全面、规范的补贴管理办法，确保肥料产品质量，保证农民得到实惠，用上补贴肥、放心肥。肥料产品管理机制。加强肥料产品质量的监督管理，逐步建立肥料生产、经营企业信誉管理档案，建立肥料产品质量追溯制度，保证肥料产品质量安全。

第四，宣传培训。采用多种形式，做到"电视有影、广播有声、报刊有文、墙上有画、网上有消息"，注重宣传的效果，内容切合实际，突出政策性、区域性、典型性、实效性，广泛宣传科学施肥的意义、做法和成效，突出环境保护观念，引起社会关注和支持。

第五，工作分工。按照属地管理原则开展中标企业肥料产品的监管工作。市农业局负责全市中标企业及产品的监管工作，向市政府负责；各实施区县农业主管部门对本区域选定的肥料产品进行监管，并向市农业局和本级政府负责。

2. 建立肥料行业检测化验体系

北京市土肥工作站在全市土肥行业领军者的高度，加强我市土肥检测体系建设。建设了以顺义、通州、大兴及昌平区土肥站为主的土肥检测实验室，形成了市区两级的肥料行业检测化验体系。

（1）立足项目，完善建设

自本项目开展伊始，市土肥站本着执行好项目的同时带动本行业发展的思想，一方面积极了解各区县土肥站试验检测现状；另一方面根据各土肥站的现状对本项目的各项指标进行分解，明确各自任务，各区土肥站通过对该项目的实施而实现对各自检测软、硬件设施的升级改造：

①市级土肥检测实验室。市级土肥检测实验室作为北京市土肥检测体系的龙头单位，市级土肥检测实验室计量认证、机构审查认可 5 年到期复查，按照新的实验室审查认可《评审标准》完成了质量体系文件的换版，形成了一套完整的、运行有效的质量保证体系。

市级检测实验室配备了德国进口的连续流动化学分析仪，美国进口的全谱直读等离子光谱仪和微波消解系统，利用谱直读等离子光谱仪和能够快速、准确地检测土壤、植株、肥料产品中的钙、镁、硫、硅、硼、钼、铁、锰、铅、镉、铜、铬、砷、汞、磷和钾；利用微波消解系统能够无污染、快速进行全量元素的湿消化；利用连续流动化学分析仪能够快速、准确地进行土壤氨氮、硝氮、有效磷的测试；利用全自动开氏定氮仪能够快速准确地进行土壤全氮的测试，实现了土壤、肥料、全项目的快速和准确检验。

检测装备的提升，使得市级土肥检测实验室检测功能全、检测精度高、检测速度快，达到检测能力的提升。实现了土壤有效氮、有效磷和速效钾检测量从以前的 20～30 个/d，提高到 150～300 个/d；实现了一次进样可同时测试 17 个元素；实现了利用微波消解系统湿消化土壤肥料样品替代电热板法，湿消化处理量由以往的 20 个/d，提高到 48 个/d，检测能力大幅度提升。

②区级实验室建设。区级土肥实验室在市级检测实验室的技术培训指导下，具备能够承担起本区县土壤样品检验、指导农民合理施肥的能力。

在原有检测条件的基础上，北京市大兴区、顺义区、通州区、平谷区、怀柔区、密云区、房山区、昌平区、海淀区和延庆区 10 个区建立、完善了土肥检测实验室，除房山区、海淀区和延庆区外，7 个区在 3 年内都进行了仪器设备投入，至 2006 年 10 个区县已全部具备开展土壤基础检测项目的能力，除延庆区外，9 个区全部承担了土壤检测工作。

区的检测能力由以前不足 1 000 个样品/年上升到 3 000～4 000 个样品/年，人均检测能力 10 个/d 样品增加至 40～50 个/d。

（2）狠抓质量，提升水平

市土肥站技术人员在对各实验室技术人员进行培训的基础上，深入各实验室现场了解他们工作中的难点和疑点，通过各种手段整体提升检测质量。

①对区试验室进行技术指导。市土肥站对大兴区、顺义区、通州区、平昌区4个区土肥检测实验室检测人员进行培训指导，培训先进检测技术，规范实验室管理和检验操作，以达到统一检测方法、统一数据处理、统一报告格式，使土肥检测技术更具规范性、科学性、统一性。在农业部组织的能力验证中，通州区、顺义区实验室顺利通过验证，说明区实验室的检测结果更具有准确性和可比性。由于检测方法的改进，以及检验人员的培训，各区实验室检测能力逐年提高，样品检测量逐年增加，实验室管理能力也有大幅度提高。

②强化样品比对，提升检测质量。如下四点：

第一，制备参比样品。市土肥站分别采集了2个在全市具有代表性的土壤样品来制备参比样。制备完成后又将样品多次检测进行定值，最后发放到各区检测实验室，要求各检测实验室在做好参比样的基础上才能开展测试工作，并在每批样品测试时都要带上参比样进行质量控制。

第二，进行数据比对。除了区实验室没有条件完成的项目外，市土肥站要求每个区至少送100个样到我单位进行测试，主要是对各项目区进行分析质量控制。通过两站分析结果的对比，了解其检测质量。发现结果差异较大时及时与之沟通，共同分析他们在检测过程中可能出现的问题并予以解决。

第三，开展密码样考核。根据项目的实施进度，每年在各实验室集中开展土壤测试时下发密码样对每个项目区实验室进行检测质量考核。考核项目包括：全氮、有效磷、速效钾、有机质、碱解氮、pH、铁、铜、锌、锰等10项，考核样品为国家标准物质为主。

第四，开展质量跟踪。除了上述措施外，市土肥站工作人员还利用各种途径对项目实施区实验室的分析质量进行跟踪，如利用到项目区的机会，对项目区实验室的条件、化验室技术人员的操作、分析结果以及相应的原始记录表格进行检查，并根据需要随机抽查部分样品。再如根据部分区实验室在分析中的一些异常情况，要求其检测人员带上样品到市土肥站来做，直至解决问题位置。

（3）注重企业实验室的建设，把好出场检验关

企业实验室的主要任务是承担本企业产品出厂检验把关。肥料产品合格率不高的主要原因是生产厂家的质量检测设备配备不到位，检测人员水平较低，管理人员质量管理意识淡薄。针对生产企业的具体情况，指导企业制定实验室管理规定、成品出厂检验制度，帮助企业选择适用的检验仪器并指导应用，对企业检验人员进行培训、考核，考核合格后发证上岗，建立完善了产品出厂检验实验室，推广应用相应国标、行标中规定的检测方法。目前，已完成了42家生产企业出厂检验实验室的建立与完善，提高了企业自身对不合格产品的控制能力，减少了不合格产品流向市场的可能性，提高了肥料产品质量合格率。

3. 加强肥料和施肥管理体系建设

（1）开展肥料质量追溯体系建设

肥料质量追溯体系建设就是要坚持从源头抓起，完善肥料质量追溯管理制度和机制，增强对肥料生产、销售、施用全过程的监督管理，保障肥料投入品的安全。特别要加强招标肥料生产企业的质量监督管理，保证项目用肥的产品质量。

为了使农民能够及时掌握和了解市场肥料质量等相关信息，北京市土肥工作站开发并建立了全市肥料管理信息系统。该系统容纳了本市辖区内 150 余家肥料生产企业、1 600 余家肥料经销企业的相关信息，并根据肥料生产、销售企业性质及其经营规模等情况，将肥料生产企业分为两类六种，实行分类管理。

在北京市土肥工作站建立的肥料质量追溯体系中，为每个企业建立了诚信档案，收录了企业生产或经营肥料品种、监督检查结果、肥料生产经营企业资格、消费者投诉状况、违法行为记录、行业协会中介机构及社会公众评价等信息。其中，失信和具有不良记录的企业，被列入了重点监控对象。登录该系统后，只要将企业的名称，或肥料产品登记证号输入相关的栏目中，就可以得知企业诚信度，以及肥料真假等相关信息，从而确定肥料的真假优劣。不具备上网条件或上网不便的购肥者，也可以打电话到市土肥站，工作人员会帮助他们查询。

肥料质量不仅影响农民增收，而且也直接影响农产品品质、土壤质量及生态环境安全。对于发展都市型现代农业的北京市而言，加强对肥料质量的监测监控是合理利用首都有限耕地资源、保护和提高耕地质量、促进城乡和谐与保障农产品质量安全的重要措施。要想确保农业生产数量安全和质量安全，必须从源头抓好肥料质量监管，然而实际工作中我们不得不面对体系不健全、职能不明确、法律不到位、执法依据不足四大难题或瓶颈，但为了保护农民的利益，促进农业和肥料产业健康发展，不断加强探索与创新，一是创新执法工作观念，破解了"职能依赖症"；二是创新执法工作机制，破解了"体系依赖症"；三是创新执法工作制度体系，破解了"立法依赖症"；四是创新执法工作办法，破解了"法律依赖症"，并形成了严格的肥料市场准入制、工程项目用肥招标制、质量承诺责任合同制、质量管理自检制、质量监督抽检制、质量问题追溯制、伪劣产品淘汰制。最后，由于复混肥料和有机肥料所占的市场比重较大，为此，北京市新型肥料质检站对其重点实施了质量监测调查，以掌握和监控北京市肥料市场质量状况，不断促进北京市肥料投入品质量水平的提高，为京郊农业的健康持续发展提供优质的物资保障。

（2）突出重点，加大市场监管力度

①突出重点产品，查处重点违法行为。根据农业部门管理权限，在有机肥

料、水溶肥料、复混肥料、生物肥料方面重点查处：生产经营的肥料品种是否进行登记，是否存在假冒、转让登记证号和一证多用等问题；全面开展肥料质量抽检，检查产品质量是否合格，标识是否符合标准要求；严格市场准入机制，把好肥料产品市场准入关，严防不合格产品进入市场。

②突出重点时节。抓好春耕、三夏和三秋重点用肥时期肥料质量监管工作，组织"绿剑护农"肥料集中检查行动。积极会同工商、质监等部门集中力量深入开展打击假冒伪劣肥料的专项整治活动，加大对肥料产品的监管力度，严肃查处制假、售假的违法行为，确保肥料产品质量。

③突出重点项目。强化重点项目用肥调查，及时掌握项目区县确定的供肥企业、用肥区域及用肥料补贴肥料去向，根据项目要求及时开展补贴肥料质量监管工作，实时对监管结果进行汇总分析，根据《项目用肥管理办法》和《肥料登记管理办法》，对不合格肥料产品生产企业向市项目办提出暂停供肥的建议，并依法进行处理。

（3）将"打四黑除四害"行动常态化

集中力量对全市肥料生产企业进行排查，对无证生产肥料产品或登记证到期未续展继续生产的肥料企业进行清理；对已获得登记证的企业全面清查，对已不具备生产条件的企业登记证到期后不予续展。严格按照《行政许可法》和《肥料登记管理办法》等有关法律的要求，加强有机肥、复混肥（料）、水溶肥料、微生物肥料等产品生产、经营主体的资质审查。对需要审批登记的肥料产品，严格执行有关条件、程序和标准，严禁降低标准和越权审批。

（4）健全肥料行政执法体系，改善执法条件和环境，提高执法水平

从健全肥料行政执法机构、充实肥料行政执法人员和提高肥料行政执法人员素质等方面入手，建立健全肥料行政执法体系；从提高肥料行政执法装备水平、改善肥料行政执法环境和条件等方面入手，改善肥料行政执法手段；从推进肥料信息化管理入手，提升肥料行政管理信息化水平，实现肥料登记管理信息化，促进肥料行政执法水平的全面提高。

落实各项肥料管理制度，规范执法程序，完善执法监督机制，建立健全肥料行政执法过错或错案责任追究制度。加强肥料行政执法人员的培训，按照素质过硬、业务优良的要求，建设一流肥料行政执法队伍。坚持持证上岗、管理监督、考核奖惩等各项制度，建立和完善利于肥料行政执法队伍建设的长效机制，提高肥料行政执法水平。

（5）落实肥料行政执法运行机制

一是落实内部运行机制，全面执行执法检查制度、案件处理制度、举报受理制度、责任追究制度等一整套内部管理制度，形成依法管理、科学规范的工作运行机制。二是落实部门协作机制，加强与工商、质监等管理部门之间的协

作配合，建立和完善信息通报制度、案件移送等机制。三是实行联动机制。在坚持属地管理原则的基础上，对重点产品、重点企业、重点环节实行市、区（县）双重监管的管理方式。

（6）继续开展基层肥料经销商培训

针对基层肥料经销商（户）众多，文化水平不高，对肥料经营的相关法律法规不太了解，辨别肥料真假优劣的能力和水平有限的状况，启动基层肥料经销商（户）培训计划，计划在 2～3 年内对全市所有村镇内的生产资料经销门市部负责人培训一遍。培训以村镇生产资料经销门市部负责人为对象，各区县肥料管理部门为负责单位，市土肥站负责业务指导。重点培训：肥料管理相关法律法规；肥料管理最新政策及产业发展动态；肥料监管对策及方法；主要肥料品种执行标准及识别方法；肥料进货及销售注意事项；典型违法案例。

（7）进一步加强四大监督体系建设

一是强化肥料执法监督体系，即以肥料行政执法人员为主体的执法监督体系。二是探索义务监督体系，即探索社会义务监督员队伍为主体的社会义务监督体系。三是强化举报监督体系，即以广大社会大众为主体，以 12316 热线、举报电话以及信访、来访等为载体的举报监督体系。四是探索行业监督体系，即以肥料生产和经营企业为主体的内部监督体系。

4. 开展土肥监测体系建设

土肥监测体系建设就是要以都市型现代农业基础建设工程实施为契机，规范、完善土壤肥力长期定位监测网络，监测土壤肥力安全因素与变化，为耕地质量建设提供基础数据；开展肥料投入产出效益监测，为指导农业生产科学施肥提供依据。

（1）开展监测点建设

为避免耕地质量出现问题，就要随时掌握耕地质量变化情况。为此，北京市土肥工作站从 1987 年起，在郊区农业地块逐步建人工定位监测点，对耕地质量进行实时监测。目前，监测点已由最初的 80 余个增加到目前的 370 个，遍布全市 16 个市辖区、105 个乡镇；监测对象从粮食、蔬菜两类作物，扩大到粮食、蔬菜、果树、饲料和经济等作物；监测内容从最初土壤肥力，增加了土壤安全、可持续利用指标等内容；监测方式从最初人工定位到目前的 GPS 定位，形成了完备的监测体系。

（2）开展耕地监测系统建设

由 370 个电子眼组成的耕地监测系统已建成。该系统的建成意味着京郊耕地质量监测实现了全覆盖和全天候。只要北京市土肥工作站管理科的技术人员进入监测系统，分布在全市范围内的数千个耕地质量监测数据均可及时获取。经过技术人员的整理、分类、校验后，这些数据就能当日上传至相关职能部门，以供决策。

（3）开展土壤耕地质量长期定位监测和氮、磷等污染风险预警监测

通过有效的监测和科学评估为耕地质量建设与保护提供坚实可靠的科学决策依据监测内容包括农田土壤酸碱度和土壤中的铅、镉、铜、铬、砷、汞含量等重要指标。通过监测数据分析全市农田环境土壤质量状况，掌握农田土壤环境质量变化趋势，为土壤环境质量预警、土壤修复和种植业结构调整提供依据。

（4）建立主要农作物施肥指标体系

为建立农作物施肥指标体系，安排了大量田间试验，研制和开发出了小麦、玉米、蔬菜、果树等11种主要农作物基肥、追肥专用配方20个。

（5）加强耕地质量管理

北京市土肥工作站在方方面面的支持下对提高耕地质量进行了多方面的探索与实践。掌握耕地质量现状及影响耕地质量原因，提出解决技术措施；采取积极措施，推动北京市耕地质量管理立法；积极推动农业部门参与基本农田占补耕地的质量评价及验收工作。

①实施有机肥培肥地力工程。有效地提高北京土壤质量和肥力，特别是有效改善土壤团粒结构，改善土壤生物生态环境。同时科学合理处理农业废弃资源，做到无害化处理资源化利用，减少环境污染改善农田景观。

②大力推广秸秆还田技术。秸秆当中含有大量养分，秸秆还田可以降低土壤容重，提高通透性，达到改善土壤结构、优化土壤溶质运移等效果。同时避免了由于焚烧的温室气体释放，真正推动循环农业的进程。小麦全部实现了秸秆还田，玉米秸秆还田也大面积推广，达到60%以上。

③大力推广绿肥种植。大大增加土壤有机质含量，增加土壤氮素等养分，同时固定了大量CO_2。特别是豆科类绿肥通过根瘤菌生物固氮作用，可以将大气中的氮气转化为有机氮。2009—2011年，北京市土肥工作站在春玉米种植地区进行二月兰试验推广，二月兰鲜草亩产1 000kg，相当于尿素10~12kg，其还田提高土壤有机质含量20%左右，同时其在冬、春季地表覆盖率达到80%~100%，有效缓解了裸露农田的扬尘。

④积极推广缓控释肥技术。缓控释肥是通过化学、物理、生物等技术，有效调控肥料释放速度和比例的新型肥料，它可有效提高化肥利用率、减少施用量和施用次数、减少环境污染等，与普通肥料相比可使肥料养分有效利用提高20%以上。

⑤大力发展测土配方施肥技术。作为发展低碳农业的主力军，该技术是提高肥料利用率，减少肥料用量，降低能耗和化肥污染的主要措施。

⑥其他。水肥一体化技术、保护性耕作技术、农田修复技术等，对提高耕

地质量促进土壤健康都有很好的作用与效果。

5. 开展土肥资源管理信息化体系建设

北京市土肥系统信息化建设，就是要以满足都市型现代农业发展为出发点，以为理性农业、精准农业和数字农业提供技术保障为目标，充分运用现代信息技术和计算机网络技术，结合北京市土肥系统业务发展需要，基于北京市电子政务专网及农业局相关信息系统构建北京市土肥综合信息管理平台，积极推动北京理性农业、智能农业、数字农业、信息化农业的发展。

（1）建成了北京最大的土壤质量数据库

北京市土肥工作站利用 GIS 布点、GPS 定位，先后采集土壤样品 4.5 万个，化验 37.8 万项次，共获得土壤数据 600 多万个。同时与北京第二次土壤普查和 30 多年京郊耕地质量长期定位监测所获得的大量数据进行整合，按照农业部耕地资源管理信息系统《数据字典》进行标准化整理，建成迄今为止京郊最大的土壤数据库。这为掌握京郊耕地质量和土壤肥力状况，进行测土配方施肥奠定了坚实的基础。为北京市"221"农业信息平台提供了强有力的土壤、肥料等数据信息的支撑。

（2）开展"北京市土肥综合管理信息平台"建设

"北京市土肥综合管理信息平台"主要包括土壤资源管理系统、耕地质量监测系统、土肥检测管理系统、测土配方施肥推荐系统、肥料管理系统以及决策支持系统等 6 个核心业务系统。

①土壤资源管理系统。通过构建土壤资源信息管理系统和标准系统数据库，实现对土壤资源类型基础信息、历史背景信息、土壤肥力最新调查信息、耕地空间分布信息、土地利用信息、配套水利设施信息的管理与分析应用，并对未来数据采集规划、数据上报、标准化入库更新等方面提供服务，以实现土肥管理工作中的土壤资源"底数清"。

②耕地质量监测系统。耕地质量监测系统就是要以项目为基础，通过对耕地监测点的维护和管理，定期获取监测点耕地质量的信息，通过对监测点土壤养分化验结果、作物施肥数据的统计分析，掌握土壤肥力的动态变化趋势；通过地力评价模型，对监测点耕地质量、土壤环境进行评价和预警；针对耕地质量警情，提出相应的整改方案，为土肥工作提供支撑，实现土肥工作"情况明"。

③土肥检测管理系统。土肥行业主要负责土壤样品、肥料样品、植株样品以及其他样品（如地下水）的检测任务。土壤样品来源于定位监测点、测土配方施肥、肥效实验、重大工程、委托检测等不同的业务类型；肥料样品来源于肥料登记、监督抽查、日常检查、重大工程、委托检测、仲裁检测等业务类型；植株样品检测来源于定位监测点、肥效试验、委托检测等业务类型。土肥

检测管理系统就是要对不同的样品和不同的业务来源的检测信息进行分类管理，同时将检测数据提供给其他业务系统。实现土壤、肥料、作物的自动化检测，实现土肥化验机构与土肥业务管理间的数据传递、检测技术查询、仪器设备数据采集、检测数据管理、检查任务自动分配以及检测报告的自动生成，提高检测数据获取速度和应用效率。同时提供实验室仪器设备、低值易耗品管理等功能，方便实验室管理人员及时掌握实验室设备状态，从而实现土肥工作"数字准"的目标。

④测土配方施肥信息管理系统。通过测土配方施肥信息管理，实现对作物肥效试验设计、数据管理与分析、配方研制、作物推荐施肥、区域肥料需求评估与评价以及预测等信息的管理与分析。将地理信息技术、数据库技术、决策系统技术和网络技术相结合，建立网上耕地地力评价与配方施肥决策信息系统，实现测土配方施肥数据成果的共享、数据库的高效管理，方便快捷的施肥决策。测土配方施肥信息管理系统的主要任务是运用 GPS 技术实现测土配方施肥信息的定位采集；利用土壤肥料数据库、耕地地力的评价模型及评价系统，以及配方施肥模型建立作物推荐配方施肥系统；最后结合网络信息技术，实现网上配方施肥决策。

⑤肥料管理系统。肥料信息管理就是要为肥料企业提供产品登记、认证备案、供求信息等服务；通过肥效试验、质量抽检、现场考核、日常执法、投诉举报等功能实现对肥料企业和肥料质量的动态监管，并对企业信用状况做出评估；通过掌握肥料企业生产和销售信息、肥料企业产能信息、国内肥料市场价格信息等，依据测土配方施肥信息子系统预测的肥料需求信息等分析肥料市场供求关系。

第八章 展　　望

北京肥料的发展必须适应北京都市型现代农业建设的要求，同时，肥料技术的发展也会影响北京都市型现代农业的建设。可以预见，北京肥料的发展将在都市型现代农业建设的框架中，建立科学合理的肥料使用、管理、推广的机制，在这一机制下，重点发展环境友好型（绿色）肥料、实现循环发展与平衡施肥、应用智能化施肥机械、建立科学化的肥料推广体系、建设制度化的肥料管理制度。

第一节　北京都市型现代农业的提出与发展

都市农业（urban agriculture）直观解释是"都市圈中的农业"，是都市农业和现代农业的结合体。日本农政经济学家桥本卓尔将其定义为：被都市包容、位于城市或者城市经济圈中的农业，既容易受城市扩张的影响，又最容易获得城市基础设施完备带来的益处，与城市建设发展同时并存、混杂和镶嵌。首都都市型现代农业发展，以首都社会经济建设整体发展为蓝图，以首都功能定位为依托，以市场需求为导向，以现代发展理念为指导，以政策支持为引导，以科技服务为支撑，以现代产业体系和经营形式为手段，以现代新型农民为主体，积极开发生产、生态、生活、示范等多种功能，不断转变农业发展方式，促进农业产业结构优化升级，最终实现数量、质量和效益的统一，以确保农业又好又快地可持续发展。特别是在建设世界城市的过程中，首都都市农业更应具有其独特的品质与优势，更需要在发展高效农业、生态农业、景观农业和科技农业上狠下工夫。通过观念创新、制度创新、政策创新、机制创新、技术创新和服务创新，加速都市型现代农业建设与升级，从而打造出一张亮丽的北京都市型现代农业名片。

2005 年北京市农村工作委员会出台了《关于加快发展都市型现代农业的指导意见》（京政农发〔2005〕66）提出要建设都市型现代农业。一是实现郊区农业单一功能向多功能转变，加快和实现农业由单一生产型向生产、生活和生态型多功能转变，使农业发展和城市发展相互依托，共同发展。二是实现城郊型农业向都市型现代化农业转变，运用现代手段，提升农业的综合生产能力，提升农业的现代化水平。三是实现郊区农业由粗放型向集约型农业转变，优化配置生产要素，提高劳动生产率和资源利用率，鼓励内涵式可持续发展。加快郊区农业向组织化、专业化、标准化转变。四是实现注重生产向注重市场领域转变，由过去单一关注生产以产定销的生产方式，向以市场需求为导向，以销定产的方式转变。通过四个转变，使北京郊区农业的生产力水平和现代化程度位居我国前列；使郊区农业和城市发展相互融合、相互依托、和谐发展。

《北京市"十二五"时期都市型现代农业发展规划》提出，未来五年首都都市农业发展以高端、高效、高辐射为主要标志。

一是籽种农业重点突破。种业是北京市的优势产业，也是未来发展的重点产业。针对种业发展，北京市已制定了打造"种业之都"的宏伟目标。为全面提升种业发展水平，制定了《北京种业发展规划（2010—2015 年）》，提出围绕"种业之都"打造，实施"2468 种业行动计划"。2012 年，北京市政府下发《关于促进现代种业发展的意见》，强调到 2020 年，使全国种业科技创新中心地位得到巩固深化，成为全国种业研发中心、全球种业企业总部聚集和种业交易交流服务中心之一。种业同样是北京农科城的发展重点。农科城专门设立了良种创制与种业交易中心，建立了通州国际种业科技园区，并围绕种业科技创新、成果转化和产业发展进行了大规模的投入。这些都为未来北京籽种产业发展奠定了坚实基础。

二是设施农业大有可为。早在 2008 年，北京市政府就下发《关于促进设施农业发展的意见》，提出以"两区两带多群落"空间格局发展建设，实现区域特色设施农业和其他类型产业循环联动发展。2010 年，相关部门又印发了《促进设施农业发展实施细则》，为进一步促进本市设施农业的健康发展做出安排。在《北京市十二五时期都市型现代农业发展规划》中，设施农业同样被寄予厚望。该规划指出，到"十二五"末期，全市菜田面积将稳定在 70 万亩，年产量将达 450 万 t，蔬菜自给率提升至 35%。其中，设施蔬菜 35 万亩，占一半以上。

三是有机农业潜力巨大。近年来，随着生活质量的不断改善，首都人民对农产品质量的要求越来越高，而且，频繁发生的农产品质量安全事件也强化了人们对绿色、安全农产品的需求，这就为有机农业的发展创造了良好条件。截至 2011 年年底，累计 1 514 家企业的 4 271 个产品获得"三品"认证，占全市农产品生产量的 35% 以上，其中，979 家企业的 2 083 个产品获得无公害农产品认证、46 家企业的 202 个产品获得绿色食品认证、489 家企业的 1 986 个产品获得有机食品认证。

四是低碳循环农业方兴未艾。气候变化问题是人类社会所面临的重大挑战，而农业作为主要的排碳源和固碳渠道，其应对气候变化的作用受到社会各界的广泛关注。可以说，实现减源增汇，提升农业的固碳能力，重点在于发展低碳循环农业。2011 年，北京市科委等部门下发了《关于建设国家现代农业科技城开展科技支撑与成果惠民工程的意见》，提出实施科技支撑循环农业发展工程，建立农业循环生产模式、农民低碳生活模式和农村生态产业模式，建设绿色、低碳循环农业科技示范区，以点带面推进低碳循环农业经济发展。相关规划也对低碳循环农业发展提出较高的要求，提出十二五末，实现农业废弃物资源利用比例达到 95％以上，农业水、肥资源利用率提高 10％以上。

第二节　肥料工作与北京都市型现代农业建设

经过近年来的实践我们体会到，把握都市型现代农业的内涵，既要从产业发展规律来认识，又要按照大都市发展要求来理解。我们认为"都市型现代农业"的内涵是：城市经济社会发展到较高水平时，以满足大都市市场需求为出发点，以农业增效农民增收为落脚点，依托大都市资本、市场、科技、人才、信息等优势，与城市发展密切联系且满足其功能定位要求，能够较好发挥生产、生活、生态和示范等多种功能，经济、生态、社会效益明显的现代化大农业系统。都市农业包括观光农业、休闲农业、市民田园等多种形式的农业，都市农业不仅提供农业产品，还为都市人休闲旅游、体验农业、了解农村提供场所。而现代农业是以现代科技为基础，以农业产业化为依托，以规模经营为条件，集生产、服务、消费于一体的经济和生态等多种功能并存的农业。因此，都市现代农业本质上是一种生态农业。

在都市型农业建设中开展肥料工作，正确认识和把握肥料工作规律、特性非常重要，正确认识和把握肥料工作方法并不断探索创新也同样重要。只有二者有机结合，才能真正把肥料工作做好、做稳、做大、做强。首先，要坚持实事求是，注重调查研究。既要做到底数清、情况明、数字准、信息灵、参谋好和效率高，也要紧密结合北京社会经济发展的实际要求与需要，按照都市型现代农业发展的功能来定位肥料工作。其次，坚持与时俱进，注意机制方法创新。在注意思想观念创新的同时，还要进一步强化公益职能、服务意识与手段，加强重点工作、重点工程、重点项目的管理与落实。再次，要坚持服务大局，明确目标，突出重点。最后，要坚持内外结合，不断加强自身建设，不断增强发展动力与活力，加强对外交流与合作，不断扩大社会影响力与知名度。

肥料技术的发展直接关系到农业的可持续发展，它在首都都市型现代农业建设中起着多个方面的重要作用：一是保证生产安全，生产能力不断提高，促进单产；二是保证食品安全，只有肥料管理体系更加规范、健全，更加科学、实用，才能从源头做好食品安全问题；三是保证生态安全，减少污染；最为核心的是促进农业增产，农业增效，农民增收。由此可见，首都都市型现代农业的发展离不开土肥技术，它需要肥料技术为其提供强有力的技术支撑与保证，否则便是"无根之木，无源之水"。

第三节　北京都市型现代农业环境下的肥料管理体系建设

北京都市型现代农业环境下，4S技术和专家系统与农业机械化结合在一起的精确施肥技术代表了未来施肥技术的发展方向，但对于发展中的北京都市型农业而言，需要相当长的时间才能实际应用于集约化经营的土地上。这就提出一个难题，即北京都市型农业的施肥技术应该如何发展。以都市型农业建设为依托，建设都市型现代农业下的肥料管理体系，将是北京市施肥技术的发展方向，这一体系包括环境友好型肥料建设、循环发展与平衡施肥、智能化施肥机械应用、科学化肥料推广体系建设以及制度化管理体系建设。

一、环境友好型（绿色）肥料建设

环境友好型肥料也称绿色肥料、生态型肥料，是满足高产、低投、没有污染等多目标的肥料投入的最佳组合或具有以上特性的某一种具体肥料。生态平衡施肥鼓励使用生态型肥料，生态型肥料包括专用复混肥、有机肥、微生物肥、缓释肥、可控肥和叶面肥等。但即便是生态型肥料，如果施用不当，也可能造成污染。因此，更为强调每一季或每一轮作周期肥料投入的最佳组合，将其称为肥料施用的生态组合。

开展环境友好型肥料建设，要努力确保化肥利用效率，在确保化肥总量稳定的前提下，优化结构，确保优良的品质，努力从生产源头上调整化肥品种结构，满足肥料发展方向，实现"高浓、复合、专用"的目标。在资源利用方面采取有效的宏观调控，充分借助市场的调节作用，帮助农民制定购肥计划，实现科学用肥，最终实现优化施肥品种结果、促进增长增收的效果。大力开发有机肥料，培养地力，种好绿肥，养禽积肥，积累农家肥，实施秸秆还田，充分利用沼肥。大力推进科学施肥，整村、整乡、整县推进测土配方施肥到户到田；优化肥料资源配置，因地制宜示范推广新型肥料；改进施肥方式方法，根据水肥耦合原理和作物需肥规律，选择适宜的施肥时期；着力改变撒施表施、大水大肥等粗放施肥方式，示范推广深施、条施和穴施；改善科学施肥服务，大力推广合作社带动、配方肥直供、定点供销服务、统测统配统供统施、现场混配供肥、智能化精准配肥施肥等专业化服务模式。

二、循环发展与平衡施肥

加强土肥循环模式研究与应用，综合考虑土壤供肥性能、肥料增产效应、作物需肥规律和肥料养分在土壤—土壤溶液—根际—作物体内的迁移、转化和吸收利用规律，统筹兼顾土壤、肥料和农田节水工作，力争把土肥水资源的增产增收潜力发挥到最佳水平。首先，创新探索土肥系统内部诸要素相互作用，形成土肥循环发展的内循环模式，在应用多种多收的时间结构优化模式、多层高效的空间结构模式、农田（耕地）土肥水作物循环生产模式、生态种植模式、农牧结合循环利用生产模式以及新型农作模式的基础上，创新土肥内循环模式。其次，利用农林牧复合生态模式、物质循环利用模式、综合发展与全面建设模式、观光农业型模式、废弃物多级循环利用模式，加强土肥水作物与农业其他资源的大循环系统的建立，促进农业系统的和谐发展。

三、智能化施肥机械应用

生态平衡施肥技术体系是因地制宜地将先进适用技术、高新技术和传统技术优化组装的现代化管理系统。具体技术包括：生态型肥料生产技术、土壤条件改善技术、养分再循环技术；施肥特征参数试验方法；土壤有效养分速测方法；4S技术和现代农机技术等。随着信息化和智能化技术的发展，基于物联网等新技术的智能施肥机械将逐步得到应用，这就要求：首先，加强包括精准作业、精准播种、精准施肥、精准灌溉、作物动态调控及精准收获在内的六大技术系统的技术研发与创新工作，形成一批有自主知识产权的精准土肥技术体系。其次，以精准作业、精准播种、精准施肥、精准灌溉、作物动态调控及精准收获技术武装测土配方施肥；最后，与当地农业主导产业紧密结合，采用因地制宜的技术应用模式，采取高效灵活的技术推广模式开展试点示范。第四，加强数字、智慧土肥的研究与实践工作，利用信息技术实现土肥业务工作、管理工作的信息化、数字化和智慧化。

四、科学化肥料推广体系

在中国虽然有平衡施肥技术服务体系，参与者为地方性土肥系统和农民，但未充分发挥作用。而发达国家的由服务机构运转的配肥站运作良好。要建立生态平衡施肥技术服务机制就是要建立科学化的肥料推广体系。

第一，要创新人才理念。树立"以人为本"理念，把提高土肥科技人员素质作为首要任务，进一步加快干部人事制度改革步伐，建立和完善竞争机制、激励机制、收入分配机制等相关制度，调动广大科技人员的积极性和创造性，使土肥科技队伍稳得住、用得好，不断发展壮大。第二，创新发展理念。从全局和战略的高度，提高对测土配方施肥重要性的认识，拓宽思路，打破常规，狠抓落实。第三，创新工作体制和运行机制。改革传统计划经济体制下形成的"技术示范＋行政干预"的推广手段及机构条块分割、孤军奋战的工作体制，建立以土肥产业化链条为目标的多元化、功能化、高效化土肥技术推广服务新体制。第四，创新推广内容。改革传统农业下的技术推广工作，加强土肥新技术、新成果、新产品的推广应用，如加强加肥技术、目标农业技术、掺混肥技术、微生物制剂、水肥一体化技术、智能化施肥调控技术等相关技术的推广，为农业产业化发展提供技术支持。第五，创新推广方法。土肥技术推广工作应遵循市场经济规律，尊重农民的经营自主权，加强对农民的引导，通过采取多种形式，调动农民参与新技术、新成果、新产品推广应用的积极性和主动性，让农民唱主角，得到实惠，实现推广目标与农民需求相一致。第六，创新投入机制。土肥技术推广工作是一项社会公益性事业，培肥土壤是一项强农富民工程，不仅要加大公共财政投入与政策引导，更要充分调动多方面的积极性，走联合、整合之路，才能形成土肥技术推广工作的良性投入机制。

五、制度化管理体系建设

建立制度化的肥料管理体系，首先，由环境监测机构设定一定的标准，通过具体实验测定某种农药、化肥的残留度，以及对周边环境造成的损害程度，由此判定该产品的实用性。产品上市以后进行备案，5 年后再重新进行检测，以便淘汰落后产品，减少对环境的危害，促进绿色农业的发展。其次，制定促进绿色肥料产业发展的各项政策，建立健全肥料管理的制度化体系。一是出台法规政策，规范农区绿肥种植面积，实现农林牧协调、可持续发展；二是积极推进"沃土工程"计划，给予绿色肥料施用补助金；三是通过政策法规确定必须使用经无害化处理的绿色肥料，并通过招标和工程质量监管确定供肥企业，加大工业化商品绿色肥料生产规模、生产质量、服务水平、生产效益，促进绿色肥料产业健康发展。最后，加强肥料管理，进一步规范肥料登记，健全管理体系，完善管理制度，严格评审程序，推进信息公开，严把肥料市场准入关；加强肥料市场管理，严厉打击掺杂使假、偷减养分、虚假宣传等不法行为；强化农业投入品监管，严禁工业"三废"、城乡有害垃圾以及其他有毒有害物质侵入农田，确保耕地永续利用和农产品质量安全。

主 要 参 考 文 献

安雅丽，2013. 化肥施用常见误区 [J]. 农民致富之友，2013 (4)：68.

北京市地方志编纂委员会，2001. 北京志农业卷种植业志 [M]. 北京：北京出版社.

北京市农业局，2012. 北京市"十二五"时期都市型现代农业发展规划.

北京市农业局，2014. 2014 年北京作物指南 [EB/OL]. http：//www. bjny. gov. cn/nyj/ 232120/233008/233012/5467433/index. html.

蔡德龙，1987. 微量元素肥料使用技术 [M]. 郑州：中原农民出版社.

陈茂春，2011. 施用有机肥料究竟有哪些好处? [J]. 科学种养，2011 (12)：7.

陈廷钦，2011. 土壤调理剂及应用进展 [J]. 云南大学学报（自然科学版），33 (S1)： 338-342.

陈志怡，李金月，2013. 新型高效环保型肥料综述 [J]. 现代农业科技 (24)：260-262.

崔孝营，2013. 我国新型肥料发展研究 [J]. 宁夏农林科技，54 (07)：55-57，60.

杜森，高祥照，2002. 信息技术在农田施肥管理中的应用 [J]. 土壤与环境 (2)：189-194.

傅德慧，魏俊平，史慧龙，2011. 肥料的分类与管理 [J]. 内蒙古石油化工 (8)：114-115.

高祥照，马常宝，杜森，2006. 测土配方施肥技术 [M]. 北京：中国农业出版社.

韩光明，等，2014. 生物炭及其对土壤环境的影响 [J]. 安徽农业科学，42 (31)：10941-10943，10949.

何绪生，2011. 生物炭对土壤肥料的作用及未来研究 [J]. 中国农学通报，27 (15)： 16-25.

黄国勤，等，2004. 施用化肥对农业生态环境的负面影响及对策 [J]. 生态环境，13 (4)： 656-660.

黄显昌，2015. 土肥技术推广中应解决的几个常见问题 [J]. 农业开发与装备 (2).

基本的化肥知识 [EB/OL]. [2010-04-23]. http：//www. sqseed. cn/detail. asp? pubID= 3071.

贾晓红，2010. 平谷土壤资源及高效利用 [M]. 北京：中国农业出版社：128-130.

金荣，乌恩图. 2012. 我国肥料施用现状综述 [J]. 宁夏农林科技，2012，53 (01)： 56-58.

靳光月，2013. 农户合理施肥提高肥料利用率 [J]. 农业科学 (1)：29.

靳双珍，等，2010. 我国发展精准农业的必要性与应用前景 [J]. 浙江农业科学 (2)： 414-416.

李代红，傅送保，操斌，2012. 水溶性肥料的应用与发展 [J]. 现代化工，32 (7)：12-15.

李建南，2014. 机械化施肥技术发展现状与思考 [J]. 江苏农机化 (5)：31-32.

李世成，秦来寿，2007. 精准农业变量施肥技术及其研究进展 [J]. 世界农业 (3)：57-59.

李晓鹏，2013. 构建市场化的农业技术推广服务体系 [EB/OL]. [2013-04-22]. http：//

www. xinnong. net/news/20130422/1092523. html.

李旭军，2014. 京郊耕地养分变化趋势及主要影响因素研究［D］. 北京：中国农业科学院.

梁金凤，2013. 北京市示范种植冬绿肥二月兰取得的成效及建议［J］. 中国农技推广（10）：43-44.

梁金凤，等，2013. 北京市设施蔬菜施肥状况变化分析［J］. 中国蔬菜（19）：18-22.

刘建斌，2011. 化学肥料在农业生产中的合理使用［J］. 河南农业（16）.

刘文忠，2013. 复混肥料研究现状及发展趋势分析［J］. 牡丹江师范学院学报（自然科学版）（3）：9-40.

罗贵荣，2006. 天然矿物肥料及其农业应用［J］. 浙江农业科学（3）：348-349.

马力通，李王君，2014. 商品有机肥利用存在的问题与生产新模式［J］. 内蒙古石油化工（7）：25-26.

农业部，2013. 利用现代信息化手段迅速占领科学施肥技术制高点.［EB/OL］. http：//www. gov. cn/gzdt/2013-09/25/content_2494710. htm.

庞立杰，等，2006. 微生物肥料及其应用［J］. 人参研究（4）：17-18.

青格勒，2012. 基于化肥对环境的污染问题探索研究［J］. 城市建设理论研究（电子版）（17）.

束维正，2013. 中微量元素肥料在农业生产上的应用［J］. 安徽农学通报（14）：63-64，72.

宋永林，2010. 常用肥料施用应注意的问题［J］. 中国农业信息（12）：18-20.

孙蓟锋，王旭，2013. 土壤调理剂的研究和应用进展［J］. 中国土壤与肥料（1）：1-7.

孙立民，王福林，2009. 变量播种施肥技术研究［J］. 东北农业大学学报，40（3）：115-120.

谭坚，2014. 湖南首创测土配方施肥手机专家系统［J］. 湖南农业（10）：15.

谭金芳，等，2011. 作物施肥原理与技术（第二版）［M］. 北京：中国农业大学出版社.

谭黎明，等，2013. 宋元明清时期肥料科学技术及其在吉林的借鉴［J］. 兰台世界（1）27-28.

唐萍，2013. 生物炭对土壤肥料的作用及未来研究［J］. 中国农业信息（9）：117.

田有国，任意，2003. 地理信息系统在土壤资源管理中的应用和发展［J］. 农业现代化研究，24（6）.

王若冰，2011. 叶面肥及叶面施肥技术［J］. 现代农业科技（2）.

王胜涛，等，2011. 北京都市农业区复混肥料与有机肥料质量监测分析及对策［J］. 中国土壤与肥料，2011（4）：93-97.

王天真，2006. 智能融合数据挖掘算法及其应用［D］. 上海：上海海事大学.

王雁峰，等，2011. 中国肥料管理制度的现状及展望［J］. 管理（3）：6-12.

王永欢，2012. 水溶肥料的市场现状及发展前景［J］. 蔬菜（7）：54-55.

危朝安，2011. 在全国土肥工作会议上的讲话［EB/OL］.［2011-07-14］. http：//www. people. com. cn/h/2011/0708/c25408-2-3718682814. html.

韦鸿雁，等，2009. 土壤肥料事业可持续发展管见［J］. 广西农学报（2）：94-95.

吴爱兵，朱德文，赵国栋，2014. 我国固态肥料施肥机械现状及发展对策［J］. 农业开发与装备（2）：27-28.

武志杰，陈利军，2003. 缓释/控释肥料：原理与应用［M］. 北京：科学出版社.

武志杰，等，2012. 新型高效肥料研究展望［J］. 土壤与作物，1（1）.

薛彩霞，姚顺波，李卫，2012. 我国环境友好型农业施肥技术补贴探讨［J］. 农机化研究
（12）：245-248.

薛华，2011. 现代农业要大力推广使用微生物肥料［J］. 蔬菜（6）.

叶贞琴，2012. 巩固　深化　拓展　延伸　深入开展测土配方施肥工作［J］. 中国农技推
广，28（6）：4-6.

于光涛，2003. 山楂树施肥要点有哪些［M］. 北京：国际文化出版公司.

张芳明，2014. 二氧化碳施肥技术［J］. 园艺之窗（1）：13.

张福娥，2012. 保护地 CO_2 施肥技术及增产效果［J］. 农业技术与装备，2012（9）：
31-32.

张敏，等，2014. 腐殖酸肥料的研究进展及前景展望［J］. 磷肥与复肥（1）：38-39.

张涛，赵洁，2010. 变量施肥技术体系的研究进展［J］. 农机化研究（7）：233-236.

赵秉强，等，2012. 我国新型肥料发展若干问题的探讨［J］. 磷肥与复肥，27（3）：1-4.

赵永志，高启臣，廖洪，2010. 发展低碳农业土肥技术先行［J］. 中国农技推广（7）：
34-35.

赵永志，高启臣，曲明山，2011. 北京市测土配方施肥技术推广模式及其长效机制思考
［J］. 中国农技推广（5）：36-38.

赵永志，郭宁，吴建平，2011. 全面科学认识和推进耕地质量建设促进农业可持续发展
［J］. 蔬菜（12）.

赵永志，吴文强，李旭军，2012. 北京市新型肥料推广应用现状与发展建议［J］. 中国农技
推广（2）：35-36.

中华人民共和国农业部，2011. 中国农业农村信息化发展报告 2010［EB/OL］. ［2011-12-
07］. http：//www. moa. gov. cn/ztzl/sewgh/fzbg/.

朱明，2014. 科学施肥在推进高效环保农业发展中的作用与路径［J］. 山西农业科学，42
（9）：984-986.

朱筱婧，李晓明，张雪，2010. 低碳农业背景下提高肥料利用率的技术途径［J］. 江苏农业
科学（4）：15-17.

朱兆良，金继运，2013. 保障我国粮食安全的肥料问题［J］. 植物营养与肥料学报，19
（2）：259-273.